침엽수림이나
활엽수림에서
사는 새
까막딱따구리
크낙새
솔부엉이
원앙
오색딱따구리
올빼미
호반새
꿩
검은머리방울새
두견이
휘파람새
물총새
쇠솔딱새
할미새사촌

선생님들이 직접 만든

이야기새도감

1판 1쇄 인쇄 | 2015년 7월 30일
1판 3쇄 발행 | 2021년 6월 30일

글 · 사진 | 윤무부 · 윤종민 외
펴낸이 | 양진오
펴낸곳 | (주)교학사

책임편집 | 황정순
편집 · 교정 | 하유미 · 최유미
디자인 | 이수옥
일러스트 | 나무 · 최주현
제작 | 이재환
원색분해 · 인쇄 | (주)교학사

출판 등록 | 1962년 6월 26일 (제18-7호)
주소 | 서울 마포구 마포대로 14길 4
전화 | 편집부 707-5205, 영업부 707-5146
팩스 | 편집부 707-5250, 영업부 707-5160
전자 우편 | kyohak17@hanmail.net
홈페이지 | http://www.kyohak.co.kr

값 50,000원
ISBN 978-89-09-19070-1 96490

선생님들이 직접 만든

이야기새도감

글 · 사진 | 윤무부 · 윤종민 외

(주)교학사

책을 펴내며

산과 바다, 다양한 습지 등을 포함한 자연에서 서식하는 새들을 관찰하며 새들과 함께한 지난 50여 년의 시간들을 돌이켜 볼 때 행복감을 느끼지 않을 수 없습니다. 해마다 그 작은 날개로 먼바다를 건너서 나를 만나러 오는 새들이 고맙고, 찾아올 때마다 한 종 한 종이 서로 다른 목소리로 지저귀는 것이 신기하기만 합니다.

과학 기술의 발달로 우리의 생활은 날로 편해지고 있지만, 새로운 종이 지속적으로 발견되고 있음에도 불구하고, 환경 오염과 야생 동물의 서식지 파괴로 해마다 약 0.01%의 종이 사라져 가고 있습니다. 우리가 사는 한반도에는 아종을 포함하여 약 450여 종의 새가 있다고 알려져 있으나, 우리나라에서 서식하거나 잠시 머무는 새 또한 그 종과 개체 수가 급속하게 감소하고 있습니다. 이러한 현실이 계속된다면, 우리의 아이들과 후손들은 더 이상 흔한 참새, 까치, 멧비둘기들도 볼 수 없을지도 모릅니다.

오랫동안 동행했던 새들의 기억과 그동안의 자료를 정리하여 우리 아이들을 위해 이 책에 모든 것을 수록하였습니다. 카메라와 비디오카메라, 녹음기 등의 많은 장비를 가지고 새들의 아름다운 모습과 소리를 담기 위한 노력과 인내가 맺은 결실이 바로 이 책입니다. 이 책을 집필하면서 부족한 40여 종의 사진들은 새를 사랑하는 많은 사람들로부터 도움을 얻어 수록한 사진들로서, 그 분들의 관심과 애정에 깊은 감사의 마음을 느낍니다.

끝으로, 새를 사랑하고 자연에 관심이 많은 아이들에게 이 책이 좋은 길잡이가 되기를 바라며, 우리나라에 살고 있는 새와 자연에 대한 지속적인 사랑을 가져 주시길 바랍니다. 이 책의 출판을 허락해 주신 교학사 양진오 사장님, 편집부 황정순 부장님, 그리고 교학사 여러 관계자분들에게도 감사드립니다.

윤무부·윤종민

이 책을 보는 방법

1. 이 도감에는 우리나라의 다양한 환경에 살고 있는 새 299종에 대한 해설과 다양한 사진 850여 장이 수록되어 있다.

2. 새의 배열 순서는 분류학적 체계보다는 어린이들이 쉽게 접근할 수 있도록 새가 사는 장소에 따라 구분하여 정하였다.

3. 환경에 따른 새들의 종명, 영명, 분류 순서는 Clements JF, Schulenberg TS, Iliff MJ, Roberson D, Fredericks TA, Sullivan BL, 그리고 Wood CL이 2014년에 새로 정리한 '클라멘츠의 세계 조류 목록(Clements checklist of birds of the world)' 에 따라 배열하였다.

4. 해설은 새의 형태, 생태, 먹이, 분포, 출현기, 이야기마당 순으로 설명하였다.
   - 형태 : 몸길이, 특이한 생김새, 다양한 깃털의 색 등을 설명하여 종을 구별하였다.
   - 생태 : 텃새( ), 여름 철새( ), 겨울 철새( ), 나그네새( ), 미조( )로 구분하였으며, 서식지나 번식 생태 등을 설명하였다.
   - 먹이 : 새들의 일반적인 먹이(곤충류, 어류, 양서류, 파충류 등)와 식물성 먹이의 종류를 나열하였다.
   - 분포 : 해당 종의 세계와 국내 분포를 기술하며, 텃새를 제외한 여름 철새, 겨울 철새, 나그네새의 번식지와 월동기를 서술하였다.
   - 출현기 : 국내에서 해당 종을 관찰할 수 있는 월별 시기를 표기하였다.
   - 이야기마당 : 형태, 생태, 먹이, 분포, 출현기 외에 해당 종에 관련된 재미있는 행동이나 다른 새와 다른 특이한 생태 및 보호 대상종의 정보를 추가하였다.

5. 새에 관한 전반적인 내용이나 좀 더 자세한 설명이 필요한 부분은 부록의 '새 학습관' 에서 상세하게 설명하였다.

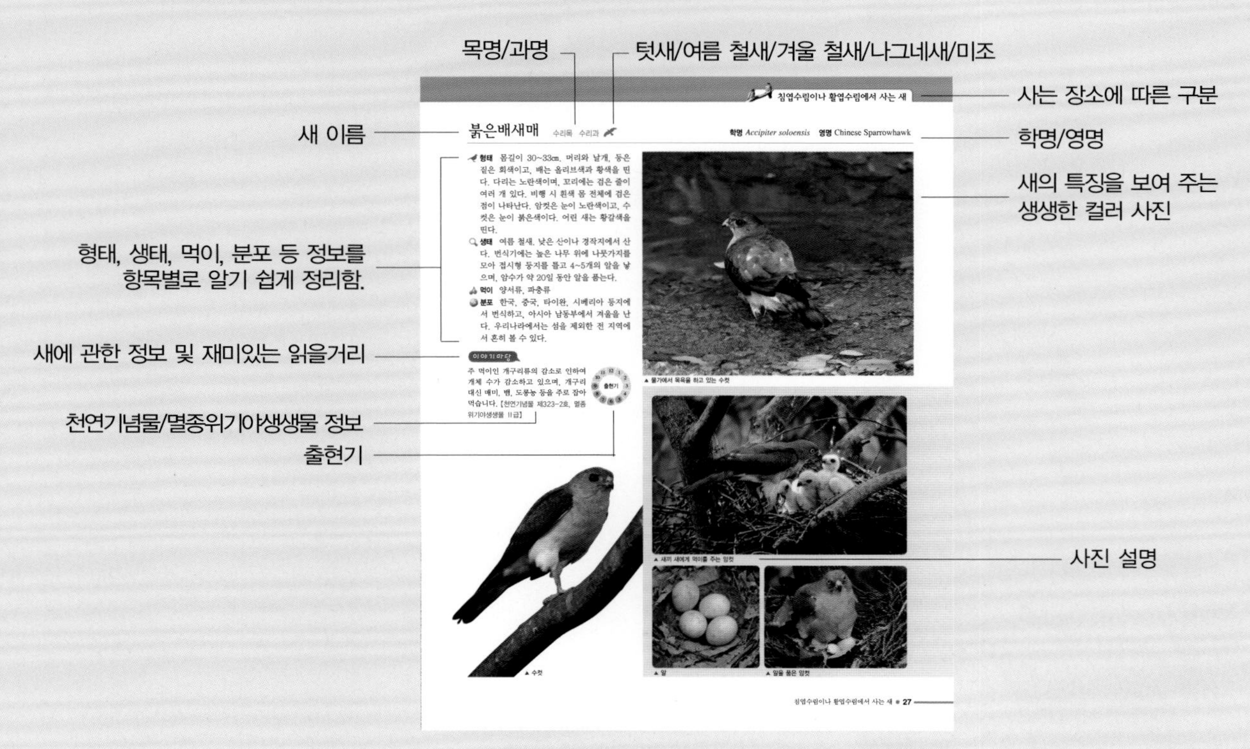

차 례

높은 산에서 사는 새

침엽수림이나 활엽수림에서 사는 새

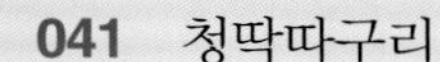

논밭 근처에서 사는 새

마을 근처에서 사는 새

상록수림에서 사는 새

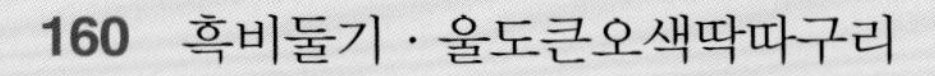

바닷가에서 사는 새

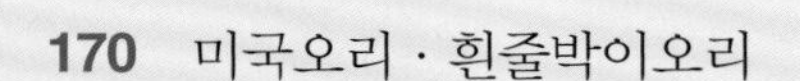

먼바다에서 사는 새

새 몸의 구조와 명칭

몸통
몸길이
머리
부리
턱
뒷목
등
가슴
옆구리
날개
허리
배
발가락
부척
발톱
꼬리

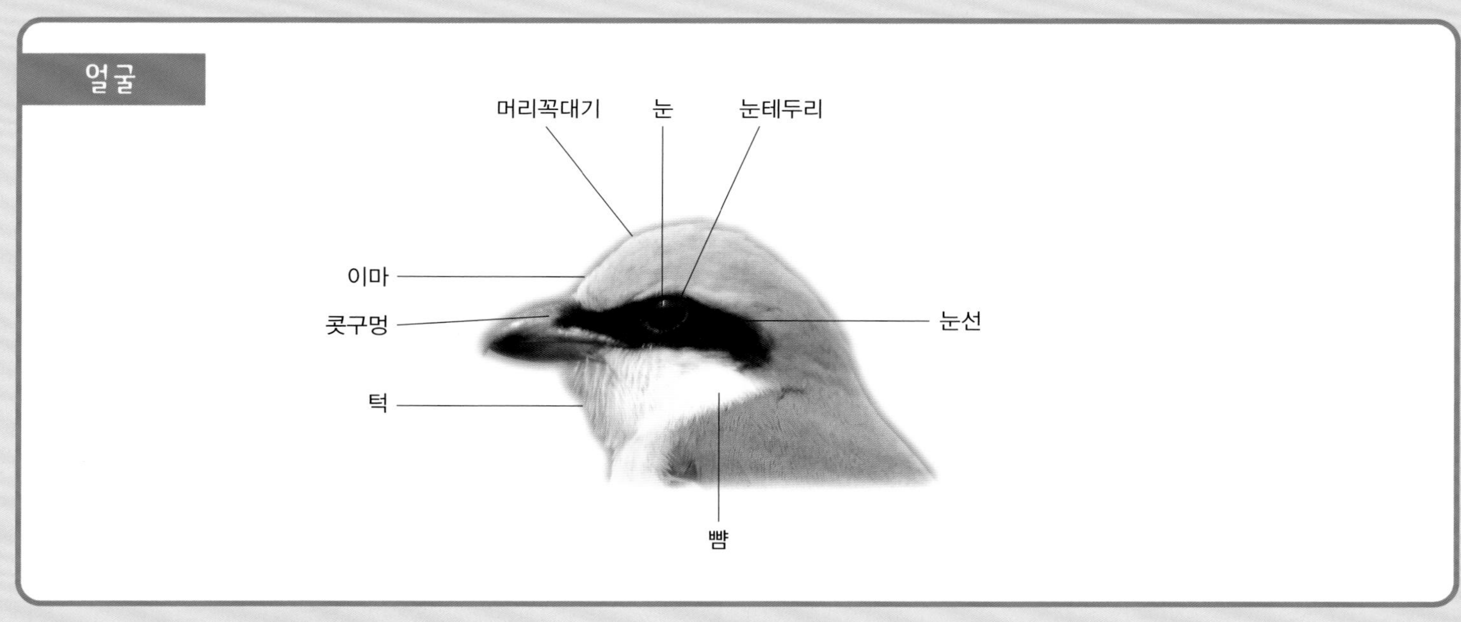
얼굴
머리꼭대기
눈
눈테두리
이마
콧구멍
눈선
턱
뺨

날개
작은날개덮깃
큰날개덮깃
작은날개깃
첫째날개덮깃
셋째날개깃
둘째날개깃
첫째날개깃

장식깃 및 댕기깃
댕기깃
장식깃
장식깃

높은 산에서 사는 새

바위가 많고 고산 식물들이 자라는 높은 산에는 다양한 새가 살고 있습니다. 우리나라에서 가장 높은 산인 백두산의 바위나 자갈밭에서는 검독수리, 굴뚝새, 물까마귀, 바위종다리 등을 흔히 볼 수 있습니다. 서울 근교의 북한산 백운대 정상 바위 부근 풀밭에서는 매년 겨울 바위종다리를 볼 수 있습니다.

호사비오리

기러기목 오리과

학명 *Mergus squamatus* **영명** Scaly-sided Merganser

▲ 수컷

▲ 암컷

형태 몸길이 약 57㎝. 길게 뻗은 댕기깃과 옆구리의 뚜렷한 비늘무늬로 '비오리'와 구별된다. 수컷의 몸통과 날개는 흰 바탕에 검은 무늬가 있고, 머리는 짙은 광택이 나는 청동색을 띤다. 부리와 다리는 붉은색이다. 암컷의 몸통은 회색이고, 머리는 밝은 갈색이다.

생태 겨울 철새. 번식기에는 숲이 울창한 계곡에서 살며, 나무 구멍에 둥지를 틀고 알을 낳는다. 먹이를 잡을 때에는 얕은 물에서는 머리만 물속에 담그지만, 깊은 물에서는 잠수를 하여 잡는다.

먹이 수생 곤충, 곤충의 유충

분포 한국, 중국, 시베리아에서 번식하고, 한국, 중국, 일본, 타이완, 타이에서 겨울을 난다. 우리나라에서는 초겨울에 휴전선과 북한강 춘천 부근, 대구의 낙동강에서 작은 무리를 볼 수 있다.

이야기마당

번식 장소인 산림이나 하천의 손실과 불법 사냥으로 세계적으로 그 수가 8,000~10,000마리로 줄었습니다.
【천연기념물 제448호, 멸종위기야생생물 Ⅰ급】

▲ '청둥오리' 무리와 휴식하고 있다.

들꿩

닭목 꿩과

학명 *Bonasa bonasia* **영명** Hazel Grouse

형태 몸길이 35~39㎝. 수컷의 몸 전체는 황갈색이며, 턱 밑에 검은 부분이 있다. 암컷은 수컷과 거의 비슷하지만 턱 밑에 검은 부분이 없다. 부리와 다리는 갈색이고, 꼬리 끝에는 검은 줄이 있다.

생태 텃새. 깊은 산이나 인적이 드물고 고목이 많은 숲 속에서 적은 수가 무리 지어 산다. 번식기에는 땅바닥에 죽은 풀을 모아 접시형 둥지를 틀고 3~6개의 알을 낳는다. 암컷이 전담하여 알을 품고 새끼를 기른다.

먹이 곤충류, 나무 열매, 나뭇잎, 꽃, 식물의 씨앗

분포 유럽과 아시아에 걸쳐 번식한다. 우리나라에서는 섬을 제외한 전 지역에 분포하며, 특히 이른 봄 경기도와 강원도 지역에서 쉽게 볼 수 있다.

이야기마당

사람을 잘 따라다니며, 구멍 뚫린 동전 두 개로 '들꿩'의 노랫소리를 흉내 내어 '들꿩'을 불러낼 수 있습니다.

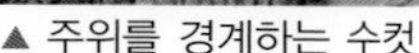
▲ 주위를 경계하는 수컷

▲ 알을 품은 암컷

▲ 알

▲ 휴식하고 있다.

검독수리

수리목 수리과

학명 *Aquila chrysaetos* **영명** Golden Eagle

▲ 어린 새

형태 몸길이 70~85㎝. 몸 전체가 진한 갈색을 띤다. 뒷머리는 옅은 황색을 띠고, 날개와 꼬리 밑은 옅은 회색을 띤다. 다리는 노란색이다. 암수 구별이 어렵다.

생태 텃새/겨울 철새. 낮은 지대의 습지, 풀밭, 농경지 등에서 산다. 번식기에는 산지의 절벽, 나무 위, 전신주 등에 나뭇가지를 모아 접시형 둥지를 틀고 1~4개의 알을 낳는다. 암수가 함께 40~45일 동안 알을 품고, 알을 깨고 나온 새끼는 약 90일 후에 둥지를 떠나 독립한다.

먹이 소형 포유류, 파충류, 조류, 죽은 동물

분포 유라시아에서 북아메리카에 걸쳐 번식하고, 남쪽으로 내려가 겨울을 난다. 우리나라에서는 강원도 영월, 양구의 암벽이 있는 곳에서 번식한다.

이야기마당

강한 발톱과 빠른 비행 솜씨로 몸집이 큰 동물도 사냥할 수 있습니다. 맹금류 중에서 가장 무서운 새로, 높은 산에서 노루, 두루미 등을 사냥합니다.

【천연기념물 제243-2호, 멸종위기야생생물 Ⅰ급】

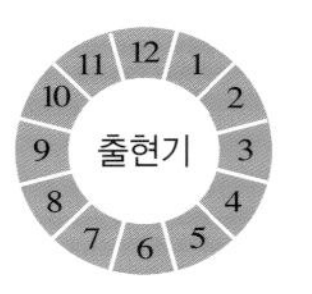

왕새매

수리목 수리과

학명 *Butastur indicus* **영명** Gray-faced Buzzard

▲ 남부 지방의 외딴섬에서 볼 수 있다.

▲ 사냥감을 찾고 있는 성조

형태 몸길이 47~51㎝. 몸의 윗면은 적갈색이고, 몸의 아랫면은 흰 바탕에 갈색 가로무늬가 있다. 뺨은 회색이며, 반점이 있는 흰 눈썹이 있으며, 날개 끝은 어둡다. 비행 시 온몸은 흰색이며 고동색 점들이 나타난다. 암수 구별이 어렵다.

생태 나그네새/여름 철새. 높은 산의 숲이나 농경지, 풀밭에서 산다. 번식기에 소나무 등 침엽수의 높은 나뭇가지 위에 나뭇가지를 모아 접시형 둥지를 틀고 4~5개의 알을 낳는다.

먹이 파충류, 소형 포유류, 대형 곤충류

분포 한국, 중국, 일본, 러시아 등지에서 번식하고, 아시아 남동부에서 겨울을 난다. 우리나라에서는 이동 시기인 봄, 가을에 전 지역에서 볼 수 있는데, 특히 흑산도와 같은 외딴섬에서 40~50마리가 무리를 이루어 이동하는 것을 볼 수 있다.

이야기마당

높은 산에서 생활하며, 나무 위에서 앉아 있다가 바닥에 먹이가 보이면 천천히 아래로 내려가 사냥합니다.

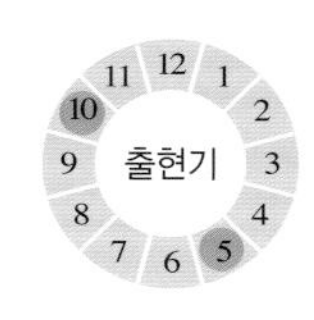

굴뚝새 참새목 굴뚝새과

학명 *Troglodytes troglodytes* **영명** Eurasian Wren

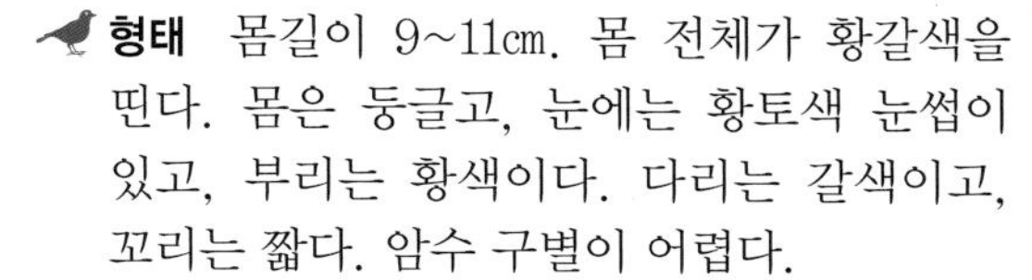

형태 몸길이 9~11㎝. 몸 전체가 황갈색을 띤다. 몸은 둥글고, 눈에는 황토색 눈썹이 있고, 부리는 황색이다. 다리는 갈색이고, 꼬리는 짧다. 암수 구별이 어렵다.

생태 텃새. 숲이 우거진 산, 오래된 나무가 많은 계곡에서 살며, 겨울에는 인가 부근에서 생활한다. 번식기에는 높은 산에서 생활하며, 바위 틈, 나무 구멍에 나뭇가지와 이끼를 모아 사발형 둥지를 틀고 5~8개의 알을 낳는다.

먹이 곤충류, 거미류, 수서 곤충류

분포 유럽, 아시아, 중동에 걸쳐 넓은 지역에 분포한다. 우리나라 전 지역에서 볼 수 있으며, 지리산, 설악산, 오대산 등 높은 산에서 번식한다.

이야기 마당

겨울에 굴뚝 주변에서 겨울을 나는 곤충류를 잡아먹고 살기 때문에 '굴뚝새'라는 이름이 붙여졌습니다.

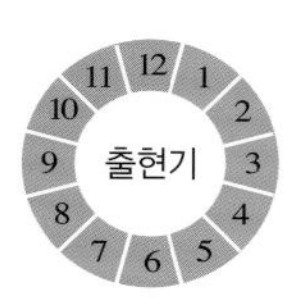

▲ 먹이를 찾고 있다.

노래하고 있다. ▶

물까마귀 참새목 물까마귀과

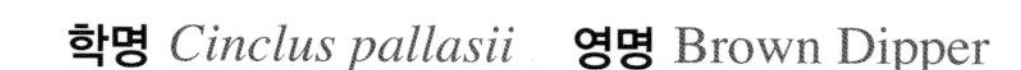

학명 *Cinclus pallasii* **영명** Brown Dipper

형태 몸길이 20~22㎝. 몸 전체가 황갈색을 띠고, 부리와 다리는 회색을 띤다. 어린 새는 몸 전체가 황갈색을 띠고 회색 점무늬가 많다. 암수 구별이 어렵다.

생태 텃새. 물 흐름이 빠른 깊은 계곡에서 산다. 무리를 짓지 않고 암수 또는 단독으로 생활하며, 바위 위 배설물의 흔적으로 텃세권을 확인할 수 있다. 번식기에는 계곡의 바위 뒤에 사발형 둥지를 틀고 4~5개의 알을 낳는다.

먹이 수서 곤충류, 어류

분포 아시아 남부와 중부에 분포한다. 우리나라 전 지역에서 드물게 볼 수 있다.

이야기 마당

잠수의 왕으로, 춥고 물살이 빠른 계곡에서 잠수하여 곤충이나 물고기 등의 먹이를 찾습니다.

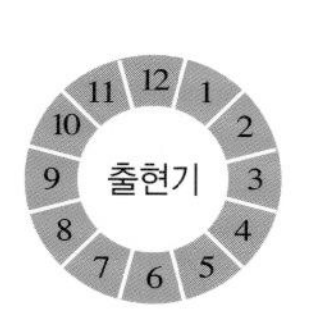

▲ 물고기를 잡아먹고 있다.

수서 곤충을 잡아먹고 있다. ▶

쇠솔새 참새목 솔새과

학명 *Phylloscopus borealis* **영명** Arctic Warbler

▲ 이동 중 휴식하고 있다.

형태 몸길이 약 13㎝. 몸의 윗면은 어두운 녹색이고, 아랫면은 흰색이다. 누런빛을 띤 흰색 눈썹선이 뚜렷하고, 날개에는 가는 흰색 띠가 있다. 배는 옅은 연둣빛이고, 부리와 다리는 황갈색이다. 암수 구별이 어렵다.

생태 나그네새. 어린 나무들이 많은 숲에서 산다. 번식기에는 물가 주변의 나무가 많은 습지에서 풀을 엮어 사발형 둥지를 틀고 3~6개의 알을 낳는다.

먹이 곤충류, 거미류

분포 스칸디나비아에서 시베리아를 거쳐 알래스카에 이르는 지역에서 번식하고, 아시아 남동부에서 겨울을 난다. 우리나라에서는 이동 시기인 봄, 가을에 서해안과 남해안의 외딴섬에서 드물게 볼 수 있다.

이야기마당

솔새류 중에서 가장 멀리 이동합니다.

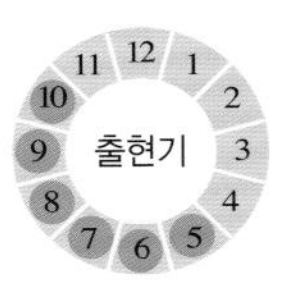

되솔새 참새목 솔새과

학명 *Phylloscopus tenellipes* **영명** Pale-legged Leaf-Warbler

▲ 낮은 나무에 숨어 노래하고 있다.

텃세권을 경계하고 있다. ▶

형태 몸길이 약 11㎝. 몸의 윗면은 '산솔새'에 비해 어두운 녹색이고, 아랫면은 흰색이다. 흰 눈썹선이 있고, 부리와 다리는 황갈색이다. 암수 구별이 어렵다.

생태 여름 철새/나그네새. 높은 산의 침엽수나 활엽수가 많은 숲에서 산다. 번식기에는 암수가 함께 생활하고 무리를 짓지 않는다.

먹이 곤충류, 거미류

분포 한국, 중국, 일본, 인도, 말레이시아, 러시아, 타이완, 타이, 베트남 등지에 분포한다. 우리나라에서는 강원도의 용문산, 태백산, 대관령 등지의 숲에서 흔히 볼 수 있다.

이야기마당

육안으로 관찰하기 힘들지만, 봄에서 여름까지 독특한 노랫소리를 내기 때문에 다른 솔새류와 쉽게 구별할 수 있습니다.

큰유리새

참새목 딱새과

학명 *Cyanoptila cyanomelana* **영명** Blue-and-white Flycatcher

형태 몸길이 15~16㎝. 수컷의 머리꼭대기 · 등 · 날개 · 꼬리는 파란색이고, 가슴은 검은색이며, 배는 흰색이다. 암컷은 머리 · 가슴 · 날개 · 등 · 꼬리는 황토색이고, 배는 흰색이다. 부리와 다리는 어두운 회색이다.

생태 여름 철새. 높은 산의 계곡이 있고 활엽수가 많은 숲에서 산다. 번식기에는 나무 구멍이나 틈에 이끼를 이용하여 사발형 둥지를 틀고 3~5개의 알을 낳는다.

먹이 곤충류, 나무 열매

분포 한국, 중국, 일본, 러시아 등지에서 번식하고, 베트남, 캄보디아, 타이 등지에서 겨울을 난다. 우리나라 전 지역에서 흔히 볼 수 있다.

이야기마당

노랫소리가 독특하여 깊은 숲에서도 쉽게 찾을 수 있습니다. 우리나라에서 생김새와 노랫소리가 가장 아름다운 새로 알려져 있습니다.

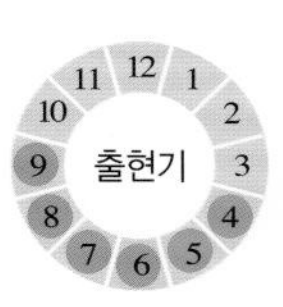

▲ 수컷의 가슴은 검은색, 배는 흰색이다.

▲ 먹이를 물고 있다.

▲ 새끼 새에게 먹이를 주는 암컷

▲ 새끼 새에게 먹이를 주는 수컷

▲ 노래하고 있다.

바위종다리

참새목 바위종다리과

학명 *Prunella collaris* **영명** Alpine Accentor

▲ 바위 위에서 휴식하고 있다.

▲ 주위를 살피고 있다.

형태 몸길이 15~18㎝. 몸 전체가 황갈색을 띤다. 머리는 회색이고, 턱은 회색 바탕에 작은 흰 점들이 있으며, 배와 날개는 갈색 바탕에 흰 줄무늬가 있다. 부리는 갈색이고, 다리는 분홍색이다. 암수 구별이 어렵다.

생태 겨울 철새/여름 철새. 바위가 많은 높은 산에서 산다. 겨울이나 이동 시기인 봄, 가을에는 무리를 지어 생활한다. 번식기에는 높은 산의 덤불 속이나 바위 틈에 풀을 엮어 만든 사발형 둥지를 틀고 3~5개의 알을 낳는다.

먹이 곤충류

분포 유럽, 아시아에 분포한다. 우리나라에는 드물게 찾아오며, 백두산 천지, 설악산 정상 등의 암벽에서 볼 수 있다.

이야기마당

암컷 한 마리가 여러 마리의 수컷과 짝짓기를 하고, 수컷은 여러 둥지의 새끼들을 돌보기도 합니다. 겨울에 서울 북한산 백운대 넓적바위에서 빵가루와 들깻가루를 뿌려 주면 쉽게 모여듭니다.

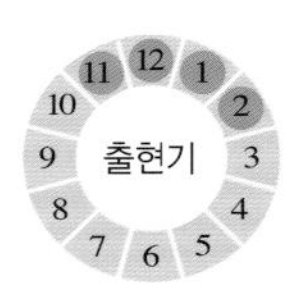

▲ 높은 산의 바위 위에서 먹이를 찾고 있다.

노랑할미새

참새목 할미새과

학명 *Motacilla cinerea* **영명** Gray Wagtail

형태 몸길이 약 20㎝. 머리 · 등 · 날개 · 꼬리는 짙은 회색이고, 가슴과 배는 노란색이다. 수컷의 턱은 검은색이고, 암컷의 턱은 흰색이다. 흰색 눈썹선이 있고, 뺨에는 흰색 띠가 있다. 부리는 검은색, 다리는 분홍색이다.

생태 여름 철새. 높은 산의 물가나 낮은 지대의 인가 주변, 공원 등에서 산다. 번식기에는 물살이 빠른 계곡에서 생활하며, 바위틈과 나무 뿌리 사이에 풀을 엮어 사발형 둥지를 틀고 3~6개의 알을 낳는다.

먹이 수서 곤충류, 육상 곤충류

분포 유럽과 아시아에 걸쳐 번식하고, 아시아와 아프리카에서 겨울을 난다. 우리나라 전 지역에서 흔히 볼 수 있다.

이야기마당

둥지 부근에 접근하면 크게 소리 내어 울고 꼬리를 흔들기 때문에 쉽게 찾을 수 있습니다. 울릉도에서 흔히 볼 수 있습니다.

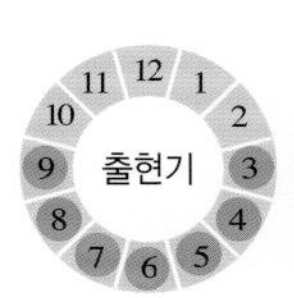

▲ 암컷

▲ 계곡에서 먹이를 찾고 있는 수컷

▲ 둥지 안의 새끼 새

▲ 주위를 경계하는 수컷

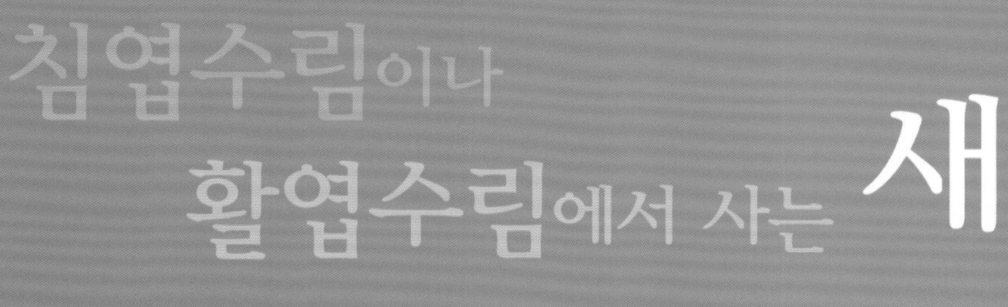

침엽수림이나 활엽수림에서 사는 새

침엽수림과 활엽수림에는 아름드리 큰 나무들과 고목나무들이 우거져 있습니다. 이 곳에는 고목나무를 좋아하는 까막딱따구리를 비롯하여 큰오색딱따구리, 오색딱따구리, 원앙, 올빼미 등이 살고 있습니다. 이 새들은 고목나무 구멍에 둥지를 틀거나 나무 속 딱정벌레 유충을 먹고 삽니다.

원앙

기러기목 오리과

학명 *Aix galericulata* **영명** Mandarin Duck

▲ 수컷

▲ 암컷

형태 몸길이 41~49㎝. 수컷은 머리와 날개에 아름다운 장식깃이 있고, 옆 가슴에 흰 줄과 검은 줄이 있으며, 배는 흰색이다. 암컷은 전체적으로 회갈색이고, 가슴과 옆구리에는 굵은 회색 얼룩이 줄지어 있으며, 흰색의 목 둘레나 뚜렷한 흰색의 눈 둘레가 독특하다. 부리와 다리는 귤빛을 띤다.

생태 텃새/겨울 철새. 숲이 있는 못가, 고궁이나 공원에서 살며, 물가의 어두운 곳을 좋아한다. 번식기에는 높은 나무 구멍에 둥지를 틀고 8~10개의 알을 낳는다.

먹이 달팽이, 곤충류, 소형 어류, 식물의 씨앗, 풀, 나무 열매(도토리)

분포 한국, 중국, 일본, 북한, 러시아, 타이완 등지에 분포한다. 우리나라에서는 남쪽 지역에서 겨울을 난다.

이야기마당

원앙은 예로부터 부부애를 표현할 때 비유되어 온 동물로서, 화목한 가정을 위해 원앙금침을 마련하기도 하였습니다. 【천연기념물 제327호】

▲ 논에서 먹이를 찾고 있다.

▼ 짝을 찾기 위해 모여 있다.

붉은배새매 수리목 수리과

학명 *Accipiter soloensis* **영명** Chinese Sparrowhawk

형태 몸길이 30~33㎝. 머리와 날개, 등은 짙은 회색이고, 배는 올리브색과 황색을 띤다. 다리는 노란색이며, 꼬리에는 검은 줄이 여러 개 있다. 비행 시 흰색 몸 전체에 검은 점이 나타난다. 암컷은 눈이 노란색이고, 수컷은 눈이 붉은색이다. 어린 새는 황갈색을 띤다.

생태 여름 철새. 낮은 산이나 경작지에서 산다. 번식기에는 높은 나무 위에 나뭇가지를 모아 접시형 둥지를 틀고 4~5개의 알을 낳으며, 암수가 약 20일 동안 알을 품는다.

먹이 양서류, 파충류

분포 한국, 중국, 타이완, 시베리아 등지에서 번식하고, 아시아 남동부에서 겨울을 난다. 우리나라에서는 섬을 제외한 전 지역에서 흔히 볼 수 있다.

이야기마당

주 먹이인 개구리류의 감소로 인하여 개체 수가 감소하고 있으며, 개구리 대신 매미, 뱀, 도롱뇽 등을 주로 잡아먹습니다. **【천연기념물 제323-2호, 멸종위기야생생물 II급】**

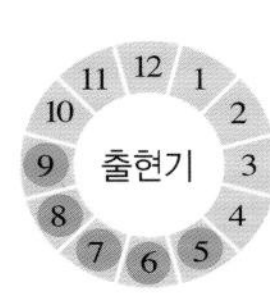

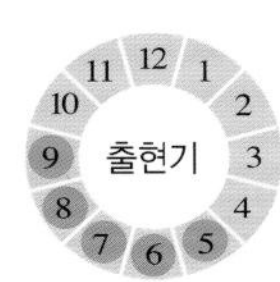

▲ 물가에서 목욕을 하고 있는 수컷

▲ 새끼 새에게 먹이를 주는 암컷

▲ 수컷

▲ 알

▲ 알을 품은 암컷

조롱이 수리목 수리과

학명 *Accipiter gularis* **영명** Japanese Sparrowhawk

▲ 수컷

▲ 목욕하는 암컷

◀ 알

형태 몸길이 23~30㎝. 머리·등·날개·꼬리의 윗면은 짙은 고동색이고, 턱·가슴·배 밑은 흰 바탕에 주황색 띠가 있다. 다리는 노란색이다. 암컷은 수컷에 비해 옅은 고동색을 띠고, 눈이 노란색이다. 수컷은 눈이 붉은색이다. 어린 새는 황갈색을 띤다.

생태 여름 철새/텃새. 나무가 있고 시야가 좋은 농경지나 초원에서 산다. 번식기에는 침엽수 위쪽에 나뭇가지를 모아 접시형 둥지를 틀고 약 2개의 알을 낳는다.

먹이 소형 포유류, 조류, 양서류, 파충류

분포 한국을 포함한 동북아시아에서 번식하며, 동남아시아에서 겨울을 난다. 우리나라 전 지역에서 드물게 볼 수 있다.

이야기마당

빠른 날갯짓과 짧은 활공을 교대로 하고, 비행 속도가 매우 빠릅니다. 맹금류 중에 가장 작은 매로, 과거에는 많았으나 현재는 드물게 볼 수 있습니다. 【멸종위기야생생물 II급】

새매 수리목 수리과

학명 *Accipiter nisus* **영명** Eurasian Sparrowhawk

▲ 나무 위에 앉아 먹이를 찾는 수컷

이야기마당

과거에는 수컷을 '난추니', 암컷을 '익더귀' 라고 하였으며, 사람들이 '새매' 를 길들여 작은 새를 사냥하기도 하였습니다.
【천연기념물 제323-4호, 멸종위기야생생물 II급】

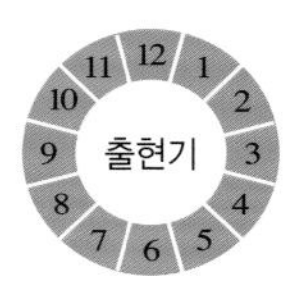

형태 몸길이 32~39㎝. 수컷의 머리·등·날개·꼬리의 윗면은 푸른빛이 도는 회색이다. 윗목에 흰색 가로무늬가 있으며, 아랫면은 흰색이며 붉은 갈색 가로무늬가 있다. 암컷의 윗면은 수컷에 비해 옅은 갈색이고, 가슴과 배는 흰색 바탕에 짙은 갈색 가로무늬가 있다. 눈의 흰색 줄무늬가 뚜렷하다.

생태 텃새/겨울 철새. 침엽수가 많은 숲 가장자리의 농경지나 풀밭에서 산다. 번식기에는 나무 위에 나뭇가지를 모아 접시형 둥지를 틀고 4~5개의 알을 낳는다. 암컷이 33~35일 동안 알을 품으며, 알을 깨고 나온 새끼들은 24~28일 후에 둥지를 떠나 독립한다.

먹이 소형 포유류, 조류, 양서류, 파충류

분포 한국, 일본, 유라시아 중부, 아프리카에 걸쳐 넓은 지역에 분포한다. 우리나라 전 지역에서 드물게 볼 수 있다.

큰소쩍새 올빼미목 올빼미과

학명 *Otus lettia* **영명** Collared Scops-Owl

형태 몸길이 약 24㎝. 몸 전체가 황갈색을 띤다. 머리와 등은 갈색이며, 각 깃의 끝은 검고 짙은 갈색 얼룩무늬가 있다. 얼굴 전면에는 V자 모양으로 양쪽에 뿔 모양 귀깃이 세워져 있고, 눈은 붉은색이다. 암수 구별이 어렵다.

생태 텃새/나그네새. 고목이 많은 오래된 숲에서 산다. 낮에는 주로 숲 속에서 휴식을 취하고 밤에 활동한다. 번식기에는 나무 구멍에 둥지를 틀고 3~5개의 알을 낳는다.

먹이 곤충류

분포 아시아 남부에서 인도 북부, 히말라야 동부, 중국 남부 등지에서 번식하고, 인도, 아시아 남부에서 겨울을 난다. 우리나라에서는 드물게 번식한다.

▲ 사냥감을 찾고 있다.

나뭇가지 위에서 휴식하고 있다. ▶

이야기 마당

봄부터 여름까지 밤에 나뭇가지에 앉아 땅 위의 먹이를 기다리며 끊임없이 노래를 합니다. 과거에는 겨울밤에 소여물을 끓이는 따뜻한 마구간에 들어와 쥐를 잡아먹었다고 합니다. 【천연기념물 제324-7호】

소쩍새 올빼미목 올빼미과

학명 *Otus scops* **영명** Eurasian Scops-Owl

형태 몸길이 19~21㎝. 몸 전체가 갈색을 띤다. 얼굴 전면에는 작은 V자 모양의 귀깃이 약간 세워져 있다. 눈은 노란색이며, 비행 시 날개 밑은 '큰소쩍새'에 비해 밝은 흰색을 띤다. 암수 구별이 어렵다.

생태 여름 철새. 산림이 무성한 지역에 살며, 낮에는 주로 휴식하고 밤에 활동한다. 최근에는 공원이나 학교 숲에서도 볼 수 있다. 번식기에는 나무 구멍에 둥지를 틀고 3~6개의 알을 낳는다. 암수가 함께 새끼를 키운다.

먹이 곤충류

분포 유럽 남부, 아시아 서부와 중부 등지에서 번식하고, 유럽 남부, 아프리카에서 겨울을 난다. 우리나라 전 지역에서 번식한다.

▲ 나무에 앉아서 쉬고 있다.

둥지에서 먹이를 기다리는 새끼 새 ▶

이야기 마당

북한에서는 '접동새'라고 부릅니다. 과거에 '솥 적다… 솥 적다…' 하고 울면 풍년이 오고, '소탱… 소탱…' 하고 울면 흉년이 온다고 하여 풍년과 흉년을 점치기도 하였습니다. 【천연기념물 제324-6호】

수리부엉이

올빼미목 올빼미과 

학명 *Bubo bubo* **영명** Eurasian Eagle-Owl

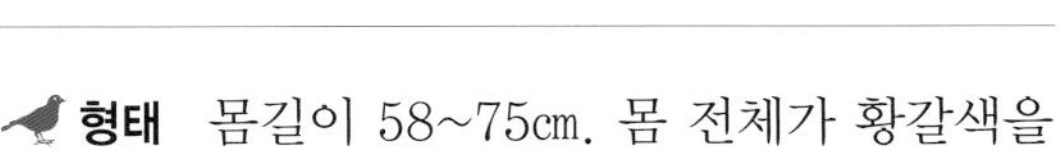

▲ 나무에서 휴식하고 있다.

형태 몸길이 58~75㎝. 몸 전체가 황갈색을 띠고, 가슴 · 등 · 날개에는 검은 점무늬가 있다. 얼굴 전면에는 양쪽으로 V자 모양의 귀깃이 높이 세워져 있다. 눈은 노란색이고, 부리와 다리는 검은색이다. 암수 구별이 어렵다.

생태 텃새. 침엽수가 많은 숲, 바위와 절벽이 많은 산자락, 농경지에서 살며, 주로 밤에 활동한다. 번식기에는 절벽 바닥에 1~6개의 알을 낳고, 암컷이 28~35일 동안 알을 품는다. 알을 깨고 나온 새끼들은 35~49일 후에 둥지를 떠나 독립한다.

먹이 소형 포유동물류, 조류

분포 유럽, 아시아의 넓은 지역에 분포한다. 우리나라의 제주도와 울릉도를 제외한 지역에서 드물게 볼 수 있다.

이야기마당

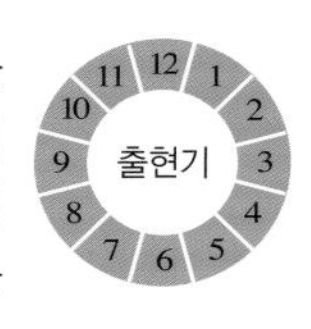

숲 속에 먹이가 부족하면 시골 마을 근처의 양계장 등을 습격하기도 합니다. 둥지 주위에 많은 먹이들이 쌓여 있기 때문에 '수리부엉이'의 둥지를 찾으면 부자가 된다고 하여 '부자새'라고도 합니다. 【천연기념물 제324-2호, 멸종위기야생생물 II급】

▲ 둥지 주변을 경계하는 성조

▲ 알을 품은 암컷

▲ 노란색 눈과 날카로운 부리

▲ 알

▲ 둥지에서 먹이를 기다리는 새끼 새

올빼미 올빼미목 올빼미과

학명 *Strix aluco* **영명** Tawny Owl

형태 몸길이 37~43㎝. 몸 전체가 황갈색과 흰색의 혼합으로 이루어져 있다. 머리는 둥글고 크며, 눈은 얼굴 전면에 붙어 있다. 부리는 노란색이며 짧고 갈고리 모양으로 굽어 있다. 다리는 짧고, 발가락에는 날카로운 발톱이 있다. 비행 시 날개 밑과 가슴의 흰 바탕에 줄이 보인다. 암수 구별이 어렵다.

생태 텃새. 산림이 무성한 낮은 지대 숲이나 시골 인가 주변에서 산다. 번식기에는 오래된 소나무나 밤나무 구멍에 둥지를 틀고 2~3개의 알을 낳는다. 약 30일 후 알을 깨고 나온 새끼는 35~39일 후에 둥지를 떠나 독립한다.

먹이 설치류, 곤충류, 소형 조류, 소형 포유류, 양서류, 지렁이류

분포 유럽에서 아시아 중부와 북부에 걸쳐 분포한다. 우리나라 전 지역에서 드물게 볼 수 있다.

◀ 나무에서 휴식하고 있다.

▲ 새끼 새

이야기마당

개체 수가 줄어들고 있는 가장 큰 이유는 서식지 파괴로 인한 먹이 부족, 둥지를 틀 수 있는 고목의 벌채 등으로 알려져 있습니다.
【천연기념물 제324-1호, 멸종위기야생생물 II급】

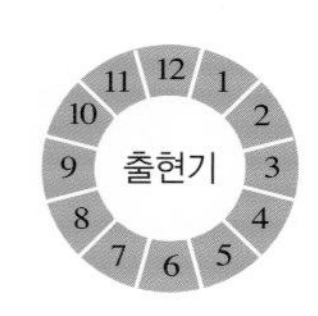

칡부엉이 올빼미목 올빼미과

학명 *Asio otus* **영명** Long-eared Owl

형태 몸길이 31~37㎝. 몸 전체가 황갈색을 띠고, 날개 밑은 밝은색을 띤다. 얼굴은 둥글고 밝은색을 띠며, 하트 모양이다. 뿔 모양으로 솟은 귀깃은 길고 검은색 선이 있다. 눈은 주황색이며, 부리와 다리는 검은색이고, 꼬리 윗면은 검은 줄이 여러 개 있다. 암수 구별이 어렵다.

생태 겨울 철새. 대숲과 소나무 숲이나 시골 마을 주변에서 산다. 주로 밤에 농경지, 초원, 숲 등에서 먹이를 찾는다. 번식기에는 오래된 침엽수의 나무 구멍에 둥지를 틀고 4~6개의 알을 낳는다. 25~30일 후에 알을 깨고 나온 새끼들은 약 30일 후에 둥지를 떠나 독립한다.

먹이 설치류, 소형 포유류, 소형 조류

분포 유럽, 아시아, 북아메리카 등지에서 번식한다. 우리나라 서울에서도 흔히 볼 수 있었으나 최근에는 보기 드물다.

이야기마당

침엽수에 있는 '까마귀' 둥지에 둥지를 틀기도 합니다. 【천연기념물 제324-5호】

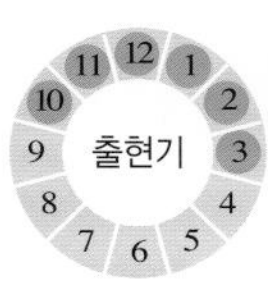

▲ 소나무에서 휴식하고 있다.

솔부엉이

올빼미목 올빼미과

학명 *Ninoxjaponica* **영명** Northern Boobook

▲ 나무에서 휴식하고 있다.

▲ 경계하고 있다.

▲ 어린 새

형태 몸길이 약 29㎝. 몸 전체가 황갈색을 띠고, 날개 밑부분과 가슴 · 배 · 꼬리는 흰 바탕에 진한 갈색 줄들이 있다. 머리 위는 둥글고, 눈과 다리는 노란색이며, 귀 털은 없다.

생태 여름 철새. 나무가 많은 숲에서 산다. 최근에는 시골뿐만 아니라 도시 근교에서도 볼 수 있다. 번식기에는 인가 부근 숲의 느티나무 구멍에 둥지를 틀고 3~5개의 알을 낳는다.

먹이 곤충류, 파충류, 설치류, 소형 조류

분포 아시아 남부에서 인도, 스리랑카, 인도네시아, 중국 남부에 걸쳐 번식한다. 우리나라 전 지역에 분포한다.

이야기마당

봄부터 가을까지 나뭇가지에 앉아 노래하는 소리를 들을 수 있습니다. 최근에는 주로 '까치' 둥지를 빼앗아 번식합니다. 【천연기념물 제324-3호】

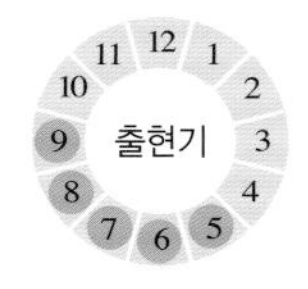

쏙독새

쏙독새목 쏙독새과

학명 *Caprimulgus jotaka* **영명** Grey Nightjar

▲ 휴식 중인 성조

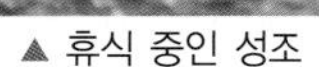

▲ 알

▲ 이소한 새끼 새

형태 몸길이 약 29㎝. 몸 전체가 황갈색을 띠고, 목의 중앙과 날개, 꼬리에 흰색 반점이 있어 날개를 펼 때 눈에 잘 띈다. 비행 시 암컷은 수컷에 비해 턱 · 날개 · 꼬리에 흰색 점들이 덜 나타난다. 부리는 짧고 주변에 털이 있다.

생태 여름 철새. 나무가 많은 야산에서 산다. 밤에 노랫소리를 쉽게 들을 수 있으며, 저녁부터 밤 동안 낮게 날면서 곤충류를 잡아먹는다. 번식기에는 땅 위의 낙엽 사이에 접시형 둥지를 틀고 약 2개의 알을 낳는다. 약 20일 후 알을 깨고 새끼들이 나온다.

먹이 곤충류

분포 한국을 포함한 아시아 동부에서 번식하고, 남쪽 지역으로 내려가 겨울을 난다. 우리나라 전 지역에서 흔히 볼 수 있다.

이야기마당

봄부터 여름까지 시골의 개울가, 초지 등에서 도마 위에서 무를 써는 소리처럼 노래한다고 하여 '쏙독새'라는 이름이 붙여졌고, 스님들은 '요리새'라고 부릅니다.

호반새

파랑새목 물총새과

학명 *Halcyon coromanda* **영명** Ruddy Kingfisher

형태 몸길이 25~27㎝. 몸 전체가 주황색이고, 가슴과 배는 연한 갈색이다. 허리 윗부분은 하늘색을 띤다. 길고 두꺼운 부리와 다리는 붉은색이다. 암수 구별이 어렵다.

생태 여름 철새. 주로 물이 흐르고 활엽수림이 우거진 산간 계곡, 호숫가 등에서 산다. 번식기에는 계곡 근처의 오래된 나무 구멍에 5~6개의 알을 낳는다.

먹이 어류, 갑각류, 곤충류, 양서류

분포 한국을 포함한 아시아 남동부의 넓은 지역에 분포한다. 우리나라 전 지역에서 드물게 볼 수 있으며, 주로 장마 시기에 번식한다.

이야기마당

노랫소리가 비 내리는 소리와 비슷하여 '비새'라고도 하며, 그 해의 풍년을 알렸다고 합니다.

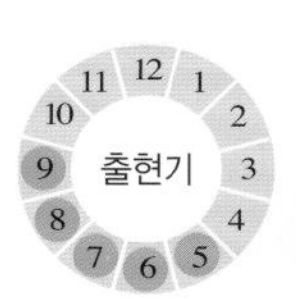

▲ 둥지 주변을 경계하고 있다.

▲ 알

▲ 새끼 새

▲ 나무에서 휴식하고 있다.

청호반새

파랑새목 물총새과

학명 *Halcyon pileata* **영명** Black-capped Kingfisher

▲ 개구리를 잡아 둥지로 가는 성조

◀ 구멍을 파서 만든 둥지

형태 몸길이 25~28㎝. 머리는 검은색이고, 목은 흰색, 등은 밝은 청색이다. 가슴과 배는 붉은 황토색이고 굵고 긴 부리와 다리는 붉은색이다. 비행 시 짙은 청색 바탕의 날개에 흰 부분이 나타난다. 암수 구별이 어렵다.

생태 여름 철새. 활엽수림의 물가나 농경지, 야산 습지에서 산다. 먹이를 잡기 위해 개울가 나뭇가지, 전선 위에 자주 앉는다. 번식기에는 강가, 야산 주변의 흙 벼랑에 구멍을 파서 둥지를 틀고 4~6개의 알을 낳는다.

먹이 갑각류, 파충류, 양서류, 어류, 곤충류

분포 아시아 남동부에서 한국, 인도, 중국에 걸쳐 분포한다. 우리나라 전 지역에서 흔히 볼 수 있다.

이야기마당

비교적 사람을 두려워하지 않으며, 물가 벼랑이나 교목 나뭇가지 위에 꼼짝하지 않고 앉아 있다가 먹이를 발견하면 물속이나 땅 위로 내려가서 잡아먹습니다.

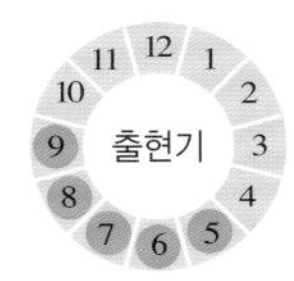

▲ 전깃줄에 앉아 경계하고 있다.

파랑새

파랑새목 파랑새과

학명 *Eurystomus orientalis* **영명** Oriental Dollarbird

- **형태** 몸길이 29~30㎝. 몸 전체가 짙은 청록색이다. 머리는 검은색이고, 목은 파란색이며, 날개에는 푸른빛을 띤 흰색의 큰 반점이 있다. 부리와 다리는 빨간색이며, 부리는 굵고 짧으며 끝이 갈고리 모양이다. 암수 구별이 어렵다.
- **생태** 여름 철새. 농경지 부근의 활엽수가 많은 곳에서 산다. 번식기에는 나무 구멍이나 오래된 '딱따구리', '까치' 둥지에 3~5개의 알을 낳는다.
- **먹이** 곤충류
- **분포** 아시아 동부, 오스트레일리아 북부, 일본에 걸쳐 분포한다. 우리나라 전 지역에서 흔히 볼 수 있다.

이야기마당

비행 시 날개 양쪽에 흰 점무늬가 나타나 '태극새' 라고도 합니다. 외국에서는 희망의 새라고 하지만, 성격은 난폭하고 시끄럽습니다.

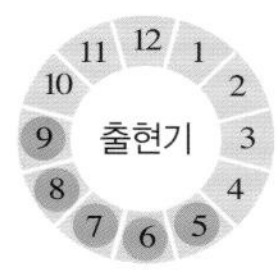

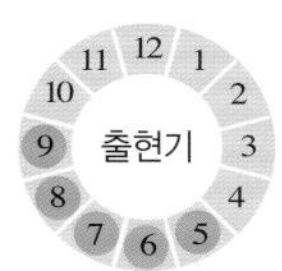

▲ 먹이를 물고 있는 어미 새

▲ 알

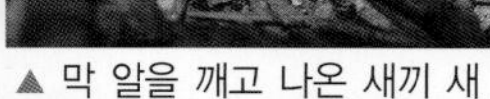

▲ 막 알을 깨고 나온 새끼 새

▲ 서로 먹이를 주며 구애하는 암컷과 수컷

▲ 이소한 새끼 새

아물쇠딱따구리

딱따구리목 딱따구리과  **학명** *Dendrocopos canicapillus* **영명** Grey-capped Woodpecker

▲ 나무 틈에서 작은 곤충을 잡아먹고 있는 암컷

형태 몸길이 16~20㎝. 머리와 뺨은 갈색이고, 가슴과 배는 흰 바탕에 갈색 줄무늬가 있다. 등은 검은색 바탕에 흰 줄이 있다. 등 가운데에 흰색의 큰 점이 있어 다른 새와 쉽게 구별된다. 암컷과 달리 수컷의 머리깃에 붉은색 점이 있다.

생태 텃새/겨울 철새. 산림이 많은 숲에서 사는데, 겨울에는 시골 인가 주변, 공원, 고궁 등의 낮은 지대에서 산다. 번식기에는 북쪽이나 높은 산으로 이동하여 오래된 나무 구멍에 둥지를 틀고 3~5개의 알을 낳는다.

먹이 곤충류

분포 한국, 만주 동남부, 우수리 유역에 분포한다. 매년 겨울에 우리나라 경기도 광릉, 서울 경복궁에서 드물게 볼 수 있다.

이야기마당

시골 마을 주변의 숲에 쇠기름, 돼지기름 등을 달아 놓으면 찾아옵니다.

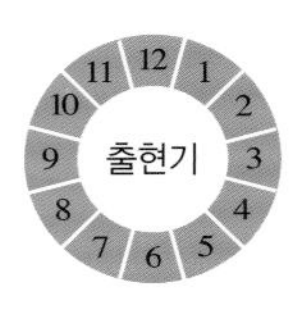

쇠딱따구리

딱따구리목 딱따구리과  **학명** *Dendrocopos kizuki* **영명** Japanese Pygmy Woodpecker

▲ 나무껍질에서 먹이를 찾고 있는 암컷

알을 깨고 나온 지 20일 된 새끼 새 ▶

형태 몸길이 약 15㎝. 몸 전체는 검은색 바탕에 흰 점이 있다. 목·가슴·배는 흰 바탕에 옅은 갈색 점들이 있다. 부리와 다리는 검은색이다. 수컷은 머리에 작은 붉은 깃이 있지만, 암컷은 없다.

생태 텃새. 활엽수와 침엽수가 혼합된 숲 속에서 산다. 작은 나무들이 많은 숲의 나무 틈 속에 있는 작은 벌레를 잡아먹는다. 번식기에는 오래된 나무 구멍이나 틈에 둥지를 틀고 5~7개의 알을 낳는다.

먹이 곤충류, 나무 열매

분포 한국, 중국, 일본, 러시아 등지에 분포한다. 우리나라 전 지역에서 흔히 볼 수 있다.

이야기마당

겨울이나 이동 시기에 박새류, 동고비류, 오목눈이류 무리와 함께 관찰됩니다.

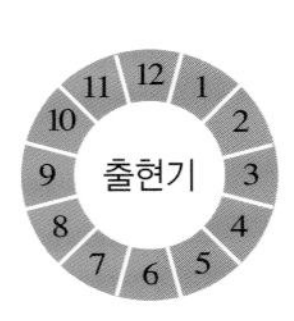

큰오색딱따구리

딱따구리목 딱따구리과 **학명** *Dendrocopos leucotos leucotos* **영명** White-backed Woodpecker

형태 몸길이 24~46㎝. 몸 전체는 검은색 바탕에 흰 점들이 있다. 수컷과 어린 새의 머리 윗부분에는 붉은 깃털이 있는데, 암컷은 수컷과 달리 머리꼭대기와 뒷머리가 검은색이다. 가슴과 배는 흰색이며 검은 점이 있고, 배 쪽이 붉은색을 띤다. 비행 시 허리 부분이 흰색을 띤다.

생태 텃새. 큰 활엽수림에서 암수가 함께 생활한다. 부리 끝으로 나무줄기를 쪼아 구멍을 파고 긴 혀를 이용하여 그 속에 있는 먹이를 잡아먹는다. 번식기에는 나무를 쪼아 구멍에 둥지를 틀고 3~5개의 알을 낳는다. 10~11일 후 알을 깨고 새끼들이 나온다.

먹이 곤충류, 견과류, 식물의 씨앗, 열매

분포 유럽 북부에서 아시아에 걸쳐 분포한다. 우리나라 전 지역에서 볼 수 있다.

'오색딱따구리' 보다 약간 큽니다. '울도큰오색딱따구리' 와 같은 종이지만, 겉모습이나 사는 곳의 차이로 다른 아종으로 나뉩니다.

▲ 나무 구멍 둥지 주변을 살피는 수컷

▲ 나무 열매의 씨를 먹고 있는 암컷

딱따구리의 나무 구멍 파기

딱따구리는 나무를 경쾌하게 '딱딱딱' 쪼는 소리를 냅니다. 딱따구리는 나무껍질 속에 숨어 있는 먹이를 찾기 위해서 나무를 두들겨 나무 속에 있는 유충을 기절시킨 다음, 길이 10㎝ 이상의 창과 같이 생긴 혀로 유충을 끌어내어 잡습니다. 주로 죽거나 속이 빈 나무의 표면을 두들겨서 드럼 소리와 같은 소리를 내는데, 이는 암컷을 유혹하거나 자신의 텃세권을 주장하기 위한 의사소통의 한 가지 방법으로 사용됩니다.

또한, 딱따구리들은 나무 표면을 빠르고 오랫동안 두드릴 수 있는 특별한 적응력을 가지고 있습니다. 단단한 두개골은 큰 충격으로부터 뇌와 머리를 보호하는 완충 작용을 하고, 강한 목 근육은 통증 없이 오랜 시간 동안 나무를 두드릴 수 있도록 도와줍니다. 딱따구리의 부리는 다른 새들에 비해 두껍고 똑바로 뻗어 있어, 단단한 표면을 두드리는 데 발생하는 충격에도 거뜬합니다.

▲ 오색딱따구리의 단단한 부리

오색딱따구리

딱따구리목 딱따구리과

학명 *Dendrocopos major* **영명** Great Spotted Woodpecker

▲ 수컷

▲ 암컷

형태 몸길이 23~26㎝. 몸 전체는 검은색 바탕에 흰 점들이 있다. '큰오색딱따구리'에 비하여 몸집이 약간 작은데, 등에 눈에 잘 띄는 V자 모양의 무늬가 있어 쉽게 구별된다. 수컷과 어린 새의 머리 윗부분은 붉은색을 띠지만, 암컷은 검은색이다.

생태 텃새. 활엽수, 침엽수가 많은 숲에서 산다. 겨울에는 시골의 인가 주변이나 도시의 공원에서도 쉽게 볼 수 있다. 번식기에는 아까시나무, 벚나무, 참나무 등에 구멍을 파서 둥지를 틀고 5~7개의 알을 낳는다. 10~13일 후 알을 깨고 나온 새끼들은 20~24일 후 둥지를 떠나 독립한다.

먹이 곤충류, 소형 조류의 알과 새끼, 식물의 씨앗, 열매

분포 유럽에서 아시아 북부에 걸쳐 넓은 지역에 분포한다. 우리나라의 제주도와 울릉도를 제외한 전 지역에서 볼 수 있다.

이야기마당

딱따구리 종류 중 가장 흔한 종입니다. 부리 끝으로 나무줄기를 쪼아 구멍을 파고 긴 혀를 이용하여 속에 있는 먹이를 잡아먹습니다.

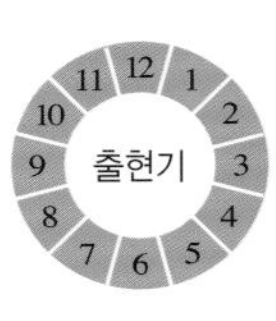

▲ 먹이를 물고 나무 구멍 둥지로 가는 수컷

▲ 둥지에 있는 어린 새

크낙새

딱따구리목 딱따구리과

학명 *Dryocopus javensis* **영명** White-bellied Woodpecker

형태 몸길이 42~48㎝. 몸 전체는 검은색을 띠고, 가슴 · 배 · 허리는 흰색을 띤다. 수컷은 머리 윗부분과 턱 일부에 붉은 깃이 있고, 암컷은 붉은 깃이 없다. 긴 부리와 다리는 검은색이다.

생태 텃새. 오래되고 울창한 혼합 산림에서 산다. 텃세 행동이 매우 강하며, 세력권도 다른 '딱따구리' 종류에 비하여 큰 편이다. 번식기에는 나무에 구멍을 뚫어 둥지를 틀고 약 2개의 알을 낳는다.

먹이 곤충류, 식물의 열매

분포 한국(경기도), 북한(황해도)에 국한하여 매우 드물게 분포한다. 세계적으로 소수가 있는 것으로 알려져 있다. 과거에는 우리나라 경기도 광릉에서 적은 수가 규칙적으로 번식하였다.

▲ 나무 틈에서 먹이를 찾는 수컷

이야기마당

딱따구리 종류 중 가장 크며, 과거에는 '골락새'라고 하였습니다. 현재 우리나라에서는 완전히 사라졌습니다. 【천연기념물 제197호, 멸종위기야생생물 Ⅰ급】

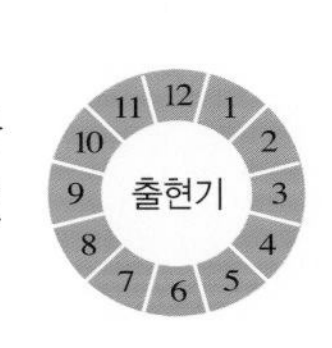

▲ 나무 구멍 속 애벌레를 먹고 산다.

▲ 크낙새가 살았던 경기도 광릉 숲

▲ 과거에 사용된 크낙새 둥지들

까막딱따구리

딱따구리목 딱따구리과

학명 *Dryocopus martius* **영명** Black Woodpecker

▲ 알

▲ 알에서 나온 새끼 새

▲ 둥지

▲ 둥지에서 먹이를 기다리는 새끼 새

형태 몸길이 45~50㎝. 몸 전체가 검은색이다. 부리와 눈은 노란색이며, 다리는 검은색이다. 수컷은 부리에서 뒷머리까지 길게 붉은 깃털이 나 있고, 암컷은 뒷머리에만 붉은 깃털이 있다.

생태 텃새. 오래된 침엽수림과 활엽수림에서 산다. 번식기에는 오래된 나무에 구멍을 파서 둥지를 틀고 4~5개의 알을 낳는다. 14~16일 후에 알을 깨고 나온 새끼들은 24~28일 만에 둥지를 떠난다.

먹이 곤충류

분포 유럽과 아시아에 분포한다. 우리나라 전 지역에 분포하지만 드물게 볼 수 있다.

이야기마당

'크낙새'와 함께 '딱따구리' 무리 중에서 가장 큰 새입니다. 산림이 울창하고 외진 곳에서 드물게 볼 수 있었으나, 지금은 사찰 부근에서 쉽게 볼 수 있습니다. **【천연기념물 제242호, 멸종위기야생생물 Ⅱ급】**

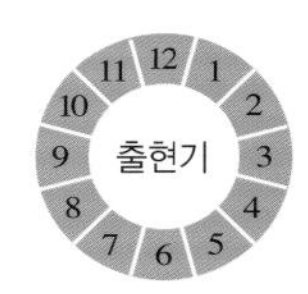

▲ 수컷

▲ 암컷

청딱따구리

딱따구리목 딱따구리과

학명 *Picus canus* **영명** Gray-faced Woodpecker

형태 몸길이 25~28㎝. 머리 · 목 · 가슴 · 배는 회색이다. 날개 · 등 · 꼬리는 연두색이며, 날개 끝은 검은색이다. 수컷은 암컷과 달리 머리 앞부분이 빨간색이다. 부리와 다리는 검은색이다.

생태 텃새. 활엽수 또는 활엽수와 침엽수가 혼합된 숲 속에서 산다. 번식기에는 오동나무 · 참나무 · 벚나무 구멍에 둥지를 틀고 5~10개의 알을 낳는다. 15~17일 후 알을 깨고 나온 새끼들은 약 28일 후에 둥지를 떠나 독립한다.

먹이 곤충류, 식물의 열매

분포 유라시아 대륙의 넓은 지역에 분포한다. 우리나라 전 지역에서 흔히 볼 수 있다.

이야기마당

딱따구리 종류 중에서 유일하게 녹색을 띱니다. 겨울에 '팥배나무' 열매와 홍시를 좋아합니다.

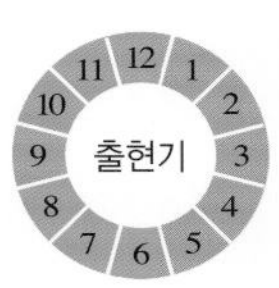

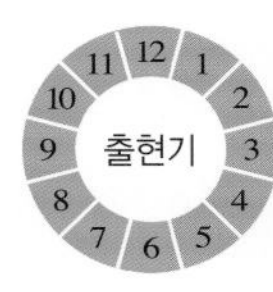

▲ 물을 마시고 있는 수컷

▲ 감을 먹고 있는 수컷

▲ 둥지의 새끼 새에게 먹이를 먹이는 암컷

어치 참새목 까마귀과

학명 *Garrulus glandarius* **영명** Eurasian Jay

▲ 경계음을 내고 있다.

형태 몸길이 약 35㎝. 머리와 가슴은 갈색이고, 어깨와 등은 회색이며, 날개 끝과 꼬리는 검은색이다. 턱에는 양쪽으로 검은 줄이 있고, 날개에는 검은색과 하늘색 줄무늬가 있다. 부리와 다리는 검은색이다.

생태 텃새. 참나무가 많은 숲에서 산다. 도토리를 저장하는 습성이 있다. 번식기에는 나무나 덤불 위에 나뭇가지를 모아 접시형 둥지를 틀고 4~6개의 알을 낳는다. 16~19일 후 알을 깨고 나온 새끼는 암수가 함께 키우며, 새끼들은 21~23일 후에 둥지를 떠나 독립한다.

먹이 곤충류, 소형 조류, 식물의 열매

분포 유럽 서부, 아프리카 북서부, 인도, 아시아 남동부에 걸쳐 분포한다. 우리나라 전 지역에서 흔히 볼 수 있다.

이야기마당

머리가 좋은 새로, 다른 새나 동물의 소리를 흉내 내기도 합니다. 도토리를 저장해 놓았다가 다시 찾아 먹습니다.

▲ 검은 색의 부리

▲ 먹이를 기다리는 새끼 새

▲ 열매를 주워 먹고 있다.

▲ 감을 먹고 있다.

물까치 참새목 까마귀과

학명 *Cyanopica cyanus* **영명** Azure-winged Magpie

▲ 감을 먹고 있다.

형태 몸길이 31~35㎝. 머리 윗부분은 검은색, 등과 배는 옅은 회색이다. 날개와 꼬리는 하늘색이며, 긴 꼬리의 끝은 흰색이다. 부리와 다리는 검은색이다. 암수 구별이 어렵다.

생태 텃새. 도시 부근의 산림보다 시골 마을 부근의 야산에서 산다. 번식기 외에는 작은 무리를 지어 생활한다. 번식기에는 야산, 산지, 인가 주변 숲에 나뭇가지를 모아 접시형 둥지를 틀고 6~8개의 알을 낳는다. 약 15일 후 알을 깨고 새끼들이 나온다.

먹이 곤충류, 식물의 열매

분포 한국을 포함한 아시아 동부에 걸쳐 분포한다. 우리나라 전 지역에서 흔히 볼 수 있다.

이야기 마당

'토끼', '청설모', '두더지', '고슴도치' 등을 무리 지어 공격하여 사냥합니다.

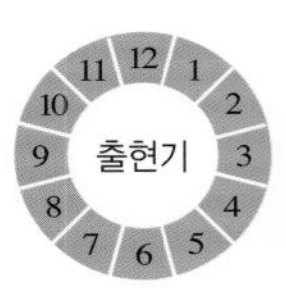

▲ 알

▲ 둥지에서 먹이를 기다리는 새끼 새

▲ 둥지의 새끼 새를 돌보는 어미 새

큰부리까마귀 참새목 까마귀과

학명 *Corvus macrorhynchos* **영명** Large-billed Crow

▲ 나뭇가지에 앉아 휴식하고 있다.

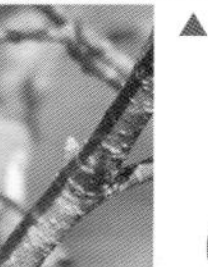

▲ '까마귀'에 비해 부리가 굵다.

이야기마당

'까마귀'나 '까치'와 먹이를 찾기 위해 경쟁합니다. 까마귀과 중에 가장 크며, 사람이 오면 크게 울어 쫓아내려고 합니다.

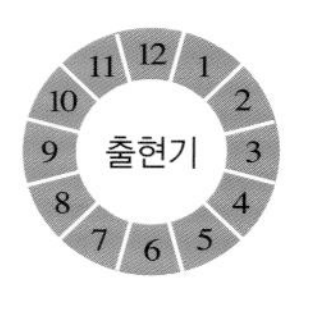

형태 몸길이 46~59㎝. 몸 전체가 광택이 있는 검은색이다. 부리는 굵고 머리 길이와 비슷하며 심하게 구부러져 있어 '까마귀'와 구별된다. 다리는 검은색이다. 암수 구별이 어렵다.

생태 텃새. 나무가 적은 숲, 공원, 경작지 등에서 산다. 번식기에는 높은 침엽수에 나뭇가지를 모아 접시형 둥지를 틀고 3~5개의 알을 낳는다. 17~19일 후에 알을 깨고 나온 새끼는 약 35일 후에 둥지를 떠나 독립한다. 번식기 이외에도 암수가 함께 생활한다.

먹이 죽은 동물, 곤충류, 지렁이류, 소형 포유류, 소형 조류, 곡류, 식물의 열매

분포 아시아 대부분의 지역에 분포한다. 우리나라에서는 강원도 설악산 백담사 주변, 제주도 한라산 어리목 등지에서 많은 수를 볼 수 있다.

쇠박새 참새목 박새과 

학명 *Poecile palustris* **영명** Marsh Tit

▲ 나무 구멍 둥지로 들어가는 어미 새

▲ 나뭇가지에 앉아 경계하고 있다.

이야기마당

번식기에는 암수가 독립적으로 생활하지만, 겨울에는 다른 종류의 무리 속에 섞여 지냅니다. 추운 겨울에는 쇠기름과 돼지기름도 좋아합니다.

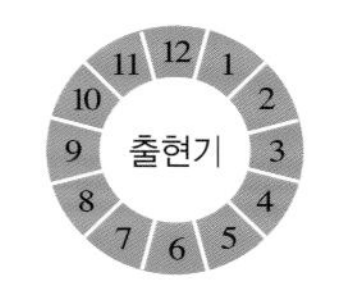

형태 몸길이 11~12㎝. 윗머리는 검은색이고, 날개 · 등 · 꼬리는 회색, 가슴 · 배는 흰색이다. 턱에는 검은색 점이 작게 나타나며, 짧은 부리와 다리는 검은색이다. 암수 구별이 어렵다.

생태 텃새. 활엽수와 침엽수가 많은 숲에서 산다. 번식기에는 다른 새들이 파 놓은 나무 구멍에 이끼, 새털 등을 모아 둥지를 틀고 5~9개의 알을 낳는다. 14~16일 후 알을 깨고 나온 새끼는 18~21일 후에 둥지를 떠나 독립한다.

먹이 거미류, 곤충류, 식물의 씨앗, 열매, 견과류

분포 유럽에서 아시아 북부에 걸쳐 넓은 지역에 분포한다. 우리나라 전 지역에서 흔히 볼 수 있다.

곤줄박이 참새목 박새과

학명 *Sittiparus varius* **영명** Varied Tit

형태 몸길이 12~14㎝. 머리 윗부분과 턱은 검은색이고, 눈 주위는 흰색이다. 날개 · 등 · 꼬리는 회색, 어깨와 배는 갈색이며, 짧은 부리와 다리는 검은색이다. 암수 구별이 어렵다.

생태 텃새. 활엽수와 침엽수가 많은 숲에서 산다. 번식기에는 다른 새들이 파 놓은 나무 구멍에 이끼, 새털 등을 모아 둥지를 틀고 5~8개의 알을 낳는다. 12~13일 후에 알을 깨고 새끼가 나온다.

먹이 곤충류, 나무 열매

분포 한국, 중국, 일본, 타이완, 러시아 등지에 분포한다. 우리나라 전 지역에서 볼 수 있다.

'나무의 곡예사' 라고 불리며, 거꾸로 매달려서도 벌레를 잘 잡아먹습니다. 과거에는 깊은 산림 지대에서 번식하였으나, 지금은 인가 주변, 절, 공원 등에서도 살며, 인공 새집에서도 쉽게 번식합니다.

▲ 물가에서 주위를 살피고 있다.

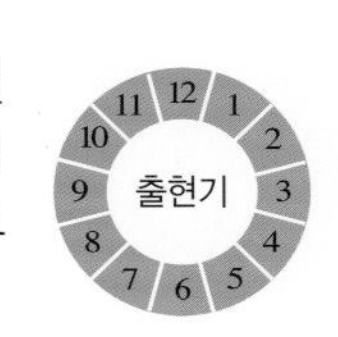

▲ 알

▲ 새끼 새

진박새 참새목 박새과

학명 *Periparus ater* **영명** Coal Tit

형태 몸길이 10~12㎝. 윗머리 윗부분과 턱은 검은색이고, 뺨은 흰색이며, 검은색 머리에는 댕기깃이 솟아 있다. 날개 · 등 · 꼬리는 회색이고, 가슴과 배는 옅은 회색이다. 날개에는 흰 줄 2개가 있고, 짧은 부리와 다리는 검은색이다. 암수 구별이 어렵다.

생태 텃새. 활엽수와 침엽수가 많은 숲이나 농경지 주변에서 산다. 번식기에는 다른 새들이 파 놓은 나무 구멍에 둥지를 틀고 7~11개의 알을 낳는다. 14~15일 후에 알을 깨고 나온 새끼는 15~16일 후에 둥지를 떠나 독립한다.

먹이 곤충류, 거미류, 식물의 씨앗, 열매

분포 유라시아 온대 및 아열대 지방에서 아프리카 북부에 걸쳐 분포한다. 우리나라 전 지역에서 흔히 볼 수 있다.

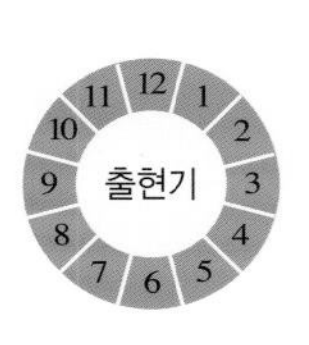

▲ 주위를 살피고 있다.

이야기마당

과거에는 깊은 숲에서 번식하였으나, 최근에는 절 주변, 전봇대 구멍, 기왓장 사이, 돌담 구멍 등과 같은 인공 구조물에서 흔히 번식합니다.

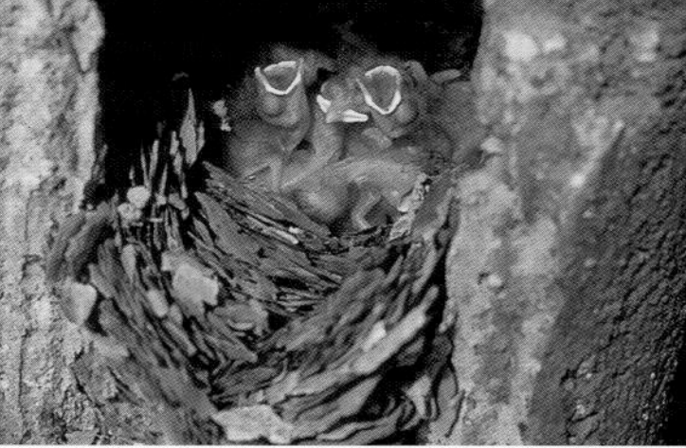
▲ 새끼 새

박새 참새목 박새과

학명 *Parus minor* **영명** Oriental Tit

▲ 뿌려 놓은 먹이를 먹고 있다.

▲ 알

▲ 부화한 지 3일째 된 새끼 새

▲ 이소한 새끼 새

형태 몸길이 12~14㎝. 머리 윗부분과 턱은 검은색이고, 뺨은 흰색이다. 검은색 줄이 턱에서 배까지 내려오는데, 수컷은 검은색 줄이 암컷에 비해 굵다. 날개·등·꼬리는 회색이고, 가슴과 배는 흰색이다. 어깨는 연둣빛이 돌고, 날개에는 흰 띠가 있으며, 짧은 부리와 다리는 검은색이다.

생태 텃새. 활엽수와 침엽수가 많은 숲에서 산다. 번식기에는 다른 새들이 파 놓은 나무 구멍에 둥지를 틀고 5~12개의 알을 낳는다. 12~15일 후에 알을 깨고 나온 새끼는 16~22일 후 둥지를 떠나 독립한다.

먹이 곤충류, 거미류, 식물의 씨앗, 열매

분포 한국, 중국, 일본, 러시아에 걸쳐 분포한다. 우리나라 전 지역에서 흔히 볼 수 있다.

이야기마당

'참새' 다음으로 흔한 새로, 하루에 100마리 내외의 해충을 잡아먹는 이로운 새입니다. 주로 나무 구멍에 둥지를 틀지만, 인공 새집에서도 쉽게 번식합니다.

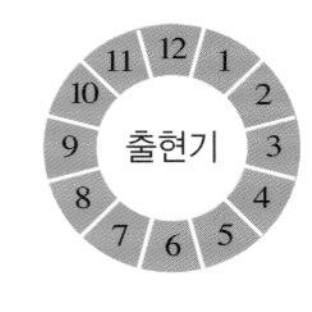

새끼 새 ▶

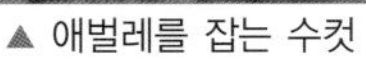

▲ 애벌레를 잡는 수컷

▲ 주위를 살피는 암컷

동고비

참새목 동고비과

학명 *Sitta europaea* **영명** Eurasian Nuthatch

형태 몸길이 약 14㎝. 머리 · 등 · 날개 · 꼬리는 회색을 띠고, 턱과 목은 흰색이며, 배는 갈색을 띤다. 눈에는 짙은 회색의 눈썹이 있다. 부리와 다리는 검은색이다. 암수 구별이 어렵다.

생태 텃새. 활엽수와 침엽수가 많은 숲에서 산다. 번식기에는 나무 구멍이나 틈에 둥지를 트는데, 구멍이 크면 진흙을 발라 알맞은 출입구를 만든다. 알은 5~8개를 낳는다.

먹이 곤충류, 거미류, 식물의 씨앗, 견과류

분포 유럽, 아시아 등지에 걸쳐 분포한다. 우리나라 전 지역에서 흔히 볼 수 있다.

이야기마당

딱따구리류는 나무에서 위로만 올라갈 수 있지만, '동고비'는 나무를 오르고 내려갈 수 있습니다. 특히 나무를 거꾸로 내려오면서 벌레를 잘 잡아먹습니다.

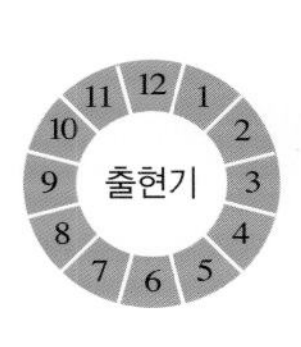

▲ 눈 위에서 먹이를 찾고 있다.

둥지 ▶

틈새 정보!!

둥지 수리 전문가 '동고비'

동고비는 나무 구멍의 둥지를 이용하는 새로, 주로 딱따구리가 파 놓은 구멍에 둥지를 틀어 알을 낳고 새끼를 키웁니다. 때때로 동고비 암컷은 썩은 나무에 있는 구멍을 넓혀 둥지를 틀기도 합니다. 둥지는 지상으로부터 2~20m 높이에 있고, 나무껍질 조각들을 모아 둥지 바닥에 깝니다. 구멍의 입구가 너무 넓으면 진흙을 입구에 발라 입구를 좁게 만드는데, 이렇게 만든 좁은 구멍의 입구와 깊은 둥지의 내부는 알과 새끼를 둥지 포식자로부터 안전하게 보호합니다. 찌르레기와 같은 다른 새들이 둥지를 빼앗지 못하게 하는 것입니다. 이러한 둥지 수리 작업은 암컷이 전담하며, 안전하게 만든 동고비의 둥지는 다음에 재사용될 가능성이 높습니다.

▲ 진흙을 물어 나르는 동고비

쇠동고비 참새목 동고비과

학명 *Sitta villosa* **영명** Chinese Nuthatch

▲ 먹이를 먹는 수컷

▲ 암컷

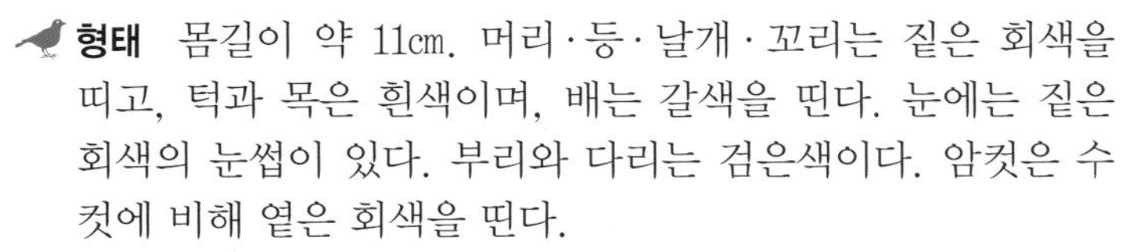

형태 몸길이 약 11㎝. 머리·등·날개·꼬리는 짙은 회색을 띠고, 턱과 목은 흰색이며, 배는 갈색을 띤다. 눈에는 짙은 회색의 눈썹이 있다. 부리와 다리는 검은색이다. 암컷은 수컷에 비해 옅은 회색을 띤다.

생태 겨울 철새/텃새. 활엽수와 침엽수가 많은 숲에서 산다. 번식기에는 나무 구멍이나 틈에 둥지를 튼다.

먹이 곤충류, 거미류, 식물의 씨앗, 견과류

분포 한국, 중국, 러시아 등지에 분포한다. 북한에서 흔히 번식하지만, 우리나라에서는 겨울에 중부 지방에서 드물게 볼 수 있다.

이야기마당

'동고비'와 습성과 생김새가 비슷하지만, 크기는 훨씬 작습니다.

나무발발이 참새목 나무발발이과

학명 *Certhia familiaris* **영명** Eurasian Treecreeper

▲ 먹이를 찾기 위해 나무를 오르고 있다.

형태 몸길이 12~14㎝. 몸 전체가 황갈색을 띠고, 목·가슴·배는 흰색이다. 부리가 길며 구부러져 있고, 꼬리는 부채 모양으로 길며, 꼬리 깃털의 끝은 뾰족하다. 암수 구별이 어렵다.

생태 겨울 철새/텃새. 높은 산의 침엽수림에서 산다. 겨울이나 이동 시기인 봄, 가을에는 인가 부근이나 공원 등의 숲에서 생활한다. 번식기에는 나무 틈에 둥지를 틀고 5~6개의 알을 낳는다. 13~17일 후 알을 깨고 나온 새끼들은 15~17일 후에 둥지를 떠나 독립한다.

먹이 곤충류, 거미류

분포 유라시아 대륙에서 번식하고, 남쪽으로 내려와 겨울을 난다. 우리나라에는 겨울에 드물게 찾아오며, 과거에는 박새류, 딱따구리류, 오목눈이류에 섞여 겨울을 났다.

이야기마당

나무줄기를 반복하여 수직으로 오르내리며 먹이를 찾는 행동 때문에 '나무발발이'라는 이름이 붙여졌습니다.

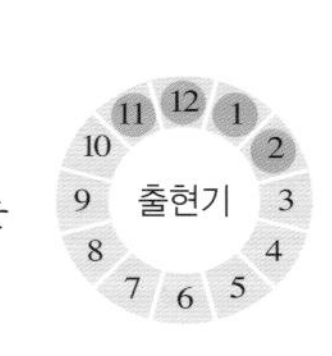

직박구리

참새목 직박구리과

학명 *Hypsipetes amaurotis* **영명** Brown-eared Bulbul

형태 몸길이 약 27㎝. 몸 전체가 회색 바탕에 흰 점이 있다. 뺨과 날개 밑의 안쪽, 배 부분은 황갈색을 띠고, 부리와 다리는 검은색이다. 노래를 할 때 머리깃을 세운다. 암수 구별이 어렵다.

생태 텃새. 활엽수와 침엽수가 혼합된 숲 주변, 공원, 절, 농경지 주변에서 산다. 이동 시기인 봄, 가을이나 겨울에는 무리를 지어 생활한다. 번식기에는 향나무 숲의 낮은 가지에 풀줄기를 모아 사발형 둥지를 틀고 3~5개의 알을 낳는다. 13~14일 후에 알을 깨고 나온 새끼들은 10~11일 후에 둥지를 떠나 독립한다.

먹이 곤충류, 식물의 씨앗, 꽃, 열매

분포 한국, 중국, 일본, 러시아, 타이완, 필리핀 등지에 분포한다. 우리나라 남부 지방의 상록수림과 바닷가에서 많은 수를 볼 수 있다.

이야기 마당

'찌빠~찌빠~' 하며 시끄럽게 울기 때문에 '직박구리'라는 이름이 붙여졌습니다. 과거에는 산에 많이 살았지만 최근에는 도시 주변에 많이 살고 있는데, 아파트 주변에 열매가 열리는 나무가 많기 때문입니다.

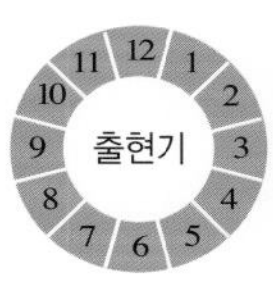

▲ 이른 봄에 핀 꽃을 빨아 먹고 있다.

▲ 알을 품고 있는 암컷

▲ 새끼 새

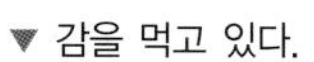
▼ 감을 먹고 있다.

▲ 물가에서 목욕하며 물을 마시고 있다.

상모솔새 참새목 상모솔새과

학명 *Regulus regulus* **영명** Goldcrest

▲ 물을 마시고 있는 암컷

형태 몸길이 8~10㎝. 몸 전체가 흐린 녹색을 띤다. 날개는 진한 녹색으로 2개의 흰 줄이 있으며, 눈에는 흰 테가 있다. 암컷과 수컷의 머리꼭대기에는 검은색 바탕에 노란색 부분이 있는데, 수컷은 붉은 점이 있다. 검은색 부리는 짧고, 다리는 갈색이다.

생태 겨울 철새. 침엽수가 많은 숲이나 공원에서 박새류와 함께 무리를 지어 산다. 번식기에는 나뭇가지에 사발형 둥지를 틀고 6~13개의 알을 낳는다. 16~19일 후 알을 깨고 나온 새끼는 17~22일 후에 둥지를 떠나 독립한다.

먹이 곤충류, 거미류, 식물의 씨앗

분포 유럽, 중앙아시아, 동북아시아 등지에 번식하고, 겨울에는 한국, 중국, 일본 등지에서 겨울을 난다. 우리나라에는 겨울에 드물게 찾아온다.

침엽수림의 낮은 곳에서 솔방울 씨앗 등의 먹이를 찾습니다.

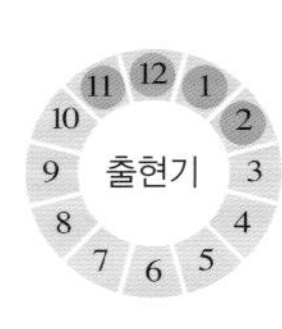

노랑허리솔새 참새목 솔새과

학명 *Phylloscopus proregulus* **영명** Pallas's Leaf-Warbler

▲ 먹이를 찾고 있다.
◀ 주변을 살피며 경계하고 있다.

형태 몸길이 9~10㎝. 몸의 윗면은 어두운 녹색이고, 아랫면은 흰색이다. 머리꼭대기에 노란색 선이 있고, 노란색 눈썹선이 있다. 허리에도 노란색 부분이 있다. 날개에는 2개의 노란색 줄이 있고, 부리와 다리는 황갈색이다. 암수 구별이 어렵다.

생태 여름 철새/나그네새. 침엽수가 많은 숲에서 산다. 번식기에는 나무에 풀을 엮어 사발형 둥지를 틀고 4~6개의 알을 낳는다. 12~13일 후에 알을 깨고 나온 새끼들은 12~14일 후에 둥지를 떠나 독립한다.

먹이 곤충류, 거미류

분포 한국, 중국, 사할린, 인도 등지에 분포한다. 6월 초부터 우리나라 강원도 용평 스키장 정상의 전나무 가지 끝에서 노래하는 모습을 쉽게 볼 수 있다.

이야기마당

우리나라에 찾아오는 솔새류 중 가장 높은 곳에 삽니다.

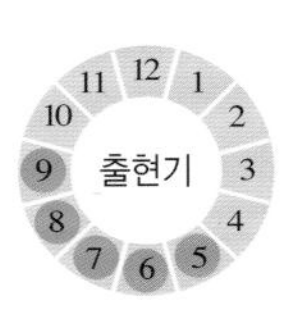

노랑눈썹솔새

참새목 솔새과 **학명** *Phylloscopus inornatus* **영명** Yellow-browed Warbler

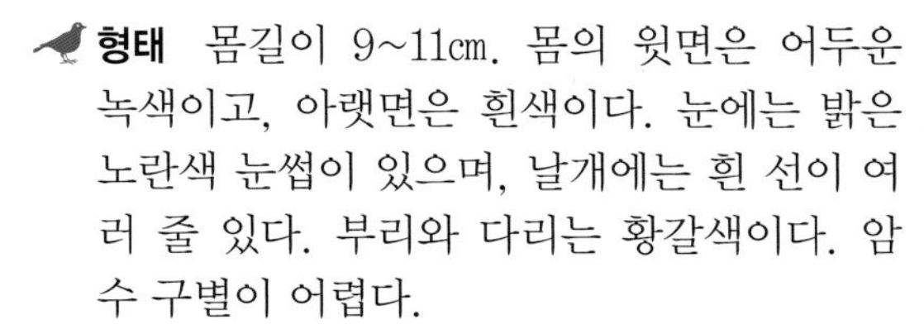

형태 몸길이 9~11㎝. 몸의 윗면은 어두운 녹색이고, 아랫면은 흰색이다. 눈에는 밝은 노란색 눈썹이 있으며, 날개에는 흰 선이 여러 줄 있다. 부리와 다리는 황갈색이다. 암수 구별이 어렵다.

생태 나그네새/여름 철새. 활엽수와 침엽수가 많은 숲에서 산다. 번식기에는 주로 높은 산 숲 나무 밑에 풀을 엮어 사발형 둥지를 틀고 2~4개의 알을 낳는다. 11~14일 후에 알을 깨고 나온 새끼는 12~13일 후에 둥지를 떠나 독립한다.

먹이 곤충류, 거미류

분포 시베리아, 몽골, 중국 등지에서 번식하고, 아시아 남동부에서 겨울을 난다. 우리나라에서는 이동 시기인 봄, 가을에 남해안 홍도 등 외딴섬에서 드물게 볼 수 있다.

▲ 주변을 경계하고 있다.

이야기마당

번식기에는 텃세 행동을 강하게 보이며, 노래를 불러서 암컷을 유인합니다.

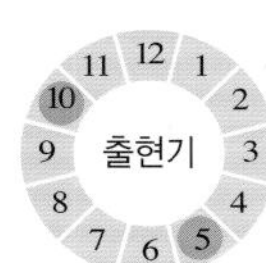

산솔새

참새목 솔새과 **학명** *Phylloscopus coronatus* **영명** Eastern Crowned Leaf-Warbler

형태 몸길이 약 13㎝. 몸의 윗면은 어두운 녹색이고, 아랫면은 흰색이다. 눈에는 흰 눈썹이 있으며, 머리 위에 옅은 색의 선이 있다. 부리와 다리는 황갈색이다. 암수 구별이 어렵다.

생태 여름 철새. 숲이 울창한 산지에서 산다. 번식기에는 암수가 단독으로 생활하고 강한 텃세 행동을 보인다.

먹이 곤충류, 거미류

분포 아시아 북동부에서 번식하며, 중국 남부, 동남아시아에서 겨울을 난다. 우리나라 전 지역에서 흔히 볼 수 있다.

▲ 주변을 경계하고 있다.

노래하고 있다. ▶

이야기마당

나무 위의 가지 사이를 끊임없이 활발하게 날아다니면서 먹이를 잡아먹습니다.

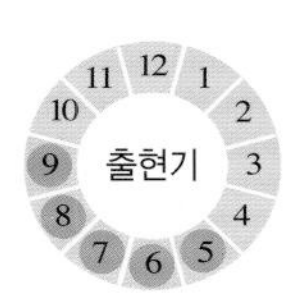

쇠유리새

참새목 딱새과

학명 *Larvivora cyane* **영명** Siberian Blue Robin

▲ 먹이를 찾고 있는 수컷
◀ 수컷은 부리와 눈 주변이 검은색이다.

형태 몸길이 약 14㎝. 수컷의 머리 · 등 · 날개 · 꼬리는 파란색이고, 턱 · 가슴 · 배는 흰색이다. '유리딱새'와 달리 흰 눈썹이 없고, 부리와 눈 주변은 검은색이다. 암컷은 수컷과 달리 몸 전체가 황색이고, 몸의 아랫부분은 흰색이다. 부리와 다리는 황색이다.

생태 여름 철새. 활엽수림과 덤불이 많고 개울이 있는 높은 산의 숲에서 산다. 번식기에는 풀숲의 바닥에 풀을 엮어 사발형 둥지를 틀고 3~5개의 알을 낳는다.

먹이 곤충류

분포 한국, 일본 등 아시아 북동부에서 번식하고, 중국 남부 등 아시아 남동부에서 겨울을 난다. 우리나라 전 지역에서 흔히 볼 수 있다.

이야기 마당

봄부터 여름까지 숲 속에서 아름다운 소리로 노래를 하기 때문에 쉽게 관찰됩니다.

흰눈썹울새

참새목 딱새과

학명 *Luscinia svecica* **영명** Bluethroat

▲ 애벌레를 사냥한 수컷
◀ 주위를 경계하고 있다.

형태 몸길이 약 15㎝. 몸의 윗면은 황갈색을 띠고, 아랫면은 흰색이다. 암수 모두 흰 눈썹이 있고, 수컷은 가슴에 파란색 띠와 붉은색 띠가 있고, 암컷은 황색의 무늬만 있다. 꼬리는 어두운 붉은색으로, 끝이 검은색이다. 부리와 다리는 황토색이다.

생태 나그네새/겨울 철새. 바닷가 주변의 습지 덤불 속에서 생활한다. 번식기에는 활엽수가 많고 늪이 있는 숲의 덤불 속에 풀을 엮어 사발형의 둥지를 틀고 5~6개의 알을 낳는다. 13~14일 후에 알을 깨고 나온 새끼는 약 14일 후에 둥지를 떠나 독립한다.

먹이 곤충류, 식물의 열매

분포 유럽, 아시아, 알래스카 등지에서 번식하고, 아프리카, 인도 등지에서 겨울을 난다. 우리나라에서는 이동 시기인 봄, 가을에 중부 지역에서 매우 드물게 볼 수 있다.

이야기 마당

물가의 덤불 속에서 숨어 지내며 바닥에서 먹이를 찾습니다.

유리딱새

참새목 딱새과

학명 *Tarsiger cyanurus* **영명** Red-flanked Bushtail

형태 몸길이 13~14㎝. 수컷의 머리 · 등 · 날개 · 꼬리는 파란색이고, 턱 · 가슴 · 배는 흰색이다. 암컷은 수컷과 달리 몸 전체가 황색이고, 배는 흰색이며, 날개와 가까운 몸통은 주황색을 띤다. 수컷의 눈썹은 흰색이고, 암컷은 흰색의 눈테두리가 있다.

생태 나그네새/겨울 철새. 낮은 지대의 침엽수가 우거진 숲이나 덤불 속에서 단독으로 생활한다. 번식기에는 경사면이나 바닥의 풀숲에 풀을 엮어 사발형 둥지를 틀고 3~5개의 알을 낳는다.

먹이 곤충류

분포 아시아 북부, 유럽 북동부, 시베리아 등지에서 번식하고, 아시아 남동부에서 겨울을 난다. 우리나라에서는 이동 시기인 봄, 가을에 서울의 공원, 제주도에서 드물게 볼 수 있다.

이야기마당

나무가 많은 지역의 낮은 덤불 속에 숨어 있어 눈에 잘 띄지 않습니다.

▲ 수컷

▲ 암컷

흰눈썹황금새

참새목 딱새과 

학명 *Ficedula zanthopygia* **영명** Korean Flycatcher

형태 몸길이 약 13㎝. 수컷의 머리 · 등 · 날개 · 꼬리는 검은색이고, 턱 · 가슴 · 배 · 허리는 밝은 노란색이다. 눈썹은 흰색이며, 날개에는 흰 부분이 있다. 암컷은 황갈색을 띠고, 허리는 노란색이다. 부리와 다리는 고동색이다.

생태 여름 철새. 참나무가 많은 숲에서 산다. 번식기에는 나뭇가지에 풀을 엮어 사발형 둥지를 틀고 5~6개의 알을 낳는다. 암수가 함께 새끼를 기른다.

먹이 곤충류

분포 한국, 중국, 몽골, 일본 등지에서 번식하고, 아시아 남부에서 겨울을 난다. 우리나라 전 지역에서 흔히 볼 수 있다.

▲ 수컷

▲ 암컷

이야기마당

계곡이 있는 숲이나 덤불에서 흔히 관찰됩니다. '흰눈썹황금새'는 북방계의 황금새 일종으로, 일본에서는 보기 드문 아름다운 새입니다.

호랑지빠귀

참새목 지빠귀과

학명 *Zoothera dauma* **영명** Common Scaly Thrush

▲ 주위를 살피고 있다.

형태 몸길이 27~31㎝. 몸 전체에 황갈색의 호랑 무늬가 있고, 배는 옅은 흰색이다. 날개 밑은 검은 바탕에 황토색의 줄이 있다. 부리는 노란색이고, 다리는 살색이다. 암수 구별이 어렵다.

생태 여름 철새. 활엽수와 덤불이 많은 숲에서 산다. 주로 땅 위에서 먹이를 잡는다. 번식기에는 나뭇가지에 이끼와 풀을 이용하여 사발형 둥지를 틀고 3~5개의 알을 낳는다. 암수가 함께 새끼를 기른다.

먹이 곤충류, 지렁이류, 식물의 열매

분포 아시아 동부, 시베리아 등지에서 번식하고, 아시아 남동부에서 겨울을 난다. 우리나라 전 지역에서 흔히 볼 수 있다.

이야기 마당

봄부터 여름까지 밤마다 사람들이 싫어하는 금속성 소리를 내어 '간첩새' 또는 '저승새' 라고도 합니다.

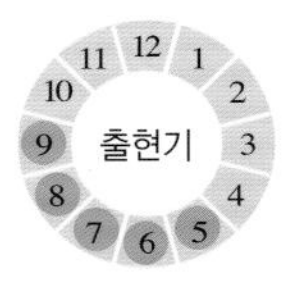

▲ 알

▲ 새끼 새

▲ 새끼 새에게 먹이를 먹이는 어미 새

▲ 이소하는 새끼 새

▲ 물을 마시고 있다.

되지빠귀

참새목 지빠귀과

학명 *Turdus hortulorum* **영명** Grey-backed Thrush

형태 몸길이 약 23㎝. 수컷의 머리 · 가슴 · 등 · 날개 · 꼬리는 진한 회색이고, 날개 밑 부분은 어두운 주황색이며, 배는 흰색이다. 암컷의 몸 윗부분은 엷은 고동색을 띠고, 가슴은 흰 바탕에 검은 점이 있다. 부리와 다리는 노란색이다.

생태 여름 철새. 활엽수가 많은 숲에서 산다. 번식기에는 숲 속의 나뭇가지에 풀을 엮어 사발형 둥지를 틀고 4~5개의 알을 낳는다. 약 14일 후에 알을 깨고 나온 새끼는 약 12일 후에 둥지를 떠나 독립한다.

먹이 곤충류, 지렁이류, 식물의 열매

분포 시베리아와 유럽 등지의 넓은 지역에 분포한다. 우리나라 전 지역에서 흔히 볼 수 있다.

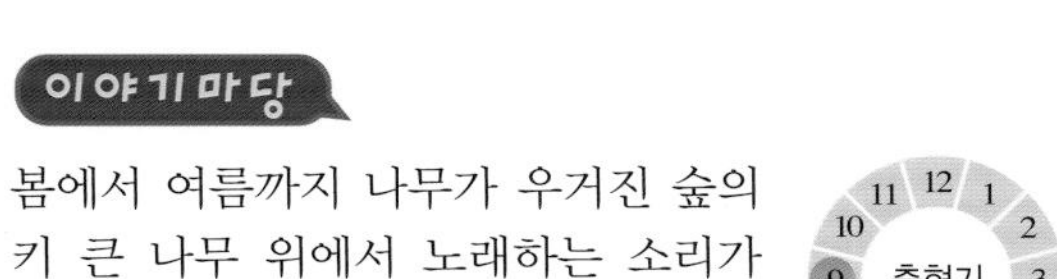

이야기마당

봄에서 여름까지 나무가 우거진 숲의 키 큰 나무 위에서 노래하는 소리가 매우 아름답습니다.

▲ 물을 마시는 수컷

▲ 암컷

나뭇가지에 ▶ 앉아 있다.

▲ 알

▲ 새끼 새

▲ 새끼 새에게 지렁이를 먹이는 수컷

개똥지빠귀 참새목 지빠귀과

학명 *Turdus eunomus* **영명** Dusky Thrush

▲ 수컷

▲ 물을 마시는 암컷

형태 몸길이 약 23㎝. 몸 전체는 황갈색을 띠고, 몸의 아랫면은 흰 바탕에 검은 점이 있다. 눈썹은 흰색, 날갯죽지는 갈색, 부리와 다리는 노란색이다. 암수 구별이 어렵다.

생태 겨울 철새. 나무 열매가 많은 숲에서 산다. 번식기에는 숲의 나뭇가지에 풀을 엮어 사발형 둥지를 틀고 3~5개의 알을 낳는다.

먹이 곤충류, 지렁이류, 식물의 열매

분포 시베리아에서 번식하고, 중국, 아시아 남동부에서 겨울을 난다. 우리나라에서는 이동 시기인 봄, 가을에 흑산도, 신도 등지의 바닷가에서 볼 수 있다.

이야기마당

겨울에는 '찔레나무' 등의 열매를 많이 먹고, 개와 같이 아무 곳이나 똥을 싼다고 하여 '개똥지빠귀' 라는 이름이 붙여졌습니다.

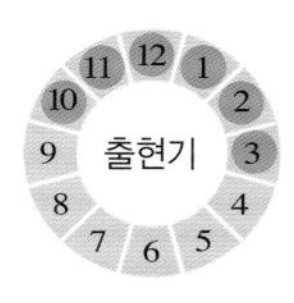

멧종다리 참새목 바위종다리과 

학명 *Prunella montanella* **영명** Siberian Accentor

▲ 작은 씨앗을 먹고 있다.

◀ 주위를 살피고 있다.

형태 몸길이 13~15㎝. 머리 · 등 · 날개 · 꼬리는 황갈색을 띠고, 눈썹 · 턱 · 가슴은 노란색이다. 뺨은 짙은 고동색이고, 부리는 검은색이며, 다리는 살색이다. 암수 구별이 어렵다.

생태 겨울 철새. 농경지, 인가 주변의 침엽수와 활엽수가 혼합된 숲에서 무리를 지어 산다. 번식기에는 덤불 속이나 나무 밑에 이끼를 모아 사발형 둥지를 틀고 4~5개의 알을 낳는다.

먹이 곤충류, 식물의 씨앗, 열매

분포 시베리아 북부에서 번식하고, 아시아 남동부에서 겨울을 난다. 우리나라에는 드물게 찾아와 보기 어렵다.

이야기마당

계곡의 바위 위에 빵가루나 쌀가루를 뿌려 주면 먹으러 오기도 합니다.

물레새

참새목 할미새과

학명 *Dendronanthus indicus* **영명** Forest Wagtail

형태 몸길이 약 16㎝. 머리 · 등 · 뺨은 검은빛을 띤 회색이고, 가슴과 배는 흰색이다. 뺨에는 흰 눈썹이 있고, 가슴에는 검은색의 T자 모양의 무늬가 있다. 날개에는 검은 선과 흰색이 있고, 부리는 황색, 다리는 분홍색이다. 암수 구별이 어렵다.

생태 여름 철새. 나무가 많은 숲 주변, 농경지에서 산다. 번식기에는 참나무에 풀을 엮어 사발형 둥지를 틀고 약 5개의 알을 낳는다. 13~15일 후에 알을 깨고 나온 새끼는 10~12일 후에 둥지를 떠나 독립한다.

먹이 곤충류, 거미류

분포 아시아 동부에서 번식하고, 아시아 열대 지방에서 겨울을 난다. 우리나라 중부 지방에 드물게 찾아온다.

▲ 주위를 살피고 있다.

이야기 마당

물레가 도는 소리를 내어 '물레새'라는 이름이 붙여졌습니다.

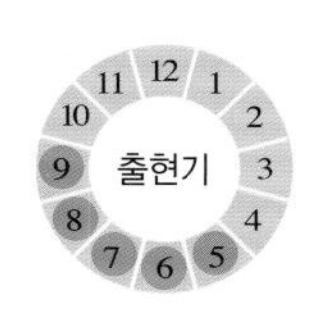

황여새

참새목 여새과 

학명 *Bombycilla garrulus* **영명** Bohemian Waxwing

형태 몸길이 18~21㎝. 몸 전체가 옅은 황갈색을 띤다. 머리는 옅은 분홍색이며, 머리깃이 있다. 눈썹 · 턱 · 날개 끝은 검은색이다. '홍여새'와 달리 검은 눈썹 끝이 가늘고, 꼬리 끝이 노란색이다. 암수 구별이 어렵다.

생태 겨울 철새. 침엽수와 활엽수가 많은 숲, 공원, 시골 인가 주변에서 무리를 지어 산다. 번식기에는 소나무 높은 곳에 풀을 엮어 사발형 둥지를 틀고 4~6개의 알을 낳는다. 약 14일 후에 알을 깨고 나온 새끼는 13~15일 후에 둥지를 떠나 독립한다.

먹이 곤충류, 식물의 열매

분포 유럽 북부, 아시아, 북아메리카 서부 등지에서 번식하고, 남쪽으로 내려가 겨울을 난다. 우리나라에는 겨울에 드물게 찾아오며, 중부 지방, 서해안 외딴섬에서 적은 수의 이동 무리를 볼 수 있다.

▲ 주위를 살피고 있다.

휴식 중인 무리 ▶

이야기 마당

겨울에는 '향나무', '팥배나무', '감나무' 등의 열매를 좋아합니다.

홍여새 참새목 여새과

학명 *Bombycilla japonica* **영명** Japanese Waxwing

▲ 휴식하고 있다.

무리 ▶

형태 몸길이 약 18㎝. 몸 전체가 옅은 황갈색을 띤다. 머리는 옅은 분홍색을 띠며, 머리깃이 있다. 눈썹 · 턱 · 날개 끝은 검은색이다. '황여새'와 달리 검은 눈썹의 끝이 넓고, 꼬리 끝에 붉은 점이 있다. 암수 구별이 어렵다.

생태 겨울 철새. 공원이나 농경지 주변에서 '황여새' 무리와 섞여 살며, 주로 나무 위에서 생활한다. 번식기에는 침엽수가 많은 곳에 풀을 엮어 사발형 둥지를 틀고 약 4개의 알을 낳는다.

먹이 곤충류, 식물의 열매

분포 아시아 북동부의 넓은 지역에 걸쳐 번식하고, 한국, 중국, 일본, 타이완, 러시아 등지에서 겨울을 난다. 우리나라에는 겨울에 드물게 찾아오는데, 최근에는 거의 볼 수 없다.

이야기마당

꼬리 끝의 깃털과 날개에 붉은 점이 있어 '홍여새'라고 이름 붙여졌습니다.

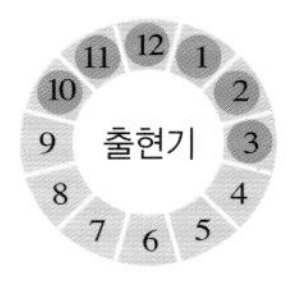

되새 참새목 되새과

학명 *Fringilla montifringilla* **영명** Brambling

▲ 수컷(겨울깃)

▲ 물을 마시는 암컷

형태 몸길이 약 16㎝. 수컷의 머리 · 등 · 날개는 검은 회색이며, 겨울에는 회색을 띠는 곳이 많아진다. 앞가슴은 갈색을 띠고, 날개에는 갈색 줄이 있다. 암컷은 수컷과 비슷하지만 머리와 등의 깃 가장자리가 수컷처럼 선명하지 않으며, 부리는 짧고 굵은 편이다.

생태 겨울 철새. 야산이나 농경지 주변에서 산다. 번식기에는 침엽수와 활엽수가 많은 지역에서 생활하며, 나뭇가지에 이끼류를 이용하여 사발형 둥지를 틀고 4~9개의 알을 낳는다.

먹이 곤충류, 식물의 씨앗, 열매

분포 유럽과 아시아 북부에서 번식하고, 한국, 중국, 일본, 유럽 남부, 아프리카 북부, 인도 북부 등지에서 겨울을 난다. 우리나라에서는 겨울에 중부 이남에서 큰 무리를 볼 수 있다.

이야기마당

해질 저녁 무렵이면 대숲에 큰 무리를 지어 찾아와 잠을 자고, 해 뜰 무렵에 각각 먹이 장소로 이동합니다.

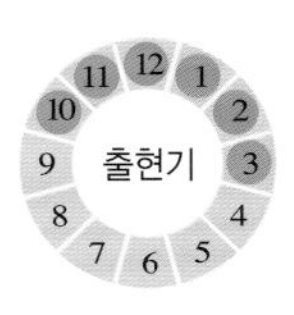

갈색양진이 참새목 되새과

학명 *Leucosticte arctoa* **영명** Asian Rosy-Finch

▲ 풀씨를 먹고 있는 암컷

형태 몸길이 16~17㎝. 머리와 등은 어두운 노란색이고, 뒷목은 흰색이다. 가슴 · 배 · 날개는 분홍색 바탕에 검은 무늬가 있는데, 수컷에 비해 암컷은 가슴의 분홍색이 흐리다. 날개와 꼬리는 검은색, 부리는 노란색, 다리는 회색이다.

생태 겨울 철새. 주로 숲에서 암수가 함께 생활한다. 번식기에 작은 무리를 지어 바닥이나 낮은 덤불에서 먹이를 구하는 모습을 볼 수 있다.

먹이 곤충류, 거미류, 식물의 풀씨, 열매

분포 한국, 중국, 일본, 몽골, 러시아 등지에 분포한다. 우리나라에는 겨울에 드물게 찾아온다.

이야기 마당

번식기에는 나무가 없는 높은 산에서 먹이를 구하고, 겨울에는 나무가 드물게 있는 낮은 지대로 내려와 먹이를 구합니다.

멋쟁이새 참새목 되새과

학명 *Pyrrhula pyrrhula* **영명** Eurasian Bullfinch

▲ 먹이를 먹고 있는 수컷

▲ 암컷

형태 몸길이 약 15㎝. 수컷의 머리 윗부분은 검은색이고, 가슴은 붉은색, 등은 푸른빛이 도는 회색이다. 날개와 꼬리는 검은색이다. 암컷은 가슴이 붉은색을 띠지 않고 회색이다. 부리는 검은색이고, 다리는 살색이다.

생태 겨울 철새. 낮은 지대 숲, 공원 등에서 산다. 번식기에는 침엽수와 활엽수가 많은 숲에서 생활하며, 덤불이나 나무에 풀을 엮어 사발형 둥지를 틀고 4~7개의 알을 낳는다.

먹이 식물의 씨앗, 열매

분포 유럽과 아시아에서 번식하고, 남쪽 지역에서 겨울을 난다. 우리나라에는 드물게 찾아온다.

이야기 마당

과거에는 외딴 시골 동네에서 드물게 볼 수 있었고, 깃털이 아름다워 집에서도 많이 기르곤 했지만, 지금은 매우 보기 드문 새입니다.

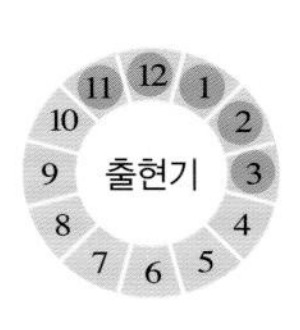

붉은양진이(적원자)

참새목 되새과

학명 *Carpodacus erythrinus* **영명** Common Rosefinch

▲ 주위를 살피는 암컷

▲ 덤불 속에 있는 수컷

형태 몸길이 약 15㎝. 수컷의 머리와 가슴은 붉은색이고, 날개와 꼬리는 짙은 회색이며, 배는 흰색이다. 암컷과 어린 새는 전체적으로 황갈색을 띤다. 날개에는 2개의 흰 줄이 있고, 부리는 회색, 다리는 살색이다.

생태 나그네새/여름 철새. 덤불이 많은 숲이나 인가가 드문 농경지 주변에서 산다. 번식기에는 개울이 있는 자작나무 숲의 낮은 덤불 속에 풀을 엮어 사발형 둥지를 틀고 약 5개의 알을 낳는다.

먹이 곤충류, 식물의 씨앗, 열매, 견과류

분포 유럽과 아시아 북부에 걸쳐 번식하고, 중국 남동부, 인도, 미얀마, 인도네시아 등지에서 겨울을 난다. 우리나라에서는 이동 시기인 봄, 가을에 경기도 광릉 숲, 남해안의 섬 지역에서 드물게 볼 수 있다.

이야기마당

평지의 숲이나 밭 근처 덤불에서 이동하는 '멧새' 무리에 적은 '붉은양진이' 무리가 섞여 있는 것을 쉽게 볼 수 있습니다.

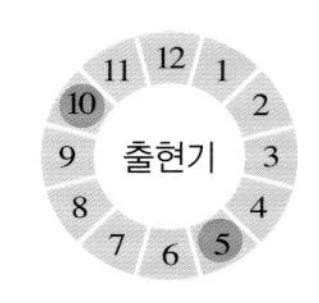

양진이

참새목 되새과 

학명 *Carpodacus roseus* **영명** Pallas's Rosefinch

▲ 암컷

형태 몸길이 15~16㎝. 수컷의 머리와 몸통은 붉은색이고, 암컷과 어린 새의 머리와 몸통은 옅은 갈색을 띤다. 날개와 꼬리는 흑갈색으로, 날개에는 2개의 흰 줄이 있다. 부리는 짧고 두꺼우며 회색이고, 다리는 갈색이다.

생태 겨울 철새. 덤불이 많은 숲이나 인가가 드문 농경지 주변에서 산다. 주로 무리를 지어 바닥이나 나무 주변에서 먹이를 구한다.

먹이 식물의 열매, 풀씨

분포 한국, 중국, 일본, 몽골, 러시아 등지에 분포한다. 겨울에 우리나라 전 지역에서 흔히 볼 수 있다.

이야기마당

과거에는 '양진이'를 길러 다른 참새를 잡는 데 이용하기도 하였습니다.

무리 ▶ 

긴꼬리홍양진이

참새목 되새과

학명 *Uragus sibiricus* **영명** Long-tailed Rosefinch

형태 몸길이 약 15㎝. 수컷의 머리는 흰색이고, 몸통은 붉은색이다. 수컷의 겨울깃은 여름깃에 비해 옅은 붉은색을 띤다. 암컷은 수컷과 달리 몸 전체가 황갈색을 띤다. 날개와 긴 꼬리는 검은색이며 2개의 흰 줄이 있다. 부리는 회색으로 짧고 굵으며, 다리는 살색이다.

생태 겨울 철새. 덤불이 많은 숲에서 산다. 번식기에는 바닷가 덤불, 하천 주변의 버드나무 등의 나뭇가지에 풀을 엮어 사발형 둥지를 틀고 3~4개의 알을 낳는다.

먹이 곤충류, 거미류, 식물의 열매, 풀씨

분포 한국, 중국, 일본, 러시아 등지에 분포한다. 우리나라에는 겨울에 섬 지방을 제외한 전 지역의 야산이나 농경지 주변에 찾아온다.

▲ 주위를 살피는 암컷

이야기마당

과거에는 겨울에 흔히 찾아와 관상용으로 길렀지만, 지금은 매우 드문 겨울 철새입니다.

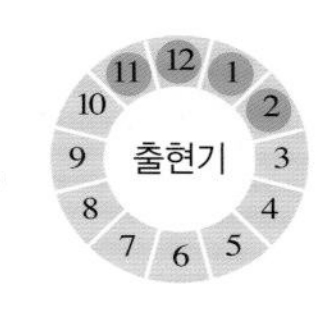

솔잣새

참새목 되새과 

학명 *Loxia curvirostra* **영명** Red Crossbill

형태 몸길이 16~17㎝. 수컷의 머리와 몸통은 붉은색을 띠고, 날개와 꼬리는 검은 회색이다. 부리와 다리는 회색이며, 부리 끝은 서로 어긋나 있다. 암컷과 어린 새는 전체적으로 어두운 노란색을 띤다.

생태 겨울 철새. 침엽수가 많은 숲에서 무리를 지어 산다. 번식기에도 침엽수가 많은 숲에서 나무에 풀을 엮어 사발형 둥지를 틀고 3~5개의 알을 낳는다.

먹이 침엽수 열매

분포 북아메리카와 유라시아 대륙에 분포한다. 우리나라에서는 경기도 광릉, 충청남도 서산 등지의 소나무 숲에서 볼 수 있다.

이야기마당

침엽수의 열매를 까서 알맹이를 먹기 편하게 부리가 어긋나 있습니다.

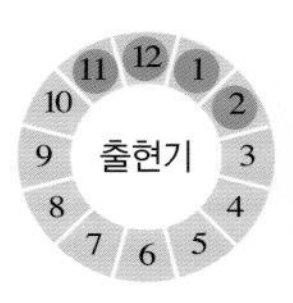

▲ 암컷

▲ 침엽수 열매를 찾는 수컷

◀ 열매를 까기 편한 부리

논밭 근처에서 사는 새

마을 뒤 논밭 근처에서는 우리나라 전체 조류 중 약 60% 이상의 많은 종류의 새를 볼 수 있습니다. 꿩을 비롯하여 쇠오리, 뻐꾸기, 멧새, 휘파람새 등을 쉽게 볼 수 있으며, 이러한 새들은 쉽게 번식합니다. 그러나 최근 농약이나 개발 등으로 논밭 근처에 사는 많은 새들이 사라지고 있습니다.

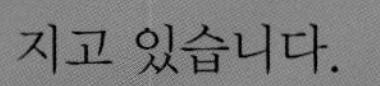

큰기러기 기러기목 오리과

학명 *Anser fabalis* **영명** Bean Goose

▲ 주위를 경계하고 있다.

▲ 잠자고 있는 무리

형태 몸길이 68~90㎝. 몸 전체가 황갈색을 띤다. 배는 등에 비해 밝은 올리브색이다. '쇠기러기'와 달리 부리는 검은색이고 끝이 귤색이며, 다리도 귤색을 띤다. 꼬리는 흰색 바탕에 검은 줄이 나 있다. 암수 구별이 어렵다.

생태 겨울 철새. 논, 밭, 호수, 간척지, 하천 부지 등에서 산다. 번식기에는 호숫가 주변 습지에 접시형 둥지를 틀고 3~7개의 알을 낳는다. 알을 품는 기간은 약 35일, 새끼를 기르는 기간은 약 87일이다.

먹이 농작물의 푸른 잎, 옥수수, 밀, 보리, 감자, 풀뿌리

분포 중국, 일본, 몽골, 러시아 등지에 분포하며, 유럽, 시베리아에서 번식한다. 우리나라 주남 저수지, 우포 늪, 낙동강 하구 등지에 흔히 찾아온다.

이야기마당

기러기 무리 중 가장 많이 찾아오는 종입니다. 휴식을 할 때에는 한쪽 다리로 서며, 배를 땅에 대고 머리는 위로 돌려 등깃에 파묻고 잡니다.

【멸종위기야생생물 II급】

▲ 먹이를 먹고 있다.

▲ V자 모양으로 날고 있다.

▲ 무리

쇠기러기 기러기목 오리과

학명 *Anser albifrons* **영명** Greater White-fronted Goose

형태 몸길이 65~78㎝. 머리와 이마 사이에 흰색 띠가 있고, 배에 불규칙한 검은 반점이 있다. 부리는 등황색이고 끝이 희며, 다리도 등황색이다. '큰기러기'에 비해 몸집이 약간 작고, 콧등과 머리꼭대기에 흰 깃털이 있어 쉽게 구별된다.

생태 겨울 철새. 논, 풀밭, 호수, 소택지, 해안, 간척지 등에서 산다. 아침과 저녁에 논과 간척지에 무리를 지어 내려앉아 먹이를 찾는다. 번식기에는 호숫가 주변의 습지에 접시형 둥지를 틀고 3~7개의 알을 낳는다. 알을 품는 기간은 약 35일, 새끼를 기르는 기간은 약 87일이다.

먹이 식물의 풀잎, 뿌리, 씨앗, 옥수수, 감자, 밀, 쌀

분포 한국, 중국, 일본, 몽골, 러시아, 동남아시아 등지에 분포하며, 우리나라 남부와 중부 바닷가에서 흔히 겨울을 난다.

이야기마당

다른 기러기류와 유사하게 비행할 때 V자 모양으로 줄을 지어 납니다. 일본에는 '쇠기러기'가 거의 없습니다.

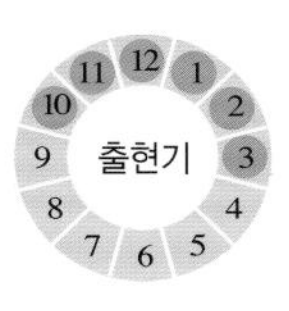

▲ 성조

▲ 비상하는 무리

▲ 주위를 경계하고 있다.

▲ 먹이를 찾고 있다.

▲ 무리

흰이마기러기

기러기목 오리과

학명 *Anser erythropus* **영명** Lesser White-fronted Goose

▲ 휴식하고 있다.

▲ 먹이를 먹고 있는 흰이마기러기(오른쪽)와 쇠기러기(왼쪽)

형태 몸길이 53~66㎝. '쇠기러기'와 비슷하나 훨씬 작다. 몸 전체가 엷은 고동색을 띤다. 부리는 선명한 핑크색으로 끝이 흰색이며, 이마의 흰색 부분이 크다. 다리는 오렌지색이다. 어린 새는 어미 새에 비해 더 어두운 색을 띠며, 부리의 흰 부분도 작다. 암수 구별이 어렵다.

생태 겨울 철새. 농경지, 호수, 늪, 못, 간척지 등에서 산다. 번식기에는 산간 하천의 하류, 산기슭, 산간 호수, 고산 벼랑에서 접시형 둥지를 틀고 약 5개의 알을 낳는다.

먹이 식물의 풀잎, 씨앗, 뿌리

분포 노르웨이, 핀란드, 러시아 등지에서 번식하고, 중국 중부, 몽골에서 겨울을 난다. 우리나라에는 겨울에 '쇠기러기', '큰기러기' 무리에 1~2마리 정도가 섞여 드물게 찾아온다.

이야기마당

러시아와 유럽 개체군의 수가 꾸준히 줄고 있으며, 벨기에, 독일, 네덜란드에서는 사육 상태에서 태어난 개체들을 자연으로 돌려보내어 야생 개체군의 수를 보충하고 있습니다.

【멸종위기야생생물 II급】

마을의 수호신 '솟대'

솟대는 나무나 돌로 만든 새(기러기, 오리)를 장대나 돌기둥 위에 앉힌 마을의 신앙 대상물로, 솟대를 마을에 세우는 풍습은 민간 전승 문화의 하나입니다. 기러기나 오리는 산새들보다 활동 영역이 넓고 물과 밀접한 관련이 있어 우리나라의 농경 문화에서 풍년을 상징합니다. 솟대의 기원에 대해 여러 가지 설이 있지만, 솟대가 하늘과 땅의 수직적 관계를 연결해 주는 매개체 역할을 한다고 전해 내려오고 있습니다. 현재 솟대의 의미는 마을과 개인의 안녕, 그리고 풍년을 위한 소박한 꿈 등을 담고 있습니다.

흰기러기 기러기목 오리과

학명 *Chen caerulescens* **영명** Snow Goose

형태 몸길이 63~79㎝. 다른 기러기 종류와 달리 몸 전체가 순백색이기 때문에 쉽게 구별된다. 꼬리에는 검은 줄이 있으며, 부리와 다리는 분홍색이다. 암수 구별이 어렵다.

생태 겨울 철새. 겨울철에는 호숫가 주변의 경작지나 습지에서 다른 기러기류와 무리를 이루어 생활한다. 번식기에는 호숫가 주변 풀 속 바닥에 둥지를 틀고 3~5개의 알을 낳는다. 알을 품는 기간은 22~25일로 알을 깨고 나온 새끼들은 42~50일 후에 둥지를 떠나 독립한다.

먹이 식물의 풀잎, 씨앗, 뿌리

분포 한국, 중국, 일본, 인도, 북아메리카, 러시아 등지에 분포한다. 우리나라의 한강 하구, 철원, 아산만, 천수만, 금강 하구 등지에 1~2마리가 드물게 찾아온다.

▲ 몸 전체가 순백색인 성조

이야기 마당

번식기 동안 '북극여우'나 '도둑갈매기' 등에게 둥지의 알을 포식 당하지만, '흰올빼미' 둥지가 근처에 있을 경우 쉽게 포식 당하지 않는다고 합니다.

비상 중 ▶

황오리 기러기목 오리과

학명 *Tadorna ferruginea* **영명** Ruddy Shelduck

형태 몸길이 약 64㎝. 머리는 엷은 황토색, 몸통은 짙은 황토색, 꼬리는 검은색, 날개는 흰색에 검은 테가 있다. 부리와 다리는 검은색이다. 수컷의 목에는 검은색의 가는 띠가 있는데, 암컷의 얼굴은 수컷보다 흰색 기가 많고, 목에 띠가 없는 것이 특징이다.

생태 겨울 철새. 농경지, 호수, 초원, 하천, 해안 간척지 등에서 산다. 번식기에는 호숫가 주변 나무 구멍에 둥지를 틀고 8~9개의 알을 낳는다. 알을 품는 기간은 28~29일, 새끼를 기르는 기간은 약 55일이다.

먹이 새우, 조개, 수생 곤충, 메뚜기, 식물의 새싹, 씨앗, 농작물

분포 아시아, 유럽, 지중해, 아프리카에 분포하며, 한국, 중국, 일본, 미얀마, 인도 등지에서 겨울을 난다. 우리나라의 동해안, 남부 지방에 드물게 찾아온다.

▲ 수컷(여름깃)

이야기 마당

'황오리'의 울음소리가 아기의 울음소리와 같아 사람들이 무서워한답니다. 우크라이나에서는 대리 새끼 기르기 등의 노력으로 종 복원에 성공하였습니다.

◀ 휴식 중인 무리

가창오리 기러기목 오리과

학명 *Anas formosa* **영명** Baikal Teal

▲ 수컷

▲ 머리에 태극무늬가 있다.

이야기마당

머리의 태극무늬 때문에 '태극오리'라고 하기도 하며, 우리나라의 월동지에서 벌떼같이 무리를 지어 비행하는 모습을 볼 수 있습니다.

형태 몸길이 약 40㎝. 수컷은 머리가 검고, 중앙의 검은색 띠를 경계로 하여, 얼굴의 앞쪽 절반은 황색, 뒤쪽 절반은 녹색으로 태극무늬를 이루며, 광택이 있다. 등에는 검은색의 긴 깃털들이 있다. 수컷과 달리 암컷은 황갈색을 띠며, 황색과 고동색의 태극무늬가 있다. 부리는 검은색, 다리는 황갈색이다.

생태 겨울 철새. 논밭 근처의 늪과 호수, 소택지에서 무리를 지어 산다. 번식기에는 나뭇가지 그늘이나 건조한 풀숲의 땅 위에 풀잎과 줄기로 접시형 둥지를 틀고 6~9개의 알을 낳는다. 알은 엷은 회색빛을 띤 녹색이다.

먹이 수생 곤충, 곡류, 수초

분포 시베리아, 러시아, 몽골, 북한 등지에서 번식하며, 한국, 중국, 일본, 타이완 등지에서 겨울을 난다. 우리나라에서는 주남 저수지, 금강호, 천수만, 고천암호에서 겨울을 난다.

▲ 무리 지어 날고 있다.

쇠오리

기러기목 오리과

학명 *Anas crecca crecca* **영명** Eurasian Teal

형태 몸길이 약 38㎝. 수컷의 머리는 적갈색이고 광택이 있는 녹색 무늬가 있다. 암컷은 갈색과 흑갈색의 무늬가 있다. 날개 안쪽 깃은 녹색이며, 부리와 다리는 검은색이다.

생태 겨울 철새. 논밭 근처의 호수와 늪, 못, 하천 등에서 산다. 겨울에 우리나라 내륙 지방의 작은 습지나 작은 호수 등에서 10~30마리가 무리 지어 다닌다. 번식기에는 호숫가 주변의 얕은 습지 주변 풀숲 바닥에 접시형 둥지를 틀고 8~9개의 알을 낳는다. 알을 품는 기간은 21~23일, 새끼를 기르는 기간은 약 23일이다.

먹이 조개류, 지렁이류, 곤충류, 갑각류, 수생 식물의 씨앗

분포 유라시아 대륙, 북아메리카 북부에서 번식하고, 한국과 일본 등지에서 겨울을 난다. 우리나라에서는 겨울에 외딴섬을 제외한 전 지역에서 흔히 볼 수 있다.

이야기 마당

'미국쇠오리'의 다른 아종이며, 우리나라 오리 종류 중 가장 많은 종입니다.

▲ 수컷

▲ 암컷

▲ 깃털을 고르고 있다.

▲ 먹이를 먹고 있다.

▲ 잠자고 있다.

미국쇠오리 기러기목 오리과

학명 *Anas crecca carolinensis* **영명** Green-winged Teal

▲ 물가에서 휴식하고 있다.

형태 몸길이 약 38㎝. '쇠오리'와 비슷하지만 흰 줄이 날개 앞부분에서 배 밑으로 수직을 이룬다. 꼬리는 노란색이지만 끝이 '쇠오리'와 달리 흰색에 가깝다.

생태 미조. 논밭 근처의 호수와 늪, 간척지, 하천, 연못 등에서 산다. 가을에 암수가 짝을 지어 겨울을 난다. 번식기에는 호숫가 주변 습지에 접시형 둥지를 틀고 5~6개의 알을 낳는다. 알을 품는 기간은 약 23일이다.

먹이 조개류, 지렁이류, 곤충류, 갑각류, 수생 식물의 씨앗

분포 북아메리카, 아시아, 유럽에 걸쳐 분포한다. 한국, 일본, 홍콩 등지에서도 볼 수 있는데, 우리나라에서는 이동 시기인 봄, 가을에 중부 지방의 습지에서 드물게 볼 수 있다.

이야기 마당

'쇠오리'의 다른 아종으로 그 크기가 비슷하며, 쇠오리 무리에서 한 마리씩 관찰됩니다.

출현기: 11 12 1 2 3 4 5 6 7 8 9 10

꿩 닭목 꿩과

학명 *Phasianus colchicus* **영명** Ring-necked Pheasant

▲ 암컷

▲ 알
◀ 수컷

형태 수컷의 몸길이 60~89㎝, 암컷의 몸길이 50~63cm. 수컷의 얼굴은 붉은색이고, 목은 검은색, 목과 가슴에는 흰 줄이 있으며, 배와 날개는 황갈색과 노란색을 띤다. 암컷은 전체적으로 황갈색을 띤다. 수컷의 꼬리에는 암컷보다 길고 검은 줄이 있다.

생태 텃새. 농경지, 초원, 덤불 주위에 산다. 땅에 얕은 구덩이를 만들고 마른 풀을 깔아 접시형 둥지를 틀고 약 10개의 알을 낳는다. 15~20일 동안 알을 품는다.

먹이 곤충류, 파충류, 소형 포유류, 식물의 열매, 잎, 곡류

분포 한국, 중국, 시베리아, 타이완 등지에 분포한다. 우리나라 전 지역에서 흔히 볼 수 있다.

이야기 마당

수컷은 '장끼', 암컷은 '까투리'라고 불리며, 수컷은 나이가 많을수록 꼬리가 깁니다. 꿩은 숲속에서 가장 잘 달리고, 번식기에는 농약의 피해가 많은 낮은 지대를 떠나 해발 800m까지 올라가 살기도 한답니다.

알락해오라기 사다새목 백로과

학명 *Botaurus stellaris* **영명** Eurasian Bittern

형태 몸길이 69~81㎝. '해오라기' 보다 크다. 몸 전체에 검은색 줄과 불규칙한 무늬가 있고, 깃은 황갈색이다. 부리와 다리는 노란색이다. 암수 구별이 어렵다.

생태 겨울 철새. 논밭 근처의 갈대가 많은 습지, 연못, 늪에 살며, 새벽과 저녁에 주로 활동한다. 번식기에는 갈대를 엮어 물속이나 물가에 접시형 둥지를 틀고 4~5개의 알을 낳는다. 25~26일 후 알을 깨고 나온 새끼들은 50~55일 후에 독립한다.

먹이 어류, 양서류, 대형 곤충류, 파충류

분포 유럽에서 아시아 동부에 걸쳐 번식하며, 아프리카 중앙 북부에서 겨울을 난다. 우리나라 전 지역에서 드물게 볼 수 있다.

이야기마당

먹이를 잡기 위해 호수나 강가, 저수지의 갈대밭 속에서 갈대처럼 머리를 위로 들고 움직임 없이 기다립니다.

▲ 먹이를 잡기 위해 갈대처럼 위장하고 있다.

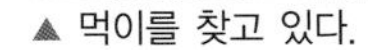

▲ 먹이를 찾고 있다.

덤불해오라기 사다새목 백로과 

학명 *Ixobrychus sinensis* **영명** Yellow Bittern

형태 몸길이 약 38㎝. 몸 전체가 황갈색이며, 앞가슴에 흰 줄이 있는 것이 특징이다. 수컷의 이마 · 머리꼭대기 · 뒷머리 · 등 · 어깨는 어두운 밤색이다. 암컷은 목과 배에 붉은 갈색 세로줄 무늬가 있다. 어린 새는 앞가슴에 갈색 줄이 아래로 나 있다.

생태 여름 철새. 논과 풀이 있는 습지, 강가의 갈대밭에서 산다. 번식기에는 갈대밭에 갈대를 꺾어 접시형 둥지를 틀고 4~6개의 알을 낳는다.

먹이 어류, 양서류, 대형 곤충류, 파충류

분포 한국, 중국, 일본, 러시아 등지에서 번식한다. 우리나라 전 지역의 강가나 호숫가에서 볼 수 있다.

이야기마당

번식기가 되면 수컷은 덤불 위에서 목의 깃털을 부풀리며 몸을 구부리고, '쿠르쿠르' 하는 소리를 내며 암컷에게 구애 행동을 합니다.

▲ 알을 품은 암컷

▲ 수컷

◀ 알

큰덤불해오라기 사다새목 백로과

학명 *Ixobrychus eurhythmus* **영명** Schrenck's Bittern

▲ 수컷

형태 몸길이 약 39㎝. 몸 전체가 갈대와 비슷한 황갈색을 띠며, 머리는 어두운 고동색이다. 수컷은 밝은 황색인 앞가슴에 갈색 줄이 있으며, 암컷은 부분적으로 고동색 줄이 있다. 다리는 노란색이다.

생태 여름 철새. 논과 풀이 있는 습지, 저수지, 강가의 갈대밭에서 산다. 번식기에는 갈대밭에 갈대를 꺾어서 접시형 둥지를 틀고 5~6개의 알을 낳는다.

먹이 어류, 양서류, 대형 곤충류, 파충류

분포 시베리아, 중국, 일본 등지에서 번식하며, 아시아 남동부에서 겨울을 난다. 우리나라 낙동강 하류의 갈대밭과 김해 평야 등지에서 일부 무리가 번식하기도 한다.

이야기마당

'덤불해오라기', '알락해오라기'와 유사하게, 먹이를 잡기 위해 호수나 강가, 저수지의 갈대밭 속에서 갈대와 같이 머리를 위로 들고 움직임 없이 기다립니다. **【멸종위기야생생물 II급】**

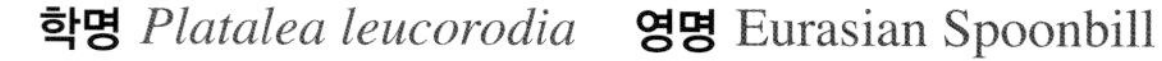

노랑부리저어새 사다새목 저어새과

학명 *Platalea leucorodia* **영명** Eurasian Spoonbill

▲ 성조

형태 몸길이 약 86㎝. 몸 전체가 흰색이며, 앞목의 밑부분과 댕기깃만 노란색을 띤다. 부리는 주걱 모양으로 검은색이며, 끝에 노란색이 섞여 있다. 발은 검은색이다. 어린 새는 어미 새와 비슷하나 댕기깃이 없고, 날개깃의 끝 부분은 검은 회색이다. 암수 구별이 어렵다.

생태 겨울 철새. 논밭 주변의 호수, 늪 주변 습지, 저수지, 갯벌 등에서 산다. 번식기에는 습지 주변 갈대밭 또는 풀숲 바닥에 접시형 둥지를 틀고 약 4개의 알을 낳는다.

먹이 곤충류, 연체동물류, 양서류, 소형 어류, 수초

분포 한국, 중국, 일본, 시베리아 동부, 몽골 등지에서 번식한다. 우리나라는 매년 겨울 충남 서산 천수만, 경남 주남 저수지, 전남 진도 등지에 찾아와 겨울을 난다.

이야기마당

먹이를 찾을 때 물속에서 부리를 좌우로 흔들면서 찾습니다. **【천연기념물 제205-2호, 멸종위기야생생물 II급】**

출현기 11 12 1 2 3 4 5 6 7 8 9 10

▲ 물에 착륙하고 있다.

▼ 먹이를 찾고 있는 무리

▲ 휴식 중인 무리

독수리 수리목 수리과

학명 *Aegypius monachus* **영명** Cinereous Vulture

▲ 논에서 휴식하고 있다.

▲ 무리를 지어 먹이를 먹고 있다.

▲ 비상 중

형태 몸길이 98~120㎝. 몸 전체가 황갈색이며, 비행 시 진한 고동색을 띤다. 큰 부리의 기부와 다리는 회색이다. 머리와 목 부분은 깃털이 빠져 있어 맨살이 보인다. 암수 구별이 어렵다.

생태 겨울 철새. 논, 밭, 호수와 늪, 하구, 하천 부근에서 무리를 지어 산다. 번식기에는 나무나 암벽 위에 나뭇가지를 모아 접시형 둥지를 튼다.

먹이 죽은 동물

분포 한국, 중국, 몽골, 인도, 지중해 등지에 분포한다. 우리나라 경기도 파주, 양주, 강원도 철원 등지에서 많은 무리를 볼 수 있다.

이야기마당

사냥을 하는 다른 독수리류와 달리, 죽은 동물을 발견하면 많은 무리들이 모여 함께 먹이를 먹습니다.

【천연기념물 제243-1호, 멸종위기야생생물 II급】

새의 이동 경로를 알 수 있는 방법

최근 과학 기술의 발달로 실시간으로 철새들의 정확한 위치를 알 수 있게 되어 철새들이 어디에서 번식을 하고 월동을 하는지, 봄 · 가을 이동 시 어디에서 쉬면서 지내는지를 정확히 알 수 있습니다. 새에게 부착하는 위치 추적기는 철새의 이동 시기나 경로 등의 정보를 알 수 있을 뿐만 아니라, 이러한 새들을 위해 어떤 번식지, 월동지, 중간 기착지를 보호해야 하는지에 대한 중요한 자료로 활용됩니다.

한 예로, 2013년 1월 경남 고성에서 포획한 야생 독수리에 위치 추적기(WT-200; 한국환경생태연구소)를 부착하여 방사하였습니다. 이 독수리의 움직임을 관찰한 결과, 같은 해 4월 휴전선을 넘어 북한 신평군 일대를 거쳐 번식지인 몽골로 날아갔다는 것을 알 수 있었습니다. 독수리의 중요 번식지인 몽골 동부에서 활동한 이 독수리는 10개월 뒤 11월에 다시 우리나라로 돌아왔습니다.

▲ 위치 추적기를 부착하고 알을 품고 있는 독수리(몽골)

잿빛개구리매 수리목 수리과

학명 *Circus cyaneus* **영명** Northern Harrier

형태 몸길이 45~55㎝. 수컷의 머리 · 목 · 등 · 날개 · 꼬리는 짙은 회색이고, 날개 끝은 검은색이며, 배는 흰색이다. 암컷은 전체가 황갈색을 띠고, 꼬리에 검은 줄이 있다.

생태 겨울 철새. 농경지나 갈대밭에서 산다. 번식기에는 다른 수리류와 함께 공중에서 원을 돌며 구애 비행을 한다. 덤불이 있는 바닥에 나뭇가지를 모아 접시형 둥지를 틀고 약 5개의 알을 낳는다. 30~32일 후에 알을 깨고 나온 새끼는 30~41일 후에 둥지를 떠나 독립한다.

먹이 소형 포유류, 조류, 양서류, 파충류

분포 아메리카 북부, 유라시아 북부 등지에서 번식하고, 유럽 남부, 아시아 남부, 북아메리카 남부 등지에서 겨울을 난다. 우리나라 전 지역에서 흔히 볼 수 있다.

▲ 휴식하는 암컷

▲ 먹이를 잡아 날아가고 있다.

이야기마당

비행 시 다른 수리류보다 느리고 몸이 무거워 보입니다. 【천연기념물 제323-6호, 멸종위기야생생물 II급】

알락개구리매 수리목 수리과

학명 *Circus melanoleucos* **영명** Pied Harrier

형태 몸길이 38~45㎝. 수컷은 머리와 날개에 검은색 얼룩이 뚜렷하고, 안쪽 날개 앞부분과 배는 흰색이다. 암컷의 윗면은 짙은 갈색, 아랫면은 황갈색에 짙은 갈색의 세로무늬가 있다. 비행 시 머리와 날개 끝은 검은색, 몸 전체는 흰색으로 보인다.

생태 여름 철새/나그네새. 농경지, 습지 주변의 초원 등에서 산다. 번식기에는 공중에서 원을 돌며 구애 비행을 한다. 번식기에는 덤불이 있는 바닥에 나뭇가지를 모아 접시형 둥지를 틀고 4~5개의 알을 낳는다. 약 30일 후에 알을 깨고 나온 새끼는 100~110일 후에 둥지를 떠나 독립한다.

먹이 쥐 종류, 조류, 양서류, 파충류

분포 아시아 중동부에서 번식하고, 아시아 남동부에서 겨울을 난다. 우리나라 강원도 철원과 경기도 파주 등지에서 번식한 기록이 있다.

▲ 휴식하는 수컷

이야기마당

농경지, 초원, 갈대밭에 있는 먹이를 잡기 위해 저공 비행을 합니다. 【천연기념물 제323-5호, 멸종위기야생생물 II급】

▲ 비상 중

참매

수리목 수리과

학명 *Accipiter gentilis* **영명** Northern Goshawk

▲ 먹이를 잡은 어린 새
◀ 사냥감을 찾기 위해 주위를 살피는 성조

이야기마당

매 종류 중 가장 크며, 숲 속에서도 재빠르게 방향을 바꾸면서 날 수 있습니다.
【천연기념물 제323-1호, 멸종위기야생생물 II급】

형태 몸길이 46~64㎝. 머리 · 등 · 날개는 짙은 회색이고, 턱 · 가슴 · 배는 흰색 바탕에 검은 줄이 있다. 눈 위로는 흰색의 선이 있고, 다리는 노란색이다. 꼬리에는 회색의 선이 여러 개 있다. 어린 새는 황갈색을 띤다. 암수 구별이 어렵다.

생태 텃새/겨울 철새. 논밭이나 오래된 나무가 많은 숲에서 산다. 번식기에는 나무 위에 나뭇가지를 모아 접시형 둥지를 틀고 2~4개의 알을 낳는다. 28~32일 후에 알을 깨고 나온 새끼는 약 35일 후에 둥지를 떠나 독립한다.

먹이 조류, 토끼류, 다람쥐류

분포 우랄 산맥, 시베리아 남서부, 쿠릴 열도, 사할린, 중국 북부 등지에서 번식하고, 아시아 중동부에서 겨울을 난다. 최근 우리나라 전라남도 변산반도, 강원도 계방산 등지에서 번식한 기록이 있다.

말똥가리

수리목 수리과

학명 *Buteo buteo* **영명** Common Buzzard

▲ 휴식하고 있다.

형태 몸길이 51~57cm. 몸의 위쪽은 황갈색을 띠고, 몸의 아래쪽은 흰색이다. 얼굴과 앞가슴은 옅은 황색을 띤다. 다리는 노란색이고, 꼬리는 둥근 모양이다. 비행할 때에는 날개 안쪽에 갈고리 모양의 갈색 부분이 나타난다.

생태 겨울 철새/텃새. 농경지, 도시 교외의 구릉지, 하천, 바닷가, 산지 등에서 암수가 함께 또는 단독으로 생활한다. 번식기에는 나무 위에 나뭇가지를 모아 접시형 둥지를 튼다.

먹이 소형 포유류, 소형 조류, 파충류, 죽은 동물

분포 유럽, 아시아에 걸쳐 분포한다. 우리나라 전 지역에서 번식한다.

이야기마당

체온을 유지하기 위해 하늘 높이 원을 그리며 비행하고, 나뭇가지에 앉아 휴식합니다.

큰말똥가리 수리목 수리과

학명 *Buteo hemilasius* **영명** Upland Buzzard

형태 몸길이 57~67㎝. 몸 전체가 황갈색을 띠며, 날개 끝과 꼬리는 흰색이다. 날개 아래쪽은 흰 바탕에 황갈색 점들이 있고, 날개 중앙에는 갈색 부분이 있다. 암수 구별이 어렵다.

생태 겨울 철새. 산 주변의 경작지나 초지에서 산다. 번식기에는 바위 절벽에 나뭇가지를 모아 접시형 둥지를 틀고 2~4개의 알을 낳는다. 약 30일 후에 알을 깨고 새끼들이 나온다.

먹이 소형 포유류, 조류, 파충류, 곤충류

분포 몽골, 중국 북서부, 티베트 등지에서 번식하고, 한국, 중국, 인도 북부, 우수리 등지에서 겨울을 난다. 우리나라 중부 이남에 드물게 찾아온다.

▲ 전봇대 위에 앉아 먹이를 찾고 있다.(몽골)

생태는 '말똥가리'와 비슷하지만, 동작은 더 활발하고 성질도 대담합니다. 주로 몽골의 마을 지붕에서 번식하며, 북서풍을 타고 우리나라로 이동합니다.
【멸종위기야생생물 II급】

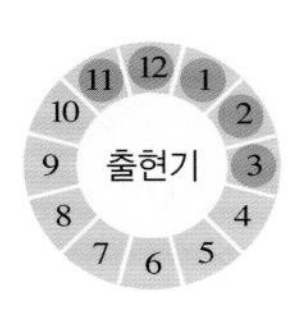

흰배뜸부기 두루미목 뜸부기과

학명 *Amaurornis phoenicurus* **영명** White-breasted Waterhen

형태 몸길이 약 32㎝. 머리 위 · 뒷목 · 등 · 꼬리는 검은색이고, 앞가슴과 배는 흰색이다. 부리와 다리는 노란색이고, 꼬리 밑은 붉은색이다. 다리는 길며, 발가락도 길다. 암컷과 수컷은 생김새가 거의 비슷한데, 암컷이 조금 작다.

생태 나그네새/여름 철새. 논, 호수, 늪, 소택지, 풀밭 등에서 단독 생활을 한다. 번식기에는 물가 주변 바닥에 접시형 둥지를 틀고 6~7개의 알을 낳는다. 알을 품는 기간은 약 19일이며, 암수가 함께 알을 품고 새끼를 기른다.

먹이 곤충류, 소형 어류, 식물의 씨앗

분포 아시아 남동부의 넓은 지역에 분포한다. 봄과 가을에 우리나라 서해안을 드물게 통과한다.

▲ 먹이를 찾고 있다.

이야기마당

조용하고 잠복성이 강하므로 좀처럼 눈에 띄지 않지만, 새벽과 저녁에 시끄럽게 웁니다.

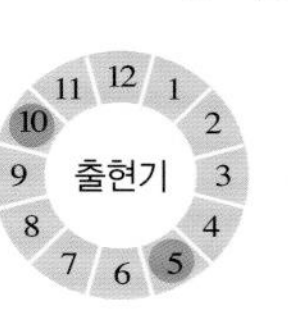

쇠뜸부기사촌

두루미목 뜸부기과

학명 *Porzana fusca* **영명** Ruddy-breasted Crake

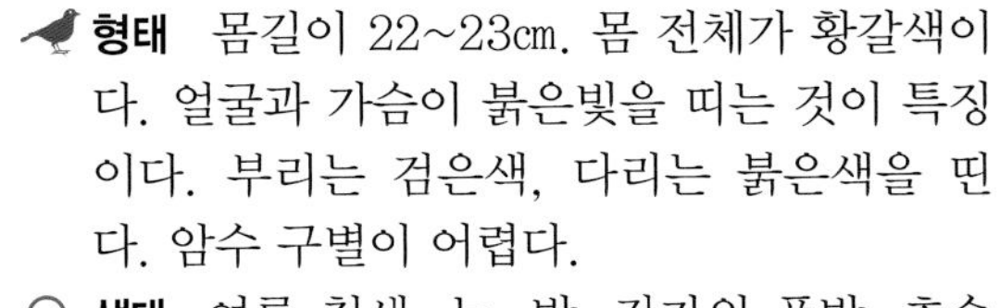

▲ 먹이를 찾고 있다.

▲ 얼굴과 가슴이 붉은빛을 띤다.

형태 몸길이 22~23㎝. 몸 전체가 황갈색이다. 얼굴과 가슴이 붉은빛을 띠는 것이 특징이다. 부리는 검은색, 다리는 붉은색을 띤다. 암수 구별이 어렵다.

생태 여름 철새. 논, 밭, 강가의 풀밭, 호수와 늪 등에서 산다. 무리를 이루지 않고 단독으로 생활한다. 번식기에는 논이나 풀숲 아래 접시형 둥지를 틀고 6~9개의 알을 낳는다. 알은 회백색 바탕에 갈색과 회청색 얼룩이 있다.

먹이 곤충류, 달팽이류, 식물의 씨앗, 열매

분포 아시아의 온대에서 열대에 걸쳐 널리 분포한다. 우리나라 전 지역에서 드물게 번식한다.

이야기마당

뜸부기 종류 중 몸집이 가장 작습니다. 번식기엔 강하게 영역을 방어하지만, 사람이 지나가면 갈대나 덤불 사이에 숨어 있습니다.

뜸부기

두루미목 뜸부기과

학명 *Gallicrex cinerea* **영명** Watercock

▲ 수컷
◀ 알

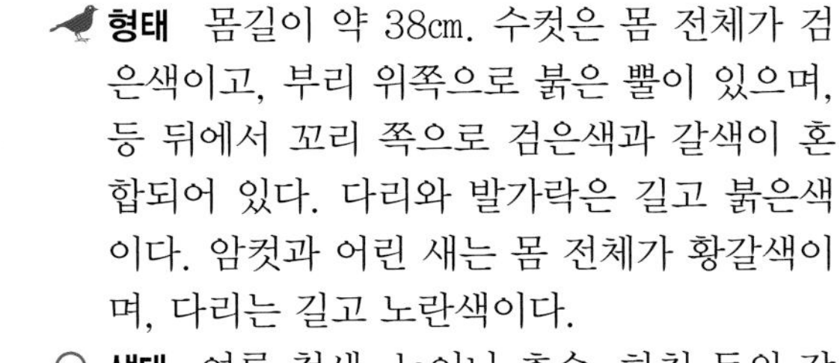

형태 몸길이 약 38㎝. 수컷은 몸 전체가 검은색이고, 부리 위쪽으로 붉은 뿔이 있으며, 등 뒤에서 꼬리 쪽으로 검은색과 갈색이 혼합되어 있다. 다리와 발가락은 길고 붉은색이다. 암컷과 어린 새는 몸 전체가 황갈색이며, 다리는 길고 노란색이다.

생태 여름 철새. 논이나 호수, 하천 등의 갈대밭에서 산다. 번식기에는 갈대나 벼 포기 등을 수면으로부터 약 30㎝ 높이로 쌓아 접시형 둥지를 틀고 3~6개의 알을 낳는다.

먹이 곤충류, 소형 어류, 식물의 열매

분포 아시아 동부에서 번식하고 아시아 남부에서 겨울을 난다. 우리나라 전 지역에서 드물게 번식한다.

이야기마당

조용하고 잠복성이 강하므로 좀처럼 노출되지 않지만, 새벽과 저녁에 시끄럽게 웁니다. **【천연기념물 제446호, 멸종위기야생생물 II급】**

쇠물닭

두루미목 뜸부기과

학명 *Gallinula chloropus* **영명** Eurasian Moorhen

형태 몸길이 약 33㎝. 몸 전체가 검은색이며, 부리는 빨간색이고 끝은 노란색이다. 번식기에는 빨간 벼슬이 커지지만, 번식기가 끝나면 작아진다. 몸 옆에는 흰 줄이 있으며, 꼬리에 흰 부분이 있다. 어린 새는 황갈색을 띤다.

생태 여름 철새/텃새. 논, 하구, 하천, 늪, 호수, 저수지 등에서 산다. 번식기에는 수심이 얕은 곳이나 습지에 풀잎이나 가지 등을 쌓아 접시형 둥지를 틀고 5~8개의 알을 낳는다. 암수가 교대로 알을 품는다.

먹이 곤충류, 거미류, 소형 어류, 지렁이류, 갑각류, 연체동물류, 식물의 열매

분포 극지방과 열대우림을 제외한 지역에 널리 분포한다. 우리나라 전 지역에서 번식한다.

▲ 성조

이야기마당

'쇠물닭' 둥지의 천적은 '물뱀' 입니다. 또 알을 깨고 나온 새끼는 몸이 마르자마자 둥지를 떠납니다. 발가락에 물갈퀴는 없지만 몸을 앞뒤로 흔들면서 헤엄치고, 잠수는 하지 않는답니다.

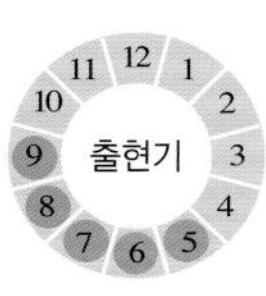

▲ 알

▲ 어린 새

▲ 알을 품은 어미 새

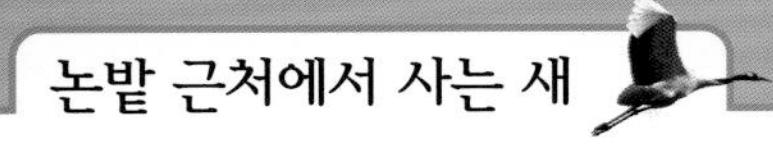

물닭 두루미목 뜸부기과

학명 *Fulica atra* **영명** Eurasian Coot

▲ 먹이를 찾기 위해 이동하고 있다.

▲ 무리 지어 먹이를 먹고 있다.

▲ 알

형태 몸길이 36~42㎝. 몸 전체가 검은색이고, 부리와 콧등은 흰색이다. 번식기에 부리 위에 흰 점이 생기만, 번식이 끝나면 작아진다. 눈은 빨간색이고, 다리는 회색을 띤다. 암수 구별이 어렵다.

생태 텃새/겨울 철새. 논, 저수지, 연못, 호수, 늪 등 민물에서 오리류와 함께 무리 지어 생활한다. 번식기에는 얕은 습지 주변의 수생 식물 위나 수상에 접시형 둥지를 틀고 6~10개의 알을 낳는다. 알을 품는 기간은 21~23일이다.

먹이 연체동물류, 곤충류, 조류, 수생 및 육상 식물의 씨앗

분포 유라시아 대륙과 아이슬란드에 걸쳐 널리 분포한다. 우리나라 전 지역에서 볼 수 있다.

이야기마당

번식기에는 매우 민감하여, 다른 새에게 둥지를 들키면 둥지를 바로 포기해 버립니다. 어미 새는 먹이가 부족할 때 새끼의 수를 줄이기 위해서 새끼를 물어 죽이기도 합니다.

쇠재두루미 두루미목 두루미과

학명 *Anthropoides virgo* **영명** Demoiselle Crane

▲ 눈 뒤에 흰색 귀깃이 있다.(몽골)

형태 몸길이 85~100㎝. 몸매가 매우 날씬하고, 꼬리가 길다. 눈에서 뒷목에 이르는 흰색의 귀깃이 있다. 머리와 목은 짙은 회색이고, 턱 아래부터 가슴과 배는 검은 깃털이 길게 나 있다. 등과 날개는 밝은 회색을 띤다. 부리는 노란색이고, 다리는 검은색이다.

생태 미조. 논, 밭, 하천, 호수 초원에서 산다. 번식기에는 물이 있는 초원의 바닥에 갈대를 쌓아 접시형 둥지를 틀고 약 2개의 알을 낳는다. 알을 품는 기간은 27~29일, 새끼를 기르는 기간은 55~65일이다.

먹이 도마뱀류, 곤충류, 지렁이류, 식물의 풀씨

분포 중앙아시아에서 번식하고, 인도, 터키, 아시아 남부, 아프리카 등지에서 겨울을 난다. 우리나라에서는 다른 두루미류 무리에 섞여 한두 마리씩 보이는 귀한 새이다.

이야기마당

인도 북부와 파키스탄에서는 그 생김새 때문에 아름다운 여인이나 모험가로 비유되기도 한답니다.

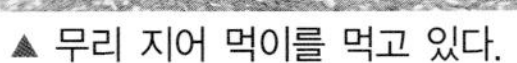

재두루미

두루미목 두루미과

학명 *Grus vipio* **영명** White-naped Crane

형태 몸길이 112~125㎝. 몸 전체는 회색이고, 눈 주변은 붉은색이며, 목은 흰색이다. 회색 깃털이 몸통에서 목 윗부분까지 날카롭게 올라와 있다. 어린 새는 황색을 띤다. 암수 구별이 어렵다.

생태 겨울 철새. 농경지, 호숫가, 해안 삼각주 등에서 겨울을 난다. 번식기에는 숲 주변의 초지, 초원, 습지 주변에 갈대를 쌓아 접시형 둥지를 틀고 약 2개의 알을 낳는다. 알을 품는 기간은 28~30일, 새끼를 기르는 기간은 70~75일이다.

먹이 어류, 곤충류, 지렁이류, 달팽이류, 양서류, 파충류, 소형 설치류, 식물의 뿌리, 새싹, 열매

분포 시베리아, 몽골, 중국 북동부 등지에서 번식하고, 한국, 일본, 중국 남동부 등지에서 겨울을 난다. 우리나라 한강과 강원도 철원 등지에 규칙적으로 찾아온다.

▲ 먹이를 찾고 있다.

이야기마당

세계적으로 약 6,500마리가 있으나 점차 그 수가 줄고 있습니다. 【천연기념물 제203호, 천연기념물 제250호(경기도 김포 한강 하류 재두루미 도래지), 멸종위기야생생물 II급】

▲ 비상 중

검은목두루미

두루미목 두루미과

학명 *Grus grus* **영명** Common Crane

형태 몸길이 100~130㎝. 몸 전체가 회색이며, 머리꼭대기는 붉은색, 머리와 목은 검은색이다. 눈 뒤에서 목 뒤까지 흰색 줄이 이어져 목 뒤에서 V자형 무늬를 이룬다. 부리는 회색빛이 도는 녹색이고, 다리는 검정색이다. 어린 새는 황색을 띤다. 암수 구별이 어렵다.

생태 겨울 철새. 강가와 호수 주변 습지에서 산다. 번식기에는 숲 주변의 초지, 초원 주변에 갈대를 쌓아 접시형 둥지를 틀고 약 2개의 알을 낳는다. 알을 품는 기간은 약 30일, 새끼를 기르는 기간은 65~70일이다.

먹이 곤충류, 지렁이류, 달팽이류, 양서류, 파충류, 소형 설치류, 식물의 뿌리, 새싹, 열매

분포 유럽 북동부에서 시베리아 중부에 걸쳐 널리 분포하며, 한국과 일본 등지에서 겨울을 난다. 우리나라에는 겨울에 '재두루미' 무리에 섞여 강원도 철원에 찾아온다.

▲ 먹이를 찾고 있다.(몽골)

이야기마당

춤을 출 때는 시끄러운 트럼펫 소리를 내고 날갯짓을 하며 뜁니다. 【천연기념물 제451호, 멸종위기야생생물 II급】

흑두루미 두루미목 두루미과

학명 *Grus monacha* **영명** Hooded Crane

▲ 겨울을 나는 무리
◀ 비상하는 무리

형태 몸길이 약 100㎝. 몸 전체가 짙은 회색이고, 머리와 목은 흰색이며, 머리 윗부분에 붉은색 부분이 있다. 어린 새는 황토색을 띤다. 암수 구별이 어렵다.

생태 겨울 철새. 경작지, 습지나 초원, 갯벌 등에서 산다. 번식기에는 나무가 많은 강 하구 습지에 갈대를 쌓아 접시형 둥지를 틀고 약 2개의 알을 낳는다. 알을 품는 기간은 27~30일이다.

먹이 소형 어류, 우렁이, 개구리, 곡류, 식물의 줄기, 잎, 뿌리

분포 시베리아와 몽골 등지에서 번식하고, 한국, 중국, 일본 등지에서 겨울을 난다. 우리나라에서는 봄과 가을에 경상북도 구미 해평 습지에서 이동하는 천 여 마리의 흑두루미 무리를 볼 수 있다.

이야기마당

세계적으로 약 6,900마리가 있으나 점차 그 수가 줄어들고 있으며, 인도에서는 멸종되었다고 합니다.
【천연기념물 제228호, 멸종위기야생생물 II급】

두루미 두루미목 두루미과

학명 *Grus japonensis* **영명** Red-crowned Crane

▲ 먹이를 찾고 있는 가족

형태 몸길이 약 158㎝. 몸 전체가 흰색이고, 머리꼭대기에 붉은 점이 있으며, 목은 검은색이다. 서 있을 때 꼬리는 검은색이다. 비행 시 몸 전체는 흰색, 날개 끝은 검은색을 띤다. 어린 새는 밝은 황갈색을 띤다. 암수 구별이 어렵다.

생태 겨울 철새. 농경지, 해안 갯벌, 강 하구 등에서 산다. 번식기에는 갈대나 왕골 등이 무성한 습지의 풀밭 등에서 살며, 갈대를 쌓아 접시형 둥지를 틀고 약 2개의 알을 낳는다. 알을 깨고 나온 새끼들은 보통 한 마리만 살아남는다.

먹이 양서류, 수생 무척추동물, 곤충류, 수초

분포 러시아 남동부, 중국 북동부, 몽골, 일본 홋카이도에서 번식하고, 중국 황허, 한국 등지에서 겨울을 난다. 우리나라에서는 강원도 철원 주변에서 드물게 볼 수 있다.

이야기마당

세계적으로 약 2,750마리가 있으며, 그 수가 급격히 줄고 있습니다.
【천연기념물 제202호, 멸종위기야생생물 I급】

▲ 비상 중인 무리

▲ 성조(왼쪽), 어린 새(오른쪽)

▼ 휴식 중인 무리

장다리물떼새

물떼새목 장다리물떼새과

학명 *Himantopus himantopus* **영명** Black-winged Stilt

▲ 수컷

▲ 암컷

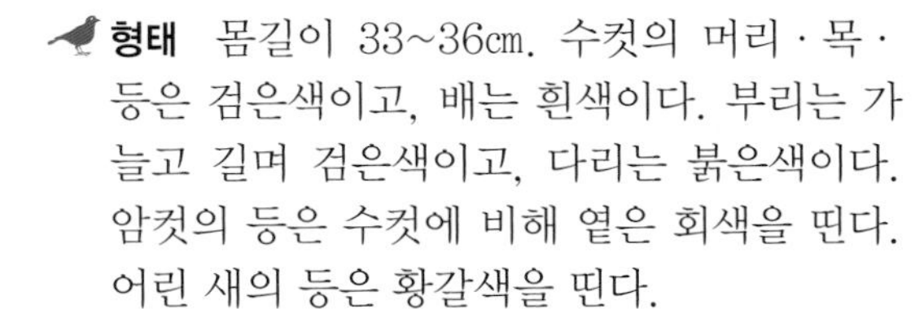

형태 몸길이 33~36㎝. 수컷의 머리 · 목 · 등은 검은색이고, 배는 흰색이다. 부리는 가늘고 길며 검은색이고, 다리는 붉은색이다. 암컷의 등은 수컷에 비해 옅은 회색을 띤다. 어린 새의 등은 황갈색을 띤다.

생태 나그네새/여름 철새. 논, 호수, 하구, 갯벌 등에서 산다. 번식기에는 호숫가나 갯벌에 갈대를 쌓아 접시형 둥지를 틀고 3~5개의 알을 낳는다.

먹이 곤충류, 갑각류, 연체동물류, 거미류, 올챙이류, 양서류, 소형 어류

분포 유럽에서 중앙아시아, 아프리카, 인도, 스리랑카, 인도차이나, 타이완에 걸쳐 번식하고, 유럽, 아프리카, 아시아 남동부, 필리핀에서 겨울을 난다. 우리나라에서는 충청남도 서산 천수만 등에서 적은 수가 번식한다.

이야기마당

포식자나 사람이 둥지에 다가오면, 어미 새는 공중에서 급하강하여 포식자를 위협하거나 날개가 부러진 척하여 포식자를 둥지로부터 멀리 유인하기도 한답니다.

▲ 알

▲ 새끼 새

▲ 어린 새

흰목물떼새

물떼새목 물떼새과

학명 *Charadrius placidus* **영명** Long-billed Plover

형태 몸길이 약 21㎝. 머리와 등은 황갈색이고, 목과 배는 흰색이다. 눈테두리는 노란색인데, '꼬마물떼새' 보다 흐리다. 목에는 검은 줄이 있고, 부리는 갈색이며, 다리는 노란색이다. 암수 구별이 어렵다.

생태 텃새. 논과 산지의 물가, 하천, 냇가의 자갈밭, 호숫가 모래땅, 강 어귀의 삼각주, 해안의 모래밭 등에서 무리 지어 산다. 강가의 자갈밭 또는 모래밭의 오목한 곳에 3~4개의 알을 낳는다.

먹이 곤충류

분포 한국, 중국, 일본, 우수리 등지에 주로 분포한다. 우리나라 임진강, 금강, 순천만 등 전 지역에 걸쳐 드물게 번식한다.

이야기마당

'삐잇, 삐잇' 하고 고음의 맑은 소리를 냅니다. 【멸종위기야생생물 Ⅱ급】

▲ 새끼 새

▲ 알

▲ 휴식하고 있다.

꼬마물떼새

물떼새목 물떼새과 

학명 *Charadrius dubius* **영명** Little Ringed Plover

형태 몸길이 약 16㎝. 머리 위 · 등 · 날개는 짙은 갈색을 띠고, 노란색의 눈테두리가 '흰목물떼새' 보다 진하다. 턱과 배는 흰색이며, 가슴에 검은색 줄이 있다.

생태 여름 철새. 논, 호숫가, 개울가, 바닷가 등에서 산다. 번식기에는 습지 주변 자갈밭이나 모래밭 얕은 구덩이에 3~5개의 알을 낳고, 22~25일 동안 알을 품는다.

먹이 곤충류, 갑각류, 조개류, 지렁이류, 달팽이류

분포 한국, 중국, 일본, 몽골, 아프리카 등지에 분포하며, 아프리카, 인도, 아시아 남부 등지에서 겨울을 난다. 우리나라 전 지역에서 드물게 번식한다.

이야기마당

물떼새 종류 중에서 몸 크기가 가장 작은 새입니다.

▲ 물가에서 먹이를 찾고 있다.

▲ 알

▲ 이소한 새끼 새

흰눈썹물떼새

물떼새목 물떼새과

학명 *Charadrius morinellus* **영명** Eurasian Dotterel

▲ 휴식하고 있다.(겨울깃)

형태 몸길이 약 21㎝. 머리는 어두운 고동색이고, 진한 흰 눈썹이 있다. 배는 전체적으로 어두운 갈색을 띠고 흰 줄이 있으며, 부리는 회색을 띤다. 다리는 노란색이다. 번식기에는 몸 전체가 황갈색을 띤다.

생태 미조. 논밭 근처 습지나 바닷가 주변 습지에서 산다. 번식기에는 산간 지역의 경사진 곳이나 움푹 팬 바닥에 둥지를 틀고 2~4개의 알을 낳는다.

먹이 곤충류, 거미류, 달팽이류, 지렁이류, 식물의 풀씨, 열매, 꽃

분포 유럽 북부, 아시아 북부에 걸쳐 번식하고, 지중해 연안이나 아랍의 만에서 겨울을 난다. 우리나라에서는 2005년 이동 시기인 봄, 가을에 한 마리가 충청남도 서산의 호숫가에서 발견되었다.

이야기마당

'지느러미발도요' 와 같이 암컷이 수컷보다 화려하고, 번식기에 수컷이 전담하여 알을 품고 새끼를 기른답니다.

호사도요

물떼새목 호사도요과

학명 *Rostratula benghalensis* **영명** Greater Painted-snipe

▲ 몸 전체가 황갈색이다.

형태 몸길이 약 24㎝. 몸 전체가 황갈색을 띠며, 수컷과 달리 암컷은 목 부위에 붉은색의 화려한 깃털이 있다. 배는 흰색이고, 부리와 다리는 노란색이다.

생태 나그네새/텃새. 논, 강가, 호숫가의 갈대밭이나 습지에서 산다. 번식기에는 풀밭의 땅바닥에 죽은 풀을 모아 접시형 둥지를 틀고 약 4개의 알을 낳는다. 수컷이 15~21일 동안 알을 품고 새끼를 키운다.

먹이 곤충류, 달팽이류, 지렁이류, 갑각류, 풀씨

분포 아프리카, 인도, 파키스탄, 아시아 남동부 등지에 분포한다. 우리나라에서는 이동 시기인 봄, 가을에 충청남도 서산 등지에서 매우 드물게 볼 수 있다.

이야기마당

도요류 중 유일하게 깃털 색깔이 다양하며 아름답고, 암컷이 수컷보다 크고 화려합니다.
【천연기념물 제449호】

물꿩(자카나)

물떼새목 물꿩과 **학명** *Hydrophasianus chirurgus* **영명** Pheasant-tailed Jacana

형태 몸길이 31~33㎝. 여름깃의 머리와 목은 흰색이고, 뒷목에는 노란색 부분이 있다. 흰색의 날개 부분을 제외한 몸 전체는 검은색이다. 겨울깃은 낙엽 색깔처럼 흐린 색을 띤다. 두 가닥의 긴 꼬리는 검은색이고, 부리와 다리는 노란색이다.

생태 미조/여름 철새. 논밭 근처의 호수, 늪, 저수지 등 습지에서 산다. 번식기에는 포식자의 접근이 어려운 가시연꽃 위에 수초를 모아 접시형 둥지를 틀고 약 4개의 알을 낳는다.

먹이 수생 곤충류

분포 인도, 동남아시아, 인도네시아, 중국 등지에서 번식한다. 최근 우리나라의 제주도에서 첫 번식 기록이 있다.

▲ 둥지 주변에서 먹이를 찾고 있다.

이야기 마당

암컷은 여러 둥지에 알을 낳고, 수컷이 전담하여 알을 품고 새끼를 기릅니다. 하지만 우리나라에서 번식하는 쌍은 드물기 때문에 암수가 함께 새끼를 키웁니다.

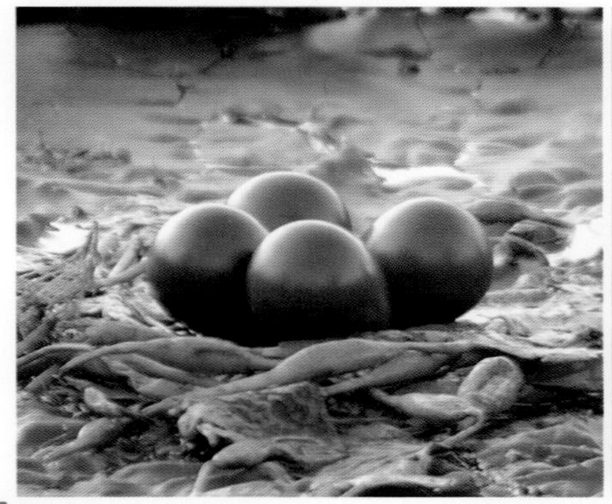
▲ 알

▲ 이소한 새끼 새

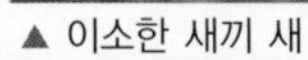

▲ 알을 품고 있다.

▲ 겨울깃

뒷부리도요 물떼새목 도요과

학명 *Xenus cinereus* **영명** Terek Sandpiper

▲ 부리가 위로 구부러져 있다.

형태 몸길이 22~25㎝. 몸 전체가 회색이고, 배는 흰색이다. 부리는 노란색으로 가늘고 길고, 머리 길이의 약 1.5배이며, 위로 구부러져 있다. 눈에는 옅은 흰 줄이 있다. 다리는 노란색이다. 암수 구별이 어렵다.

생태 나그네새. 논, 바닷가, 갯벌, 염전, 석호, 삼각주 등에서 산다. 번식기에는 풀숲에 접시형 둥지를 틀고 3~4개의 알을 낳는다.

먹이 곤충류, 식물의 씨앗

분포 한국, 사할린, 인도, 아시아 북부, 유럽 북부, 아프리카, 오스트레일리아, 일본 등지에 분포하며, 오스트레일리아 북서부 해안에서 겨울을 난다. 우리나라에서는 이동 시기인 봄, 가을에 볼 수 있다.

이야기마당

민물 습지에서 지렁이를 잘 잡아먹습니다. '뒷부리장다리물떼새'와 같이 부리가 위로 구부러져 있습니다. 걸을 때 꼬리를 움직이며, '삐삐' 소리를 냅니다.

삑삑도요 물떼새목 도요과 

학명 *Tringa ochropus* **영명** Green Sandpiper

▲ 먹이를 찾고 있다.
◀ 목욕하고 있다.

형태 몸길이 약 24㎝. 몸 전체가 흰 점이 있는 회갈색을 띠며, 배는 흰색이다. 부리는 회색으로 머리 길이와 비슷하고, 다리도 회색이다. 비행 시 꼬리 끝에 굵고 뚜렷한 검은 줄이 나타난다. 여름깃과 겨울깃이 거의 비슷하다. 암수 구별이 어렵다.

생태 나그네새/겨울 철새. 논, 강 하구, 개울가, 연못가 등에서 작은 무리를 이루어 생활한다. 침엽수림이 많은 초지 바닥에 죽은 풀을 엮어 접시형 둥지를 틀고 2~4개의 알을 낳는다. 알을 품는 기간은 20~23일, 새끼를 기르는 기간은 약 28일이다.

먹이 곤충류, 지렁이류, 갑각류, 거미류, 어류, 식물의 씨앗, 풀, 열매

분포 유럽, 아시아, 시베리아 등지에서 번식하고, 유럽, 아시아 남부, 아프리카 등지에서 겨울을 난다. 우리나라에서는 이동 시기인 봄, 가을에 전 지역에서 볼 수 있다.

이야기마당

'삑삑' 우는 소리를 내어 쉽게 찾을 수 있습니다.

학도요 물떼새목 도요과

학명 *Tringa erythropus* **영명** Spotted Redshank

형태 몸길이 29~33㎝. 여름깃은 몸 전체가 검은색을 띠고 회색 무늬가 있다. 겨울깃은 몸 전체가 회색을 띠고 흰 점들이 있으며, 배는 흰색이다. 길고 곧은 부리는 붉은색이며 머리 길이의 약 1.5배이다. 다리는 붉은색이다. 번식기에는 몸 전체가 검은색으로 변한다. 어린 새의 부리와 다리는 노란색을 띤다. 암수 구별이 어렵다.

생태 나그네새. 논, 강 하구, 바닷가, 갯벌, 얕은 습지 등에서 산다. 번식기에는 침엽수림이 많은 곳에 죽은 풀을 엮어 접시형 둥지를 틀고 3~4개의 알을 낳는다.

먹이 수생 곤충류, 소형 갑각류, 연체동물류, 갯지렁이류, 소형 어류, 양서류

분포 스칸디나비아에서부터 시베리아 동부에 걸쳐 번식하고, 지중해, 영국, 프랑스, 아프리카, 아시아 열대 지방에서 겨울을 난다. 우리나라에서는 이동 시기인 봄, 가을에 전 지역에서 볼 수 있다.

▲ 겨울깃

이야기마당

모내기 전의 논에서 검은 번식 깃을 가진 '학도요'를 볼 수 있습니다. 땅 위에 부리를 비스듬히 대고 긴 다리로 활발하게 걷는데, 얕은 물 위를 걷거나 헤엄치면서 먹이를 찾기도 합니다.

▲ 먹이를 잡고 있는 무리

매사촌 뻐꾸기목 뻐꾸기과

학명 *Hierococcyx hyperythrus* **영명** Northern Hawk-Cuckoo

형태 몸길이 약 32㎝. 머리·등·날개·꼬리는 짙은 회색을 띠고, 턱·가슴·배는 흰색을 띤다. 눈 주위에는 노란색 테두리가 있다. 가슴 부분은 옅은 주황색을 띠고, 부리와 다리는 노란색이다. 꼬리에는 검은색과 노란색 줄이 여러 개 있다. 어린 새는 황갈색을 띤다. 암수 구별이 어렵다.

생태 여름 철새/나그네새. 논밭 근처의 활엽수가 많은 숲에서 산다. 둥지를 짓지 않고 '큰유리새'와 같은 다른 새의 둥지에 알을 낳아 맡겨 대신 기르도록 한다. 알을 깨고 나온 새끼는 다른 새의 알이나 새끼를 둥지 밖으로 밀어내고, 혼자서 먹이를 받아먹고 자란다.

먹이 곤충류

분포 한국, 중국, 일본, 러시아 등지에서 번식하고, 아시아 남동부에서 겨울을 난다. 우리나라 전 지역의 산림에서 드물게 볼 수 있다.

▲ 성조

이야기마당

생김새가 '매'와 닮은 '뻐꾸기'라고 하여 '매사촌'이라고 합니다.

검은등뻐꾸기

뻐꾸기목 뻐꾸기과

학명 *Cuculus micropterus* **영명** Indian Cuckoo

▲ 성조

형태 몸길이 약 33㎝. 몸 전체가 회색이고, 날개 · 등 · 꼬리는 어두운 회색을 띤다. 배는 흰 바탕에 검은 줄이 있으며, 꼬리 끝은 검은색이다. 다리는 노란색이다. 암수 구별이 어렵다.

생태 여름 철새. 논밭 근처의 활엽수가 많고 인적이 드문 깊은 숲에서 산다. 다른 뻐꾸기류보다 높은 산에서 생활한다. 둥지를 짓지 않고 '산솔새'와 같은 다른 새의 둥지에 알을 낳아 맡겨 대신 기르도록 한다. 암컷이 알을 낳기 전에 둥지의 다른 새의 알을 없애거나, 알을 깨고 나온 새끼가 다른 새의 알이나 새끼를 둥지에서 밀어내고 혼자 보살핌을 받는다.

먹이 곤충류

분포 한국, 중국, 일본, 인도, 인도네시아, 미얀마 등지에 분포한다. 우리나라 전 지역에서 흔히 번식한다.

이야기마당

다른 뻐꾸기류와는 잘 구별되지 않지만, '하하하 호~' 하는 노랫소리로 쉽게 구별할 수 있습니다.

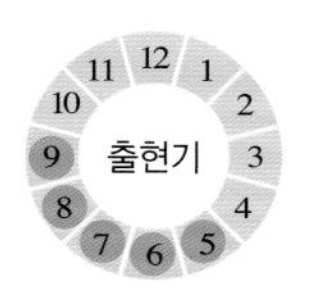

뻐꾸기

뻐꾸기목 뻐꾸기과 

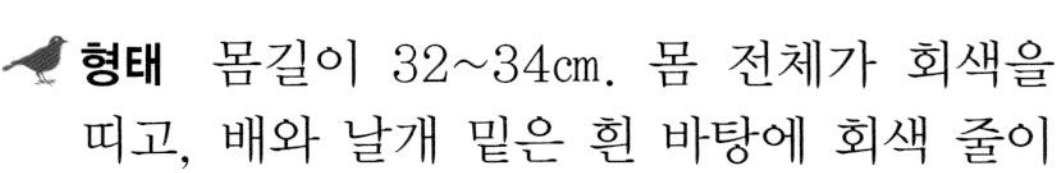
학명 *Cuculus canorus* **영명** Common Cuckoo

▲ 수컷

형태 몸길이 32~34㎝. 몸 전체가 회색을 띠고, 배와 날개 밑은 흰 바탕에 회색 줄이 있다. 부리 · 눈 · 눈테두리 · 다리는 노란색이다. 꼬리에는 옅은 흰 줄이 있다. 암수 구별이 어렵다.

생태 여름 철새. 농경지, 시골의 인가 근처, 강가의 갈대밭 등에서 산다. 둥지를 짓지 않고, '개개비', '딱새', '산솔새', '휘파람새' 등 다른 새 둥지에 알을 1개씩 낳아 맡겨 대신 기르도록 한다. 알을 깨고 나온 새끼는 다른 새의 알이나 새끼를 둥지에서 밀어내고, 20~21일 후에 둥지를 떠나 독립한다.

먹이 곤충류

분포 아시아, 유럽, 아프리카 등지에 분포한다. 우리나라 전 지역에서 흔히 번식한다.

이야기마당

'뻐꾸기'라는 이름은 '뻐꾹~뻐꾹~' 하는 노랫소리에서 유래합니다. 주로 오동나무 꽃이 필 때 번식기가 시작되며, 수컷이 뻐꾸기 소리와 조금만 비슷한 소리를 내도 암컷이 가까이 다가옵니다.

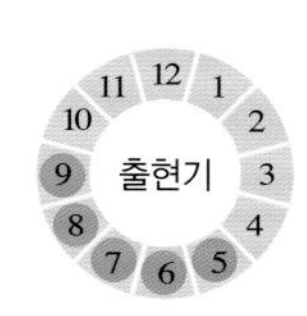

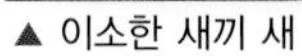
▲ 이소한 새끼 새

▲ 붉은머리오목눈이(왼쪽)에게 먹이를 구걸하는 뻐꾸기 새끼(오른쪽)

틈새 정보!!

뻐꾸기의 '탁란'

새가 다른 종류의 새의 둥지에 알을 낳아 대신 품어 기르도록 하는 일을 탁란이라고 합니다. 뻐꾸기는 탁란을 하는 새 중에 하나입니다. 뻐꾸기 암컷은 적당한 순간에 다른 새의 둥지에 내려앉아 알을 하나 낳는데, 이 탁란은 약 10초 안에 이루어진다고 합니다. 뻐꾸기 암컷은 알에서 깨어난 후 2년 후부터 번식을 시작하고, 한 번식기에 약 50개의 둥지에 탁란을 합니다. 세계적으로 뻐꾸기는 약 100종의 새 둥지에 탁란을 합니다. 뻐꾸기 암컷은 개체군 별로 다양한 알 색깔을 가지는데, 자신의 알 색깔과 유사한 다른 새의 둥지를 선택하여 탁란을 합니다. 우리나라에서는 '딱새', '붉은머리오목눈이', '개개비' 등에 탁란을 많이 합니다. 뻐꾸기의 알은 다른 새의 알과 함께 11~13일 후에 알을 깨고 새끼들이 나옵니다. 알에서 나온 직후 뻐꾸기 새끼는 다른 새의 새끼보다 훨씬 크며, 다른 새의 새끼를 모두 둥지 밖으로 밀어내고 혼자 성장하는데, 그 이유는 다른 새의 새끼와 함께 크면 뻐꾸기 새끼의 성장이 늦어지기 때문입니다.

▲ 딱새 둥지에서 딱새 알을 밀어내는 뻐꾸기 새끼

▲ 딱새 둥지에서 딱새 새끼를 밀어내는 뻐꾸기 새끼

벙어리뻐꾸기 뻐꾸기목 뻐꾸기과

학명 *Cuculus saturatus* **영명** Himalayan Cuckoo

▲ 성조

형태 몸길이 약 33㎝. 몸 전체는 짙은 회색을 띠고, 배는 흰 바탕에 회색 줄이 여러 개 있다. 부리 · 눈 · 눈테두리 · 다리는 노란색이다. 꼬리는 짙은 회색에 흰 줄이 여러 개 있으며, 꼬리 끝은 흰색이다. 암수는 구별하기 어렵지만 암컷의 가슴에 갈색빛이 돈다.

생태 여름 철새. 논, 밭 근처의 산림이 무성한 지역에서 산다. 번식기에는 둥지를 짓지 않고 '숲새', '붉은빰멧새', '휘파람새', '딱새' 등의 다른 새 둥지에 알을 1개씩 낳아 그 새의 어미가 기르도록 맡긴다. 알을 깨고 나온 새끼는 다른 새의 알이나 새끼를 둥지 밖으로 밀어내고 혼자 보살핌을 받는다.

먹이 곤충류

분포 히말라야 산맥에서 중국, 타이완에 걸쳐 번식하고, 아시아 남부에서 겨울을 난다. 우리나라 전 지역에서 볼 수 있다.

이야기마당

육안으로 관찰하기는 힘들지만, 봄부터 여름까지 숲 속에서 들리는 노랫소리로 '벙어리뻐꾸기' 의 위치를 알 수 있답니다. 뻐꾸기 소리를 잘 못 낸다고 하여 '벙어리뻐꾸기' 라고 합니다.

두견이 뻐꾸기목 뻐꾸기과

학명 *Cuculus poliocephalus* **영명** Lesser Cuckoo

▲ 가슴, 배에 회색 가로줄이 있다.
◀ 먹이를 먹고 있다.

형태 몸길이 약 25㎝. 머리와 등은 회색으로 덮여 있으며, 배와 꼬리는 흰 바탕에 회색 가로줄이 있다. 눈은 검은색이고 노란색 테가 있으며, 다리는 노란색이다. 어린 새는 머리와 목이 짙은 회색을 띤다.

생태 여름 철새. 논, 밭 근처의 숲이나 깊은 산 중턱에서 단독으로 생활한다. 번식기에는 둥지를 틀지 않고 주로 '휘파람새' 의 둥지에 알을 1개씩 낳아 그 새의 어미가 기르도록 맡긴다. 알을 깨고 나온 새끼는 다른 새의 알이나 새끼를 둥지 밖으로 밀어내고 혼자 보살핌을 받는다.

먹이 곤충류

분포 한국, 중국, 히말라야, 인도, 케냐 등지에 분포한다. 우리나라 전 지역에서 볼 수 있다.

이야기마당

'뻐꾸기' 는 나무 꼭대기에서 노래를 하지만, '두견이' 는 나무 속에서 노래를 합니다. **【천연기념물 제447호】**

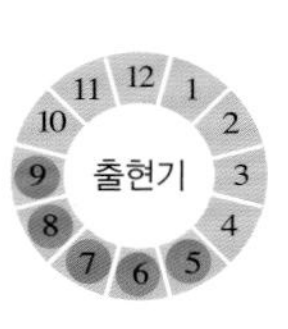

쇠부엉이 올빼미목 올빼미과

학명 *Asio flammeus* **영명** Short-eared Owl

형태 몸길이 34~43㎝. 몸 전체가 황갈색을 띤다. 날개 윗면은 갈색, 날개 밑면은 흰색을 띤다. 앞가슴에는 흰색 바탕에 검은 점들이 있다. 머리에는 짧은 귀깃이 있으며, 큰 눈은 노란색이다. 얼굴 전면은 밝은 회색을 띠고, 눈썹은 흰색이다. 부리와 다리는 검은색이다. 암수 구별이 어렵다.

생태 겨울 철새. 농경지, 산지의 풀밭, 갈대밭 등에서 산다. 밤에 강가의 습지나 농경지에서 먹이를 찾는다. 번식기에는 초원의 땅 위에 둥지를 틀고 4~7개의 알을 낳으며, 21~37일 후에 알을 깨고 새끼들이 나온다.

먹이 설치류, 소형 포유류, 대형 곤충류

분포 남극과 오스트레일리아를 제외한 지역에 널리 분포하며, 유럽, 아시아, 북아메리카, 남아메리카 등지에서 번식한다. 겨울에 우리나라를 찾아온다.

▲ 먹이를 찾고 있다.

비상하고 있다. ▶

이야기마당

침엽수림을 좋아하는 '칡부엉이'와 달리 '쇠부엉이'는 시야가 좋은 풀밭을 좋아합니다. **【천연기념물 제324-4호】**

출현기: 11, 12, 1, 2, 3, 4, 5, 6, 7, 8, 9, 10

물총새 파랑새목 물총새과

학명 *Alcedo atthis* **영명** Common Kingfisher

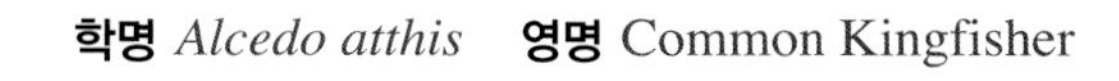

특징 몸길이 약 16㎝. 머리와 등 부위는 밝은 청동색을 띠고, 가슴과 배 부위는 붉은 황색을 띤다. 등은 어두운 청록색, 배 아래쪽은 선명한 청록색을 띤다. 눈 주변은 밤색이다. 수컷의 부리는 전체적으로 검은색이지만, 암컷의 아래쪽 부리는 황토색을 띤다. 다리는 붉은색이다.

생태 여름 철새/텃새. 농경지, 강가, 호숫가 등에서 산다. 번식기에는 습지 주변의 흙 벼랑에 구멍을 파서 둥지를 틀고 4~7개의 알을 낳는다. 19~21일 후에 알을 깨고 나온 새끼는 23~27일 후에 둥지를 떠나 독립한다.

먹이 어류, 양서류, 갑각류, 곤충류

분포 유라시아 대륙에서 북아메리카에 걸쳐 분포한다. 우리나라에서는 겨울에 드물게 볼 수 있다.

▲ 수컷

▲ 암컷

이야기마당

물가에 앉아 있다가 먹이를 발견하면 빠른 속도로 다이빙하여 먹이를 잡는답니다.

후투티 파랑새목 후투티과

학명 *Upupa epops* **영명** Common Hoopoe

▲ 먹이를 물고 있다.
◀ 주위를 경계하고 있다.

형태 몸길이 25~32㎝. 머리 · 목 · 어깨는 황토색이고, 날개 · 등 · 꼬리는 검은 바탕에 굵은 흰 선들이 있으며, 배는 흰색이다. 머리 위에는 황토색 댕기깃이 있는데, 놀라거나 날 때에는 부채 모양으로 펴진다. 긴 부리와 다리는 검은색이다. 암수 구별이 어렵다.

생태 여름 철새/텃새. 농경지, 초원에서 산다. 번식기에는 시골집의 지붕, 나무 구멍, 절벽 틈에 둥지를 틀고 4~12개의 알을 낳는다. 15~18일 후에 알을 깨고 나온 새끼는 26~29일 후에 둥지를 떠나 독립한다.

먹이 곤충류, 소형 파충류, 양서류, 식물의 씨앗, 열매

분포 아프리카, 유럽, 유라시아 등지에 널리 분포한다. 우리나라 경기도 지방에서 쉽게 볼 수 있다.

이야기마당

후투티과에서 세계적으로 유일한 종이며, 머리의 댕기깃이 부채같이 생겼다고 하여 '인디언 추장새'라고도 합니다.

개미잡이 딱따구리목 딱따구리과

학명 *Jynx torquilla* **영명** Eurasian Wryneck

▲ 먹이를 찾고 있다.

형태 몸길이 약 18㎝. 몸 전체가 황갈색을 띤다. 머리 · 목 · 등 쪽으로 검은 줄들이 있고, 턱과 가슴, 배에는 황색 바탕에 검은 점들이 있다. 부리는 검은색이고, 다리는 갈색이다. 암수 구별이 어렵다.

생태 나그네새/겨울 철새. 나무가 많은 숲속에서 살며, 겨울이나 이동 시기에는 개미가 많은 초원이나 풀밭에서 생활한다. 번식기에는 오래된 나무 구멍이나 나무에 새로 구멍을 파서 둥지를 튼다.

먹이 개미류, 곤충류

분포 유럽과 아시아 등지에서 번식하고, 아프리카, 아시아 남부에서 겨울을 난다. 우리나라에서는 이동 시기인 봄, 가을에 서해안 외딴섬에서 적은 수를 드물게 볼 수 있다.

이야기마당

둥지에 다가가면 뱀과 같이 머리를 길게 돌리며 내밀고, 경계하는 소리도 뱀과 같이 '쉬쉬~' 하는 소리를 냅니다.

황조롱이

매목 매과

학명 *Falco tinnunculus* **영명** Common Kestrel

형태 몸길이 32~39㎝. 수컷은 몸 전체가 짙은 회색이고, 가슴과 배는 갈색을 띠며 검은 점이 있다. 암컷은 몸 전체가 황갈색을 띤다. 부리와 다리는 노란색이고, 꼬리에는 검은 줄이 있다.

생태 텃새. 나무가 많지 않은 넓은 평야 지대나 초원에서 산다. 번식기에는 강가의 암벽, 건물의 벽 사이에 나뭇가지를 모아 접시형 둥지를 틀거나, 오래된 '까치' 둥지에 둥지를 틀고 3~6개의 알을 낳는다. 28~30일 후 알을 깨고 나온 새끼는 암수가 함께 28~35일 동안 키운다.

먹이 설치류, 소형 조류, 파충류, 양서류

분포 유럽, 아시아, 아프리카, 북아메리카 등지에 분포한다. 우리나라 전 지역에서 산다.

▲ 사냥하고 있는 수컷

이야기마당

먹이를 찾을 때 공중에서 움직이지 않고 날갯짓으로만 떠 있어 '바람개비새'라고도 합니다.

【천연기념물 제323-8호】

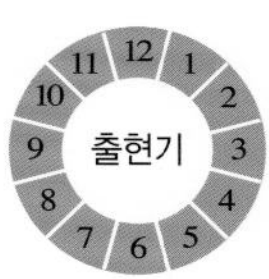

▲ 암컷

▲ 비상하고 있다.

▲ 둥지

▲ 알

어린 새 ▶

새호리기(새홀리기) 매목 매과

학명 *Falco subbuteo* **영명** Eurasian Hobby

▲ 성조
◀ 새끼 새

형태 몸길이 33~35㎝. 몸 전체가 회색을 띤다. 목은 흰색이고, 가슴은 흰색 바탕에 검은 점이 있으며, 배 밑부분은 붉은색을 띤다. 비행 시 날개와 꼬리 밑에 회색 가로줄이 나타난다. 암수 구별이 어렵다.

생태 여름 철새/나그네새. 농경지, 습지, 침엽수림, 초원 등에서 산다. 번식기에는 나무 위에 나뭇가지를 모아 접시형 둥지를 틀거나, '까마귀' 나 '까치' 의 오래된 둥지에 2~4개의 알을 낳는다. 암수가 함께 약 28일 동안 알을 품고 함께 새끼를 기른다.

먹이 곤충류, 소형 박쥐류, 소형 조류

분포 아프리카, 유럽, 아시아 등지에서 번식하고, 아프리카, 아시아 등지에서 겨울을 난다. 우리나라에서는 이동 시기인 봄, 가을에 전 지역에서 드물게 볼 수 있다.

이야기마당

매 중에서 가장 무서운 새이며, 새를 호려서 사냥한다고 하여 '새호리기' 라고 합니다. **【멸종위기야생생물 Ⅱ급】**

할미새사촌 참새목 할미새사촌과

학명 *Pericrocotus divaricatus* **영명** Ashy Minivet

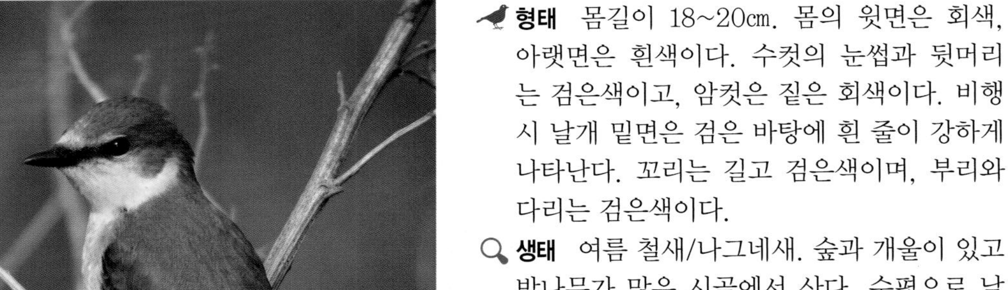

▲ 수컷

▲ 암컷

형태 몸길이 18~20㎝. 몸의 윗면은 회색, 아랫면은 흰색이다. 수컷의 눈썹과 뒷머리는 검은색이고, 암컷은 짙은 회색이다. 비행 시 날개 밑면은 검은 바탕에 흰 줄이 강하게 나타난다. 꼬리는 길고 검은색이며, 부리와 다리는 검은색이다.

생태 여름 철새/나그네새. 숲과 개울이 있고 밤나무가 많은 시골에서 산다. 수평으로 날아다니는 모습을 흔히 볼 수 있다. 겨울이나 이동 시기에는 무리를 짓지만, 번식기에는 암수가 독립적으로 생활한다. 번식기에는 밤나무의 높은 가지 사이에 풀을 엮어 사발형 둥지를 틀고 4~5개의 알을 낳는다.

먹이 곤충류

분포 한국, 중국, 일본, 시베리아 북동부 등지에서 번식하고, 아시아 남동부, 필리핀 등지에서 겨울을 난다. 우리나라에서는 매우 드물게 볼 수 있다.

이야기마당

비행 시 '할미새' 와 같은 소리를 내고, 그 모습이 '할미새' 와 비슷하여 '할미새사촌' 이라는 이름이 붙여졌습니다.

칡때까치 참새목 때까치과

학명 *Lanius tigrinus* **영명** Tiger Shrike

형태 몸길이 17~19㎝. 머리는 짙은 회색이고, 날개에서 꼬리는 갈색이며, 턱에서 배까지는 흰색이다. 수컷의 눈썹은 굵고 검은색이나, 암컷의 눈썹은 옅은 검은색이다. 부리는 검은색으로 끝이 구부러져 있고, 가슴과 배는 흰색 바탕에 무늬가 있다.

생태 여름 철새. 농경지 부근의 상록수가 많은 숲에서 산다. 번식기에는 나무에 사발형 둥지를 틀고 3~6개의 알을 낳는다. 14~16일 후에 알을 깨고 나온 새끼는 약 14일 후에 둥지를 떠나 독립한다.

먹이 양서류, 지렁이류, 곤충류, 파충류

분포 아시아 동부에 걸쳐 넓은 지역에 분포한다. 우리나라의 경기도 양평 용문산 등지에 드물게 찾아온다.

▲ 암컷

▲ 수컷

이야기마당

강한 바람이나 까치의 습격으로 번식에 실패하기도 합니다.

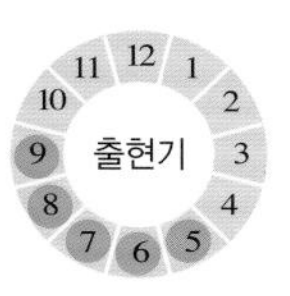

때까치 참새목 때까치과

학명 *Lanius bucephalus* **영명** Bull-headed Shrike

형태 몸길이 19~20㎝. 수컷은 머리 위와 뒷목이 적갈색이고, 턱 밑은 흰색, 눈썹은 굵고 검은색이다. 날개 안쪽과 등은 회색이며, 바깥쪽은 검은색에 흰 점이 있다. 부리는 검은색으로 끝이 구부러져 있다. 암컷은 등이 진한 갈색이고, 눈썹은 갈색이며, 가슴과 배는 황갈색 바탕에 물결 모양의 옆무늬가 있다.

생태 텃새. 농경지, 인가 부근의 숲, 공원 등에서 산다. 번식기에는 나무 위나 덤불 속에 풀을 엮어 사발형 둥지를 틀고 2~6개의 알을 낳는다. 14~15일 후에 알을 깨고 나온 새끼는 약 14일 후에 둥지를 떠나 독립한다.

먹이 곤충류, 파충류, 양서류, 갑각류

분포 한국, 중국, 일본 등지에서 번식하고, 중국 남부에서 겨울을 난다.

▲ 암컷

▲ 수컷

이야기마당

번식기에 수컷은 직박구리, 동박새, 붉은배지빠귀, 방울새 등의 노랫소리를 모방할 수 있습니다.

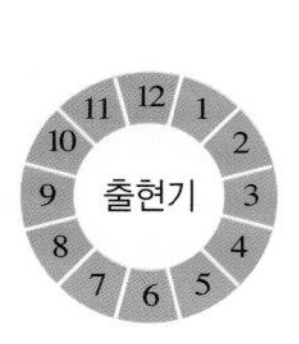

노랑때까치

참새목 때까치과 

학명 *Lanius cristatus* **영명** Brown Shrike

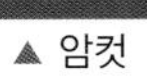

▲ 암컷

▲ 수컷

▲ 새끼 새

형태 몸길이 약 18㎝. 몸의 윗면은 갈색이고, 아랫면은 옅은 황토색이다. 얼굴은 흰색이고, 눈썹은 굵고 검은색이다. 부리는 검은색으로 끝이 구부러져 있다. 날개와 꼬리는 갈색 바탕에 줄이 없다. 암컷의 가슴과 배는 옅은 황토색 바탕에 검은색 무늬가 있다.

생태 여름 철새/나그네새. 도시와 시골 주변의 경작지나 숲에서 산다. 번식기에는 나무나 덤불에 풀을 엮어 사발형 둥지를 틀고 2~6개의 알을 낳는다. 번식이 끝나면 가족으로 무리를 이루어 생활한다.

먹이 곤충류, 설치류, 소형 조류, 어류

분포 아시아 북부, 몽골, 시베리아 등지에서 번식하고, 아시아 남부에서 겨울을 난다. 우리나라에서 전 지역에서 볼 수 있다.

이야기마당

과거에는 농경지에서 흔히 볼 수 있었지만, 최근 농약 사용으로 인한 먹이 감소, 농경지 감소 등으로 쉽게 볼 수 없게 되었습니다.

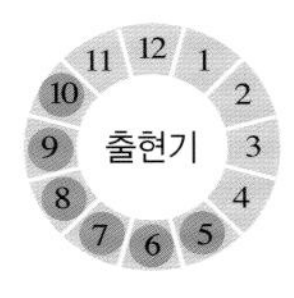

틈새 정보!!

때까치과 새들의 먹이 습성

세계적으로 때까치과에는 전체 3개의 속이 있으며, 총 31종으로 구성되어 있습니다. 속명 'Lanius'는 라틴어로 '도축하는 사람'이라는 뜻으로, 때까치과 새들의 먹이를 처리하는 습관 때문에 붙여진 이름입니다. 때까치과 새들은 작은 척추동물에서 큰 곤충류까지 다양한 먹이를 사냥합니다. 일반적으로 자신의 몸집보다 큰 먹이를 주로 사냥하기 때문에 뾰족한 갈고리와 같이 생긴 부리로 먹이를 자르며, 나무의 가시나 철조망에 먹이를 걸어 놓고 먹기도 합니다. 그래서 때까치과 새들의 먹이를 먹는 습성을 관찰한 사람들은 이 새들을 '잔인한 새'라고 부르게 되었습니다.

▲ 때까치의 구부러진 부리 끝

큰재개구마리(재때까치) 참새목 때까치과

학명 *Lanius excubitor* **영명** Great Grey Shrike

형태 몸길이 24~25㎝. 몸의 윗면은 회색, 아랫면은 흰색이다. 빰은 흰색, 눈썹은 굵고 검은색이며, 부리는 검은색으로 끝이 구부러져 있다. 날개는 검은 바탕에 진한 흰 줄이 있고, 꼬리는 길고 검은색이다. 암컷의 배는 흰색에 연한 회색 가로띠가 있다.

생태 겨울 철새. 교목과 관목이 많은 초지나 농경지에 산다. 번식기에는 침엽수림에 풀을 엮어 만든 사발형 둥지를 틀고 3~9개의 알을 낳는다. 약 16일 후에 알을 깨고 나온 새끼들은 14~21일 후에 둥지를 떠나 독립한다.

먹이 설치류, 소형 조류, 파충류, 양서류, 곤충류

분포 북극권과 온대 지방에 걸쳐 분포하며, 유라시아와 북아메리카에서 번식한다. 우리나라 강원도 철원 지역에서 드물게 볼 수 있다.

▲ 휴식하고 있다.

이야기마당

전선에 몸을 똑바로 하고 앉아 꼬리를 끊임없이 상하로 움직이면서 주변의 먹이를 찾습니다.

물때까치 참새목 때까치과

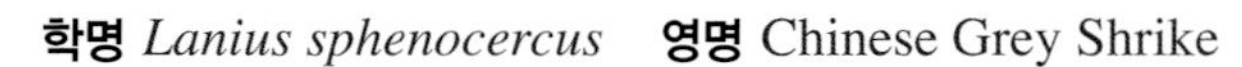
학명 *Lanius sphenocercus* **영명** Chinese Grey Shrike

형태 몸길이 약 31㎝. 몸의 윗면은 회색이고, 아랫면은 흰색이다. 빰은 흰색, 눈썹은 굵고 검은색이며, 부리는 검은색으로 끝이 구부러져 있다. 날개는 검은 바탕에 흰 줄이 등까지 연결되어 있다. 꼬리는 길고 검은색이다. 암수 구별이 어렵다.

생태 겨울 철새. 숲이 있는 농경지, 초원 등에서 산다. 번식기에는 나무가 많은 숲 속보다는 외진 곳의 나무에 풀을 엮어 사발형 둥지를 틀고 4~5개의 알을 낳는다. 16~17일 후에 알을 깨고 새끼들이 나온다.

먹이 설치류, 파충류, 양서류, 곤충류

분포 한국, 중국, 일본, 몽골, 러시아 등지에 분포한다. 우리나라에는 겨울철 휴전선 부근에 적은 수가 날아와 겨울을 난다.

▲ 나뭇가지에 앉아 주위를 살피고 있다.

이야기마당

논밭 근처의 나뭇가지 위에 앉아 있다가 땅바닥의 작은 쥐 등을 잡아먹습니다.

꾀꼬리

참새목 꾀꼬리과

학명 *Oriolus chinensis* **영명** Black-naped Oriole

▲ 새끼 새를 돌보는 암컷과 수컷

▲ 알

▲ 알을 품고 있는 수컷

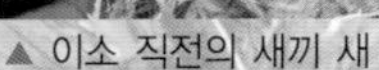

▲ 이소 직전의 새끼 새

▲ 먹이를 기다리는 새끼 새

형태 몸길이 약 25㎝. 몸 전체가 노란색이며, 눈에서 머리까지 검은색의 띠가 있다. 눈썹은 굵고 검은색이고, 부리는 붉은색이다. 노란색의 날개와 꼬리에는 부분적으로 검은색이 나타난다. 암컷은 수컷에 비해 검은 눈썹이 얇고, 몸 전체가 엷은 노란색이다. 어린 새는 몸 전체가 엷은 노란색이고, 가슴과 배에 검은 점들이 있다.

생태 여름 철새. 농경지, 활엽수가 많은 숲, 공원 등에서 살며, 번식기에는 다양한 소리를 낸다. 나뭇가지 사이에 풀을 엮어 사발형 둥지를 틀고 2~3개의 알을 낳는다. 14~16일 후에 알을 깨고 나온 새끼들은 14일 후에 둥지를 떠나 독립한다. 암수가 함께 알을 품고 새끼를 키운다.

먹이 곤충류, 식물의 열매

분포 시베리아 동부, 중국 북동부 등지에서 번식하고, 타이에서 겨울을 난다. 우리나라 전 지역에서 볼 수 있다.

이야기마당

과거에는 우리나라에서 흔히 볼 수 있었지만, 최근에는 '꾀꼬리'의 번식 둥지를 찾기가 힘들어졌습니다.

떼까마귀 참새목 까마귀과

학명 *Corvus frugilegus* **영명** Rook

형태 몸길이 45~47㎝. 몸 전체가 검은색이다. 부리는 뾰족하고 머리 길이와 거의 비슷하며, 머리와 맞닿은 부분은 황색을 띤다. 다리는 검은색이다. 암수 구별이 어렵다.

생태 겨울 철새. 초원, 농경지 부근, 도시 공원의 숲에서 산다. 겨울이나 이동 시기에는 무리를 지어 생활한다. 번식기에는 나무 꼭대기에 나뭇가지를 모아 접시형 둥지를 틀고 3~5개의 알을 낳는다. 16~18일 후에 알을 깨고 나온 새끼들은 32~33일 후에 둥지를 떠나 독립한다.

먹이 지렁이류, 곤충류, 소형 포유류, 소형 조류, 새알, 식물의 열매, 곡식

분포 유럽, 시베리아 등지에서 번식하고, 한국, 중국 등지에서 겨울을 난다. 우리나라 경상북도 안동, 제주도 성산, 구좌 등지에서 볼 수 있다.

▲ 휴식하고 있다.

이야기마당

떼까마귀 무리의 배설물은 과수원과 농작물에 피해를 줍니다.

뿔종다리 참새목 종다리과

학명 *Galerida cristata* **영명** Crested Lark

형태 몸길이 약 17㎝. 몸 전체가 황갈색이고, 배는 옅은 황색이다. 머리에는 긴 댕기깃이 있고, 부리는 회색이며, 다리는 분홍색이다. 꼬리의 양끝에는 갈색과 검은색 줄이 있다. 암수 구별이 어렵다.

생태 텃새. 넓은 초지나 농경지 주변에서 산다. 번식기에는 바닷가 주변 자갈과 풀이 있는 바닥에 가는 풀잎을 엮어 사발형 둥지를 틀고 2~4개의 알을 낳는다.

먹이 곤충류, 식물의 씨앗

분포 유라시아에서 중국 북동부에 걸쳐 분포한다. 우리나라에는 서해안 주변 지역에 드물게 찾아온다.

이야기마당

번식기 동안 둥지 주변에 천적이나 사람이 접근하면 수컷이 주로 경계합니다. **【멸종위기야생생물 II급】**

▲ 주위를 경계하고 있다.

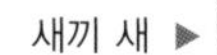
새끼 새 ▶

종다리

참새목 종다리과

학명 *Alauda arvensis* **영명** Asian Sky Lark

▲ 주위를 경계하고 있다.

◀ 알

형태 몸길이 16~18㎝. 몸 전체가 황갈색을 띠고, 배는 옅은 황색이다. 머리에는 댕기깃이 있고, 눈썹은 황색, 다리는 분홍색이다. 꼬리의 양끝에는 검은 줄이 있다. 암수 구별이 어렵다.

생태 텃새. 넓은 풀밭이나 보리밭에서 살며, 겨울에는 논에서 무리를 지어 벼 이삭을 주워 먹는다. 번식기에는 비행하며 노래를 하며, 풀잎을 엮어 사발형 둥지를 틀고 3~6개의 알을 낳는다.

먹이 곤충류, 식물의 씨앗

분포 유럽, 아시아, 아프리카 북부에서 번식하고, 남쪽으로 내려가 겨울을 난다. 우리나라 전 지역에 무리를 지어 찾아온다.

이야기 마당

수컷이 공중에서 요란하게 지저귀면 그 주변에는 반드시 둥지가 있지만, 둥지를 땅바닥에 짓기 때문에 쉽게 눈에 띄지 않습니다.

틈새 정보!!

날면서 노래하는 종다리

종다리는 주로 넓은 들판이나 풀밭에서 번식기를 보냅니다. 번식기에 수컷들은 지상 50~100m 높이에서 날갯짓을 하고 공중에서 정지 비행을 하며 길고 다양한 노래를 합니다. 지상에서 보면 종다리는 하늘에 떠 있는 점처럼 보이는데, 이러한 정지 비행을 위해 공중으로 약 초당 0.98m의 속도로 올라가므로 많은 에너지가 소모된다고 합니다. 노래 역시 에너지 소모가 많은 행동이기 때문에 종다리는 안정된 바람을 타며 노래를 합니다. 주로 2~3분(최대 30분) 동안 공중에서 노래를 하지만, 번식기에는 더욱 길어집니다. 이는 번식기에 암컷이 넓은 날개를 가지고 공중에서 오랫동안 여러 가지 노래를 할 수 있는 수컷을 좋아하기 때문입니다.

▲ 정지 비행을 하며 노래하는 종다리

▲ 노래하고 있는 종다리

▲ 둥지를 떠난 종다리 어린 새

스윈호오목눈이

참새목 스윈호오목눈이과

학명 *Remiz consobrinus* **영명** Chinese Penduline-tit

형태 몸길이 약 11㎝. 몸의 윗부분은 회색을 띠고, 아랫면은 흰색이다. 얼굴의 눈썹은 검고 짙은데, 암컷은 수컷과 달리 눈썹이 황갈색이다. 어깨와 날갯죽지는 갈색, 부리와 다리는 검은색이다.

생태 겨울 철새. 강가의 갈대밭, 저수지 주변 습지에서 다른 종류에 섞여 생활한다. 갈대밭에서 송곳 같은 작은 부리로 갈대 잎을 쪼아 그 속에 있는 벌레를 잡아먹고 산다. 번식기에는 나뭇가지에 풀잎을 엮어 주머니 모양으로 둥지를 만든다.

먹이 곤충류, 거미류

분포 유라시아 대륙 전 지역에 걸쳐 분포한다. 우리나라에는 이동 시기인 봄, 가을에 드물게 찾아온다.

이야기마당

'Penduline-tit'이라는 영명은 번식기에 나뭇가지에 출입구가 따로 있는 매달린 둥지를 짓는다고 하여 지어졌습니다.

▲ 수컷

▲ 암컷

오목눈이

참새목 오목눈이과

학명 *Aegithalos caudatus* **영명** Long-tailed Tit

▲ 목욕을 하고 있다.

▲ 물을 마시고 있다.

▲ 둥지를 짓고 있다.

형태 몸길이 13~15㎝. 머리·턱·가슴은 흰색이며, 눈에서 목덜미·등·어깨·날개·꼬리는 검은색이다. 등과 배 밑면은 분홍색을 띠고, 짧은 부리와 다리는 검은색이다. 몸에 비해 꼬리가 가늘고 길다. 암수 구별이 어렵다.

생태 텃새. 참나무 숲이나 농경지에서 산다. 번식기에는 가시가 많은 덤불이나 향나무에 이끼와 거미줄로 원형의 둥지를 틀고 약 5개의 알을 낳는다. 암수가 함께 새끼를 키운다.

먹이 곤충류

분포 유럽과 아시아에 걸쳐 널리 분포한다. 우리나라에서는 섬을 제외한 전 지역에서 볼 수 있다.

이야기마당

번식기에는 암수 단독으로 생활하고, 겨울에는 무리를 지어 생활하는데, 따뜻해지면 다시 흩어져 생활합니다.

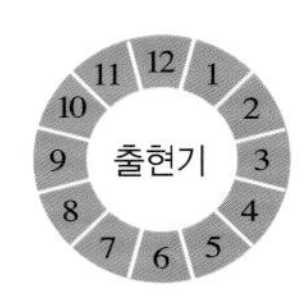

▲ 먹이를 찾고 있다.

▲ 둥지

▲ 새끼 새

▲ 알을 품고 있는 어미 새

▲ 이소한 새끼 새들과 어미 새

숲새

참새목 휘파람새과

학명 *Urosphena squameiceps* **영명** Asian Stubtail

▲ 먹이를 잡고 있다.
◀ 둥지에서 새끼 새의 배설물을 처리하고 있다.

형태 몸길이 약 10㎝. 몸 전체가 황갈색을 띠고, 턱 · 가슴 · 배는 옅은 황색을 띤다. 크림색 눈썹선이 뚜렷하며, 부리와 다리는 갈색이다. 꼬리는 짧다. 암수 구별이 어렵다.

생태 여름 철새. 논, 밭 근처의 숲에서 산다. 움직임이 활발하고 몸을 좌우로 흔드는 습성이 있으며, 번식기에는 곤충과 비슷한 소리를 낸다. 땅바닥이나 경사진 곳에 구멍을 뚫고 풀을 엮어 사발형 둥지를 틀고 약 5개의 알을 낳는다. 알을 깨고 나온 새끼들은 약 10일 후에 둥지를 떠나 독립한다.

먹이 곤충류

분포 한국, 중국, 일본, 러시아, 타이완, 동남아시아 등지에 분포하며, 우리나라에서는 보기 힘들다.

이야기마당

몸 크기가 작고 낙엽 색깔과 비슷하여 찾기 힘들지만, 번식기에 내는 곤충 소리로 찾을 수 있답니다.

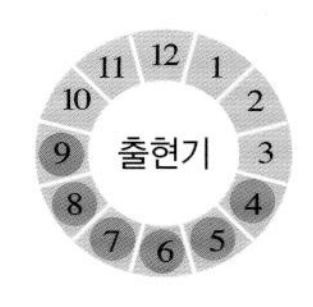

휘파람새

참새목 휘파람새과

학명 *Cettia diphone borealis* **영명** Japanese Bush-Warbler

▲ 휴식하고 있다.
◀ 노래하고 있다.

형태 몸길이 15~16㎝. 몸 전체는 황갈색을 띠고, 턱 · 가슴 · 배는 옅은 황색이다. 눈썹선은 흰색이고, 부리와 다리는 갈색이다. 암수 구별이 어렵다.

생태 여름 철새/나그네새. 농경지 주변 숲이나 활엽수가 많은 야산에서 산다. 번식기에는 논밭 주변 덩굴 식물의 꼭대기에서 수컷의 우는 소리를 듣고 쉽게 찾을 수 있다. 나뭇가지 위나 줄기 사이에 풀을 엮어 사발형 둥지를 틀고 4~6개의 알을 낳는다.

먹이 곤충류, 거미류

분포 한국, 중국, 시베리아 등지에서 번식하며, 중국, 타이완 등지에서 겨울을 난다. 우리나라 중부 내륙 지방에서 흔히 볼 수 있다.

이야기마당

'섬휘파람새'와 같은 종이지만, 생김새이나 서식지의 차이로 종 내 다른 아종으로 나뉩니다. 경기도 양평 주변에서 많이 볼 수 있었으나 최근 그 수가 줄어들고 있으며, 지리산 노고단의 초원 등의 고산 지역에서 볼 수 있습니다.

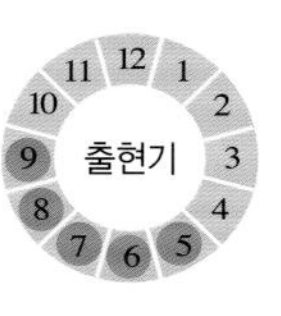

긴다리솔새사촌

참새목 솔새과

학명 *Phylloscopus schwarzi* **영명** Radde's Warbler

형태 몸길이 약 13㎝. 몸 전체는 어두운 녹색을 띠고, 턱 · 가슴 · 배는 흰색이다. 흰 눈썹선이 있고, 부리는 황갈색으로 짧고 두툼하다. 다리는 갈색이다. 암수 구별이 어렵다.

생태 나그네새/여름 철새. 시야가 좋고 주변에 물이 있는 논, 밭 근처의 숲에서 산다. 번식기에는 풀숲의 낮은 위치에 풀을 엮어 사발형 둥지를 틀고 4~5개의 알을 낳는다.

먹이 곤충류, 거미류

분포 시베리아에서 번식하고, 아시아 남동부에서 겨울을 난다. 우리나라에서는 이동 시기인 봄, 가을에 남해안, 흑산도 등 외딴 섬에서 드물게 볼 수 있다.

바닥에서 조심스럽게 먹이를 찾으며, 꼬리와 날개를 빠르게 움직인답니다.

▲ 숲에서 휴식하고 있다.

쇠개개비

참새목 개개비과 

학명 *Acrocephalus bistrigiceps* **영명** Black-browed Reed-Warbler

형태 몸길이 약 13㎝. '개개비' 보다 훨씬 작다. 몸의 윗면은 황갈색을 띠고, 아랫면은 흰색이다. 눈에는 진한 흰 줄과 검은 줄이 있으며, 부리와 다리는 황갈색이다. 암수 구별이 어렵다.

생태 나그네새. 강가나 습지 주변의 갈대밭에서 살며, 주로 갈대밭에서 먹이를 찾는다. 번식기에는 갈대 줄기에 풀을 엮어 사발형 둥지를 틀고 4~5개의 알을 낳는다.

먹이 곤충류, 거미류

분포 아시아 동부에서 번식하고, 아시아 동남부에서 겨울을 난다. 우리나라에서는 이동 시기인 봄, 가을에 서해안과 남해안 외딴섬, 흑산도 주변의 작은 섬에서 적은 수를 볼 수 있다.

이야기마당

노랫소리가 '개개비' 보다 가늘고 금속성의 곤충 소리가 많이 납니다.

▲ 주위를 경계하고 있다.

먹이를 물고 있다. ▶

개개비사촌

참새목 개개비사촌과

학명 *Cisticola juncidis* **영명** Zitting Cisticola

▲ 먹이를 물고 있는 어미 새

▲ 새끼 새에게 먹이를 먹이는 어미 새

형태 몸길이 약 18㎝. 몸 전체가 황갈색을 띠고, 몸의 아랫면은 흰색이다. 흰색 눈썹선이 있으며, 날개는 부분적으로 검은색 깃털이 있다. 타원형의 꼬리 윗면 끝에는 검은 줄이 있고, 아랫면은 검은색과 흰색이 무늬를 이룬다. 암수 구별이 어렵다.

생태 여름 철새/텃새. 습지 주변의 넓은 초원에서 산다. 번식기에는 초원의 짧은 풀 사이에 줄기와 거미줄 등을 엮어 병 모양 둥지를 틀고 4~6개의 알을 낳는다.

먹이 곤충류

분포 유럽 남부, 아프리카, 아시아 남부, 오스트레일리아 북부에서 번식한다. 우리나라 경기도 안산 간척지와 충청남도 서산 간척지에서 볼 수 있다.

이야기마당

번식지에서 하늘로 날았다가 땅으로 떨어지는 비행 행동 때문에 쉽게 알아볼 수 있으며, 사람이나 천적이 둥지에 접근하면 풀줄기 꼭대기에 앉아서 요란하게 경계합니다.

한국동박새

참새목 동박새과

학명 *Zosterops erythropleurus* **영명** Chestnut-flanked White-eye

▲ 주위를 경계하고 있다.

◀ 열매를 따 먹고 있다.

형태 몸길이 10~11㎝. 몸 전체가 노란색을 띤다. '동박새'와 달리 배는 흰색이며, 날개 밑부분은 갈색을 띤다. 눈에는 흰 테가 있고, 부리와 다리는 검은색이다. 암수 구별이 어렵다.

생태 나그네새. 논, 밭 근처의 활엽수가 많은 숲에서 산다. 번식기에는 물이 흐르고 활엽수가 많은 높은 산의 숲에서 풀을 엮어 사발형 둥지를 틀고 알을 낳는다.

먹이 곤충류, 거미류, 식물의 열매, 꽃가루

분포 중국 북부에서 번식하고, 아시아 남동부에서 겨울을 난다. 우리나라에는 이동 시기인 봄, 가을에 드물게 찾아온다.

이야기마당

'동박새'와 함께 관찰되기도 합니다.

솔딱새

참새목 딱새과

학명 *Muscicapa sibirica* **영명** Dark-sided Flycatcher

형태 몸길이 13~14㎝. 머리 · 가슴 · 등 · 날개 · 꼬리는 엷은 고동색을 띠고, 턱과 배는 흰색이다. 눈테두리는 흰색이고, 날개에는 흰 선이 나타난다. 부리와 다리는 고동색이다. 암수 구별이 어렵다.

생태 나그네새/여름 철새. 농경지 주변의 숲, 공원 등에서 산다. 번식기에는 침엽수가 많은 고산 지대의 숲에서 생활하며, 절벽이나 나무 틈에 풀을 엮어 만든 사발형 둥지를 틀고 3~4개의 알을 낳는다.

먹이 곤충류

분포 시베리아 남부와 몽골, 중국 등지에서 번식하고, 한국, 일본, 타이완을 거쳐 중국 남부와 동남아시아에서 겨울을 난다. 우리나라에서는 이동 시기인 봄, 가을에 전 지역에서 드물게 볼 수 있다.

▲ 휴식하고 있다.

이야기마당

가슴 깃털이 '쇠솔딱새' 보다 진하고, '제비딱새' 보다는 흐린 편입니다.

쇠솔딱새

참새목 딱새과 

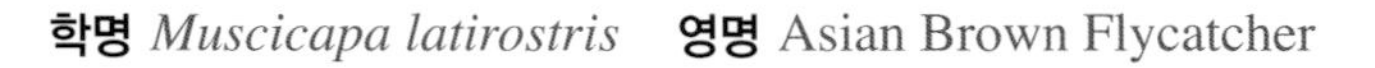

학명 *Muscicapa latirostris* **영명** Asian Brown Flycatcher

형태 몸길이 약 13㎝. 머리 · 등 · 날개 · 꼬리는 엷은 고동색을 띤다. 턱 · 가슴 · 배는 흰색이며, 부리와 다리는 고동색이다. 암수 구별이 어렵다.

생태 나그네새/여름 철새. 농경지나 낮은 지대의 활엽수림에서 산다. 번식기에는 나무가 많은 숲 속에서 나무 구멍에 둥지를 틀고 약 4개의 알을 낳는다.

먹이 곤충류

분포 시베리아 동부, 일본 등지에서 번식하고, 인도, 스리랑카, 인도네시아 등지에서 겨울을 난다. 봄, 가을에 우리나라를 지나가며 흑산도, 가거도 등 남해안과 서해안 외딴 섬 숲에서 드물게 볼 수 있다.

▲ 주위를 경계하고 있다.

이야기마당

'솔딱새' 와 유사하게 숲 속에서 날아다니는 곤충들을 공중에서 사냥하여 잡아먹습니다.

진홍가슴 참새목 딱새과

학명 *Luscinia calliope* **영명** Siberian Rubythroat

▲ 수컷

▲ 암컷

형태 몸길이 15~16㎝. 몸의 윗부분은 황색이고, 아랫부분은 흰색이다. 암수 모두 눈썹이 흰색이고, 턱은 수컷은 빨간색, 암컷은 흰색이다. 부리와 다리는 황토색을 띤다.

생태 나그네새/겨울 철새. 농경지, 초지, 야산 등에서 살며, 바닥에서 먹이를 구한다. 번식기에는 침엽수가 많은 숲 바닥에 풀을 엮어 사발형 둥지를 틀고, 암수가 함께 새끼를 키운다.

먹이 곤충류, 식물의 열매

분포 시베리아에서 번식하고, 인도와 인도네시아에서 겨울을 난다. 우리나라에서는 이동 시기인 봄, 가을에 흑산도, 가거도 등 서해안과 남해안의 섬 지역에서 볼 수 있다.

이야기마당

북한의 고산 지대에서 작은 무리가 번식하며, 수컷의 가슴과 턱 밑에 강한 붉은색 광택이 나서 '진홍가슴'이라고 불린답니다.

검은딱새 참새목 딱새과

학명 *Saxicola torquatus* **영명** Common Stonechat

▲ 암컷

▲ 수컷

▲ 알

형태 몸길이 11~13㎝. 수컷의 머리·등·날개·꼬리는 검은색이고, 가슴은 주황색이며, 옆목과 배, 허리는 흰색이다. 날개는 검은색 바탕에 흰 선이 나타난다. 암컷의 옆목·가슴·옆구리·허리는 붉은색이고, 나머지 부분은 갈색으로, 검은 줄무늬가 많다. 부리와 다리는 검은색이다.

생태 여름 철새. 나무가 많은 야산, 농경지 부근의 숲, 공원 등에서 산다. 번식기에는 덤불이 많은 초지에 풀을 엮어 사발형 둥지를 틀고 5~7개의 알을 낳는다.

먹이 곤충류

분포 한국, 시베리아 동부, 일본, 중국, 몽골에서 번식하고, 중국 남부, 인도네시아 등지에서 겨울을 난다. 농촌의 도시화로 초지, 덤불숲이 사라져 거의 볼 수 없다.

이야기마당

나뭇가지에 앉아 몸을 위아래로 흔들면서 경계음을 내는 습성이 있습니다. 바닥에 둥지를 틀기 때문에 알과 새끼가 뱀들의 먹이가 되곤 합니다.

백할미새 참새목 할미새과

학명 *Motacilla alba lugens* **영명** Black-backed Wagtail

▲ 수컷(겨울깃)

▲ 암컷(겨울깃)

형태 몸길이 16~19㎝. 수컷 여름깃의 머리 꼭대기 · 목 · 가슴 · 등 · 꼬리는 검은색이고, 머리 · 배 · 날개는 흰색이다. 수컷의 겨울깃은 전체적으로 회색이다. 암컷의 등은 흐린 회색이며, 머리와 가슴의 검은색이 수컷보다 연하다. 눈썹과 부리, 다리는 검은색이다.

생태 나그네새/겨울 철새. 논, 밭 주변의 숲과 개울가에서 무리를 지어 생활한다. 번식기에는 바위 틈이나 건물 틈에 풀을 엮어 사발형 둥지를 틀고 3~8개의 알을 낳는다. 약 12일 후에 알을 깨고 나온 새끼들은 약 14일 후에 둥지를 떠나 독립한다.

먹이 곤충류, 거미류

분포 러시아 동부, 일본 등지에 분포한다. 우리나라에는 이동 시기인 봄, 가을에 바닷가 주변에 드물게 찾아온다.

이야기마당

'알락할미새' 와 같은 종이지만, 겉모습이나 사는 곳의 차이로 다른 아종으로 나뉩니다.

검은등할미새 

참새목 할미새과

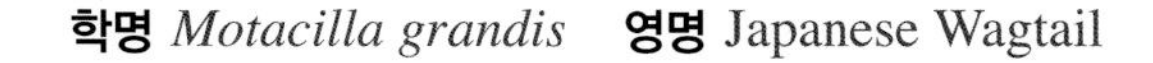

학명 *Motacilla grandis* **영명** Japanese Wagtail

▲ 계곡에서 먹이를 먹고 있다.

형태 몸길이 약 21㎝. 머리 · 가슴 · 등 · 꼬리는 검은색이고, 배와 날개는 흰색이다. 눈썹선은 흰색이고, 부리와 다리는 검은색이다. 수컷 등의 깃털은 여름과 겨울에는 검고, 암컷은 회색이기 때문에 암수 구별이 쉽다.

생태 텃새. 논, 밭 주변의 개울가나 호수 주변의 습지에서 산다. 번식기에는 풀을 엮어 만든 사발형 둥지를 틀고 4~6개의 알을 낳는다. 11~13일 후에 알을 깨고 나온 새끼는 약 14일 후에 둥지를 떠나 독립한다.

먹이 수서 곤충류

분포 한국과 일본에 분포한다. 우리나라 강원도 동강, 울진 등지의 개울가에서 볼 수 있다.

이야기마당

서해안보다는 동해안에 가까운 내륙 지방에서 흔하게 볼 수 있습니다.

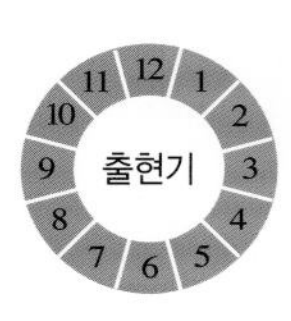

힝둥새

참새목 할미새과

학명 *Anthus hodgsoni* **영명** Olive-backed Pipit

▲ 먹이를 찾고 있다.

형태 몸길이 15~16㎝. 몸 전체가 황갈색을 띠고, 가슴과 배는 흰 바탕에 검은 점들이 있다. 빰 · 날개 · 꼬리에는 흰 줄이 있고, 부리와 다리는 황색이다. 암수 구별이 어렵다.

생태 나그네새/여름 철새. 나무가 많은 숲 주변의 논밭에서 산다. 번식기에는 이끼와 풀을 이용하여 바닥에 사발형 둥지를 틀고 3~5개의 알을 낳는다.

먹이 곤충류, 식물의 풀씨, 열매

분포 아시아 중앙, 유럽 북동부에서 번식하고, 아시아 남부, 인도, 필리핀 등지에서 겨울을 난다. 우리나라 남해안 흑산도에서 드물게 보인다.

이야기마당

이동 시기인 봄, 가을에 '촉새', '꼬까참새', '흰배멧새' 무리에 섞인 적은 수를 볼 수 있습니다.

밭종다리

참새목 할미새과 

학명 *Anthus rubescens* **영명** Buff-bellied Pipit

▲ 겨울깃

형태 몸길이 약 16㎝. 몸 전체가 황색을 띠며, 가슴과 배는 흰색 바탕에 검은 점들이 있다. 빰과 날개에는 흰색 줄이 있고, 등은 다른 '밭종다리' 종류에 비해 무늬가 적다. 여름깃은 앞가슴과 배가 노란 바탕에 옅은 점이 있지만, 겨울깃은 흰 바탕에 검은 점이 있다. 암수 구별이 어렵다.

생태 나그네새/겨울 철새. 농경지, 바닷가, 초지에서 산다. 번식기에는 바위가 많은 고산지대의 바위 틈에 풀을 엮어 사발형 둥지를 틀고 4~5개의 알을 낳는다.

먹이 곤충류, 거미류, 식물의 씨앗, 열매

분포 유럽 남부, 아시아 남부에서 번식한다. 우리나라 남해안에서 흔히 볼 수 있다.

▲ 여름깃

이야기마당

겨울 철새들에게 규칙적으로 곡류와 같은 먹이를 주는 장소에서 쉽게 볼 수 있습니다. 다른 할미새류와 같이 꼬리를 위아래로 흔드는 습성이 있습니다.

멧새 참새목 멧새과

학명 *Emberiza cioides* **영명** Meadow Bunting

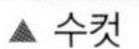
▲ 수컷

- **형태** 몸길이 약 16㎝. 몸 전체가 황갈색을 띠고, 턱에는 흰 줄이 있으며, 뺨과 가슴은 갈색이다. 암컷은 수컷에 비해 옅은 갈색을 보인다. 부리는 회색이고, 다리는 살색이다.
- **생태** 텃새. 농경지, 덤불이 많은 숲, 초지, 시야가 좋은 숲에서 산다. 번식기에는 바닥이나 낮은 덤불 속에 풀을 엮어 사발형 둥지를 틀고 3~5개의 알을 낳는다. 약 11일 후에 알을 깨고 나온 새끼들은 약 11일 후에 둥지를 떠나 독립한다.
- **먹이** 곤충류, 거미류, 식물의 씨앗
- **분포** 한국, 시베리아 남부, 중국, 몽골, 일본 등지에서 번식하고, 중국 남부, 타이완 등지에서 겨울을 난다. 우리나라 전 지역에서 흔히 볼 수 있다.

이야기마당

우리나라에서 가장 흔한 새의 일종으로, 과거에는 농경지와 인가 주변의 숲에서 볼 수 있었지만, 최근에는 강원도 양구와 같은 높은 지대의 숲에서 볼 수 있습니다.

알 ▶

쇠검은머리쑥새 참새목 멧새과

학명 *Emberiza yessoensis* **영명** Ochre-rumped Bunting

▲ 휴식하고 있다.

- **형태** 몸길이 약 15㎝. 수컷은 머리 부분이 검고, 등은 적갈색에 검은 세로무늬가 있으며, 배는 희다. 암컷은 몸 전체가 옅은 갈색을 띤 수수한 새이다. 번식기 이외의 시기에는 수컷도 암컷과 비슷하다.
- **생태** 겨울 철새. 개활지, 나무가 우거진 곳, 갈대밭 등에서 산다. 번식기에는 풀밭에 풀을 엮어 사발형 둥지를 틀고 3~5개의 알을 낳는다.
- **먹이** 곤충류, 식물의 씨앗
- **분포** 한국, 중국, 홍콩, 일본, 러시아 등지에 분포한다. 우리나라 휴전선의 들판이나 갈대밭, 부산 낙동강 하구 갈대밭에서 드물게 볼 수 있다.

이야기마당

흔한 나그네새였으나 현재는 크게 감소하여 세계적으로 보호가 필요한 새입니다.
【멸종위기야생생물 II급】

쇠붉은뺨멧새 참새목 멧새과

학명 *Emberiza pusilla* **영명** Little Bunting

▲ 수컷

형태 몸길이 12~14㎝. 암수 몸 전체가 황갈색을 띠고, 뺨은 짙은 갈색에 검은 줄이 있다. 수컷의 가슴과 배는 흰색 바탕에 검은 점들이 암컷보다 강하다.

생태 나그네새/겨울 철새. 경작지 주변에서 산다. 번식기에는 침엽수림의 나무에 풀을 엮어 사발형 둥지를 틀고 4~6개의 알을 낳는다.

먹이 곤충류, 식물의 씨앗

분포 유럽 북동부, 아시아 북부에서 번식하고, 인도 북부, 중국 남부, 아시아 남동부에서 겨울을 난다. 우리나라 흑산도, 소흑산도 등의 남해안 외딴섬에서 드물게 볼 수 있다.

이야기마당

우리나라 멧새류 중 가장 작은 새입니다.

쑥새 참새목 멧새과

학명 *Emberiza rustica* **영명** Rustic Bunting

▲ 수컷(겨울깃)

형태 몸길이 약 15㎝. 수컷의 머리깃은 검은색이고, 눈썹선과 턱, 배는 흰색이며 가슴을 가로지르는 갈색 띠가 있다. 부리와 다리는 살색이다. 수컷의 겨울깃과 암컷은 황갈색을 띤다.

생태 겨울 철새. 경작지, 초원, 공원 주변에서 산다. 번식기에는 습지 주변의 덤불 속에 풀을 엮어 사발형 둥지를 틀고 4~6개의 알을 낳는다.

먹이 곤충류, 식물의 풀씨

분포 유럽과 아시아 북부에서 번식하고, 아시아 남동부, 일본, 중국 동부에서 겨울을 난다. 우리나라 동해안 울릉도 나리 분지에서 많은 무리를 볼 수 있다.

이야기마당

등이나 머리, 가슴이 마른 쑥 잎같이 보인다고 하여 '쑥새' 라는 이름이 붙여졌습니다.

검은머리촉새 참새목 멧새과

학명 *Emberiza aureola* **영명** Yellow-breasted Bunting

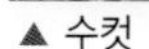
▲ 수컷

▲ 암컷

형태 몸길이 약 14㎝. 수컷의 머리꼭대기에서 등까지 붉은빛을 띤 짙은 밤색이고, 이마·얼굴·윗목은 검은색, 아랫목은 노란색이다. 목테는 붉은 밤색, 배 쪽은 노란색이다. 날개에는 두 줄의 흰색 띠가 있고, 부리와 다리는 살색이다. 암컷의 얼굴은 검은색을 띠지 않고, 붉은 밤색의 목테도 없다.

생태 나그네새. 농경지, 갈대가 많은 습지에서 다른 종류의 새와 무리를 지어 산다. 번식기에는 갈대밭에 풀을 엮어 사발형 둥지를 틀고 4~6개의 알을 낳는다.

먹이 곤충류, 식물의 씨앗

분포 유럽 북동부, 아시아 북부에 걸쳐 번식하고, 아시아 남동부, 인도, 중국 남부에서 겨울을 난다. 우리나라에서는 이동 시기인 봄, 가을에 전 지역에서 드물게 볼 수 있다.

이야기마당

과거에는 조나 수수밭에서 '꼬까참새' 무리와 함께 적은 수를 볼 수 있었지만, 최근 남해안의 흑산도, 서해안의 갈대밭 등지에서 적은 무리를 볼 수 있습니다. **【멸종위기야생생물 II급】**

꼬까참새 참새목 멧새과

학명 *Emberiza rutila* **영명** Chestnut Bunting

▲ 암컷

▲ 수컷

형태 몸길이 14~15㎝. 수컷은 머리와 등, 꼬리가 황토색이나 갈색이고, 암컷은 흐린 갈색이다. 암컷의 눈 위와 아래로 선명한 흰 줄이 있는 것이 특징이다. 암수 모두 가슴과 배가 노란색이며, 부리는 회색, 다리는 살색이다.

생태 나그네새. 농경지, 초원, 야산에서 산다. 번식기에는 덤불숲에 풀을 엮어 사발형 둥지를 틀고 3~6개의 알을 낳는다.

먹이 곤충류, 식물의 씨앗

분포 시베리아, 몽골 북부, 중국 북동부에서 번식하고, 중국 남부, 아시아 남동부, 인도 등지에서 겨울을 난다. 우리나라에서는 이동 시기인 봄, 가을에 남해안과 서해안의 외딴섬에서 적은 수를 볼 수 있다.

이야기마당

이동 시기에는 20~30마리 또는 수백 마리가 큰 무리를 짓습니다.

무당새 참새목 멧새과

학명 *Emberiza sulphurata* **영명** Yellow Bunting

▲ 암컷

형태 몸길이 13~14㎝. 수컷은 몸 윗면은 회색을 띠고, 아랫면은 노란색을 띤다. 암컷은 몸 전체가 황갈색을 띤다. 눈에는 흰 테가 있고, 날개에는 두 줄의 흰 띠가 있다. 부리는 회색, 다리는 분홍색이다.

생태 나그네새. 농경지 주변의 덤불, 풀밭에서 산다. 주로 관목 꼭대기나 나뭇가지에 앉는다. 번식기에는 낮은 덤불 속에 풀을 엮어 사발형 둥지를 틀고 3~5개의 알을 낳는다.

먹이 곤충류, 식물의 씨앗

분포 아시아 동부에 널리 분포한다. 우리나라에서는 이동 시기인 봄, 가을에 거제도에서 볼 수 있다.

이야기마당

서식지 파괴, 농약 과다 사용, 사냥 등의 이유로 세계적으로 개체 수가 줄고 있습니다. **【멸종위기야생생물 II급】**

촉새 참새목 멧새과

학명 *Emberiza spodocephala* **영명** Black-faced Bunting

▲ 수컷

▲ 암컷

형태 몸길이 약 16㎝. 수컷의 머리는 짙은 회색, 배는 밝은 노란색, 등과 꼬리는 갈색과 검은색의 혼합으로 이루어져 있다. 암컷은 전체적으로 황갈색을 띠고, 배는 노란색이다. 부리와 다리는 살색이다.

생태 나그네새/겨울 철새. 농경지 주변의 덤불에서 산다. 번식기에는 침엽수가 많은 지역의 나무 밑이나 바닥에 풀을 엮어 사발형 둥지를 틀고 4~5개의 알을 낳는다.

먹이 곤충류, 식물의 씨앗

분포 시베리아 남부, 중국 북부, 일본 북부에서 번식하고, 인도 북부, 중국 남부, 아시아 남동부에서 겨울을 난다. 우리나라에서는 이동 시기인 봄, 가을에 남해안의 외딴섬에서 쉽게 볼 수 있다.

이야기마당

시끄럽게 노래한다 하여 '촉새'라는 이름이 붙여졌습니다. 말이 많고 참견을 잘 하는 사람을 '촉새'라고 부르기도 합니다.

검은멧새 참새목 멧새과

학명 *Emberiza variabilis* **영명** Grey Bunting

형태 몸길이 약 16㎝. 수컷은 몸 전체가 회색을 띠고, 암컷과 어린 새는 황갈색을 띤다. 부리와 다리는 분홍색인데, 암컷은 수컷보다 약간 옅은 색이다.

생태 나그네새/겨울 철새. 논, 밭 근처의 나무가 많고 덤불이 우거진 숲 가장자리에서 산다. 주로 깊은 산속의 숲이나 대밭에서 조용히 생활하므로 보기 어렵다. 나뭇가지에 풀뿌리, 나무 껍질 등으로 사발형 둥지를 틀고 약 5개의 알을 낳는다.

먹이 곤충류, 식물의 씨앗

분포 한국, 중국, 일본, 러시아, 미국 등지에 분포한다. 우리나라에는 이동 시기인 봄, 가을 남부 지방에 드물게 찾아온다.

이야기 마당

사람들의 눈에 잘 띄지 않기 때문에 잘 알려지지 않은 새입니다.

▲ 주위를 경계하고 있다.

먹이를 먹고 있는 어린 새(수컷) ▶

검은머리쑥새 참새목 멧새과 

학명 *Emberiza schoeniclus* **영명** Reed Bunting

형태 몸길이 약 16㎝. 비번식기인 겨울에 수컷의 머리는 검은색이고, 뺨에는 흰색 줄이 있다. 암컷의 이마와 머리 위는 밤색이고, 각 깃에는 검은색의 띠무늬가 있으며, 깃의 가장자리는 연한 회갈색이다. 눈 위에는 크림색의 눈썹선이 있다. 목은 붉은색이 도는 크림색이고, 목의 양쪽에는 검은 갈색의 턱선이 있다.

생태 겨울 철새. 물가의 풀밭, 갈대밭에서 산다. 번식기에는 풀을 엮어 사발형 둥지를 틀고 4~5개의 알을 낳는다. 10~12일 후에 알을 깨고 나온 새끼는 10~12일 후에 둥지를 떠나 독립한다.

먹이 곤충류, 식물의 씨앗

분포 유럽, 아시아 북부에서 번식하고, 아시아 남부에서 겨울을 난다. 우리나라에서는 겨울에 부산 낙동강 하구 을숙도 갈대밭에서 쉽게 볼 수 있다.

▲ 휴식 중인 수컷(겨울깃)

이야기 마당

이동 시기인 봄, 가을 전에는 머리가 검은 깃털로 덮여 있기 때문에 갈대밭에서도 쉽게 찾을 수 있습니다.

검은머리방울새 참새목 되새과

학명 *Spinus spinus* **영명** Eurasian Siskin

▲ 먹이를 찾고 있는 수컷

▲ 물 마시는 암컷

형태 몸길이 11~13㎝. 수컷은 머리 위가 검고, 뒷목 · 등 · 어깨 등의 윗면은 누런 녹색 바탕에 검은색 줄무늬가 있으며, 가슴은 밝은 노란색이다. 암컷의 가슴은 흰 바탕에 회색 점들이 있으며, 전체적으로 회색빛이 도는 연한 녹색이고, 배는 흰색이다. 부리와 다리는 살색이다.

생태 겨울 철새. 야산이나 농경지 주변에서 산다. 번식기에는 침엽수가 많은 숲에서 나뭇가지에 풀을 엮어 사발형 둥지를 틀고 2~6개의 알을 낳는다.

먹이 곤충류, 식물의 씨앗, 열매, 곡류

분포 아시아 동부, 유럽 북부에서 번식하고, 아시아 남부에서 겨울을 난다. 겨울에 우리나라 전 지역에서 볼 수 있다.

이야기마당

아름답고 성격이 순해 과거에는 집에서 기르기도 하였지만, 최근에는 그 수가 급격히 줄고 있습니다.

콩새 참새목 되새과

학명 *Coccothraustes coccothraustes* **영명** Hawfinch

▲ 먹이를 먹고 있는 암컷

▲ 물 마시는 수컷

형태 몸길이 약 18㎝. 몸 전체가 옅은 황토색을 띠고, 날개와 꼬리는 검은 바탕에 흰 줄이 있다. 두꺼운 부리와 다리는 살색이다. 암컷은 수컷보다 전체적으로 옅은 황토색을 띤다.

생태 겨울 철새. 농경지, 평지의 숲, 공원에서 무리를 지어 산다. 활엽수가 많은 숲에서 나뭇가지나 덤불 속에 풀을 엮어 사발형 둥지를 틀고 2~7개의 알을 낳는다.

먹이 곤충류, 열매, 식물의 씨앗, 견과류

분포 유럽, 러시아, 시베리아, 중국, 몽골 등지에서 번식하며, 한국, 중국, 일본, 중동, 아프리카 등지에서 겨울을 난다. 우리나라 서울 경복궁 숲이나 제주도 구좌면 하도리 습지 주변의 숲에서 쉽게 볼 수 있다.

이야기마당

몸 전체의 색이 콩 색과 비슷하고 몸이 둥글어 '콩새'라는 이름이 붙여졌습니다. 노랫소리가 아름답고 성격이 유순하여 과거에는 집에서 애완용으로 기르기도 하였습니다.

밀화부리 참새목 되새과

학명 *Eophona migratoria* **영명** Yellow-billed Grosbeak

형태 몸길이 약 19㎝. 수컷의 머리는 녹색 광택이 있는 검은색이고, 목 · 어깨 · 등은 회색빛이 도는 갈색, 허리는 회색이다. 암컷의 머리는 등과 같은 회색빛이 도는 갈색이고, 눈 주위와 턱 밑은 다른 부분보다 색이 조금 진하다. 부리는 작고, 홍채는 갈색, 다리는 노란색을 띤다.

생태 여름 철새/나그네새/겨울 철새. 논, 밭 근처의 활엽수가 많은 숲에서 산다. 나뭇가지나 덤불 속에 풀을 엮어 사발형 둥지를 틀고 4~5개의 알을 낳는다. 새끼는 암수가 함께 기른다.

먹이 곤충류, 거미류, 식물의 씨앗, 열매, 견과류

분포 한국, 중국, 일본, 필리핀 등지에 분포한다. 우리나라에는 드물게 찾아온다.

▲ 암컷

▲ 먹이를 먹고 있는 수컷

알 ▶

출현기

이야기마당

농부들은 봄에 '밀화부리'의 새 소리를 듣고 풍년과 흉년을 점쳤다고 합니다.

큰밀화부리(큰부리밀화부리) 참새목 되새과

학명 *Eophona personata* **영명** Japanese Grosbeak

형태 몸길이 21~23㎝. '밀화부리'보다 몸이 크다. 머리 · 날개 · 꼬리는 검은색이고, 등 · 가슴 · 배는 회색이다. 날개 끝에는 흰 점이 있다. 부리는 노란색이고, 다리는 살색이다. 어린 새는 머리 · 등 · 가슴이 황색을 띤다.

생태 겨울 철새. 농경지 주변의 숲, 낮은 산지의 활엽수림, 공원 등에서 산다. 번식기에는 암수가 단독 생활을 하지만, 겨울이나 이동 시기에는 작은 무리를 지어 생활한다. 활엽수림에서 나뭇가지나 덤불에 풀을 엮어 사발형 둥지를 틀고 3~4개의 알을 낳는다.

먹이 곤충류, 견과류, 식물의 씨앗, 열매

분포 한국, 중국, 일본 등지에 분포한다. 우리나라 중부 이남에서 매우 드물게 볼 수 있다.

▲ 주위를 경계하고 있다.

먹이를 찾고 있다. ▶

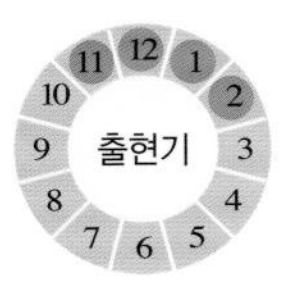
출현기

이야기마당

우리나라에는 겨울에 드물게 무리를 지어 찾아오지만, 일본에서는 흔한 텃새입니다.

마을 근처에서 사는 새

사람들이 사는 마을을 비롯한 마을 근처의 습지, 호수, 개울가는 작은 새들이 살기 좋은 곳입니다. 이 곳에는 때까치뿐만 아니라 붉은머리오목눈이, 알락할미새, 참새, 까치 등이 살고 있습니다. 하지만 이 새들도 마을이 아파트로 변하고 인구가 많아짐에 따라 물이 오염되어 많이 사라지고 있습니다. 최근 도시에는 아파트가 많아져 벚나무, 대추나무 열매를 먹는 직박구리가 많아졌습니다.

개리 기러기목 오리과

학명 *Anser cygnoides* **영명** Swan Goose

▲ 물 위에서 휴식하고 있다.

▲ 갯벌 바닥을 파서 먹이를 먹고 있다.

▲ 휴식하고 있다.

형태 몸길이 81~94㎝. 몸 전체가 황갈색이다. 머리와 목 뒤쪽은 고동색 줄이 있고, 목 앞쪽은 올리브색을 띠어 다른 기러기 종류와 쉽게 구별된다. 부리는 기러기에 비해 크며, '거위' 의 부리와 비슷하다. 다리는 노란색이며, 꼬리는 흰색 바탕에 검은 줄이 있다. 암수 구별이 어렵다.

생태 겨울 철새. 마을 근처 습지나 갯벌에서 무리를 지어 산다. 번식기에는 호숫가 주변의 습지 바닥에 접시형 둥지를 틀고 5~8개의 알을 낳는다. 알을 품는 기간은 약 28일이며, 새끼들은 2~3년 후에 번식이 가능하다.

먹이 수생 동물, 수생 식물

분포 러시아, 몽골, 중국 북부에서 번식하고, 우리나라에서는 매년 겨울 금강 하구, 한강 하구 등지에서 100여 마리 정도의 겨울을 나는 무리를 볼 수 있다.

이야기마당

BC 2,000년 전 중국에서 처음 집에서 기르기 시작하였고, 오늘날의 '거위' 의 조상으로 알려져 있습니다. 세계적으로 60,000~100,000마리가 있는 것으로 추정됩니다.**【천연기념물 제325-1호, 멸종위기야생생물 II급】**

혹부리오리

기러기목 오리과

학명 *Tadorna tadorna* **영명** Common Shelduck

형태 몸길이 약 60㎝. 몸 전체가 흰색이고, 가슴에 갈색 줄이 있다. 머리는 검은색으로 금속성 광택이 있다. 부리는 붉은색이며, 검은 혹이 있어 다른 오리 종류와 쉽게 구별된다. 다리는 귤빛을 띤다. 암수 구별이 어렵다.

생태 겨울 철새. 마을 근처 습지나 해안 간척지에서 무리를 이루어 산다. 번식기에는 바닷가나 호숫가 주변의 토끼들이 파 놓은 굴, 나무 구멍 등에 둥지를 틀고 8~12개의 알을 낳는다.

먹이 어패류, 수생 무척추동물, 소형 어류, 수생 곤충, 녹조류

분포 유라시아 북부에서 번식하고, 아열대 지방에서 겨울을 난다. 우리나라에서는 서해안과 남해안 갯벌 지대 및 강 하구에서 주로 볼 수 있다.

▲ 붉은색 부리에 검은 혹이 있다.

이야기마당

번식기에는 수컷의 부리 위의 혹이 커지는데, 암컷은 큰 혹을 가진 수컷을 좋아한다고 합니다. 이란에서는 상업적 또는 사냥으로 많은 수가 포획되고 있으며, 아이슬란드에서는 알을 식용하기도 합니다.

▲ 비상 중인 무리

▲ 먹이를 찾고 있는 무리

알락오리

기러기목 오리과

학명 *Anas strepera* **영명** Gadwall

▲ 수컷

▲ 암컷

형태 몸길이 46~56㎝. 수컷은 몸 전체가 황갈색에 조밀한 검은색 무늬가 있다. 꼬리는 검은색이며, 흰색 점이 있다. 암컷은 수컷보다 조금 작으며, 몸 전체가 황갈색으로 짙은 갈색 무늬가 있다. 비행 시 꼬리는 흰색이며, 날개 안쪽 윗부분에 흰색 부분이 보인다.

생태 겨울 철새. 마을 근처 호수나 연못에서 무리 지어 살며, 번식기에는 자갈이 많은 강가 주변 풀숲에 접시형 둥지를 틀고 8~12개의 알을 낳는다. 알을 품는 기간은 24~26일이다.

먹이 소형 곤충류, 조개류, 양서류, 어류, 수생 식물

분포 유라시아 대륙과 북아메리카의 넓은 지역에서 번식하고, 겨울에 남쪽 지역으로 이동한다. 우리나라에서는 낙동강 하구에서 적은 무리가 겨울을 난다.

이야기마당

다른 종류의 오리들에 비해 비교적 조용합니다.

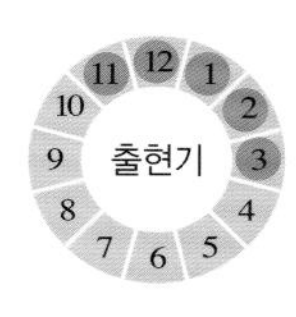

청머리오리

기러기목 오리과

학명 *Anas falcata* **영명** Falcated Duck

▲ 수컷

▲ 암컷

형태 몸길이 48~54㎝. 수컷의 머리는 녹색 광택이 있고, 목에는 흰 줄과 검은 줄이 있다. 앞가슴과 몸통은 흰 바탕에 조밀한 검은 무늬가 있다. 암컷은 황갈색을 띤다.

생태 겨울 철새. 마을 근처의 하천, 습지, 해안가 등에서 다른 오리 무리와 함께 산다. 번식기에는 습지 주변의 땅바닥에 접시형 둥지를 틀고 6~10개의 알을 낳는다.

먹이 수생 곤충, 복족류, 작은 수생 무척추동물, 식물의 씨앗, 풀씨, 잎, 줄기, 뿌리

분포 시베리아 남동부, 러시아, 몽골, 중국, 일본 등지에서 번식하고, 한국, 중국 남부, 미얀마, 일본, 유럽 등지에서 겨울을 난다. 우리나라에서는 남해안과 서해안 및 섬 지역에서 적은 무리를 볼 수 있다.

이야기마당

중국에서 많은 수가 식용으로 사냥됩니다.

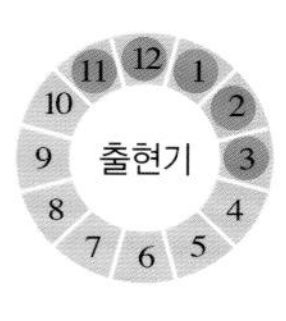

청둥오리

기러기목 오리과

학명 *Anas platyrhynchos* **영명** Mallard

형태 몸길이 50~65cm. 수컷의 머리는 짙은 녹색 광택이 있다. 몸통은 엷은 황토색에 검은 줄이 길게 있고, 꼬리에 구부러진 검은색 깃털이 있다. 부리와 다리는 노란 귤빛을 띤다. 암컷의 머리는 흑갈색이고, 몸은 어두운 갈색과 검은색이 섞여 있다.

생태 겨울 철새/텃새. 마을 근처 하천, 해안, 농경지, 초지 등 물가에서 산다. 저녁이 되면 논이나 소택지 등으로 무리 지어 먹이를 찾아 날아와 아침까지 머무른다. 번식기에는 습지 풀밭 바닥에 접시형 둥지를 틀고 8~13개의 알을 낳는다. 알을 품는 기간은 23~30일이며, 알을 깨고 나온 새끼들은 둥지를 떠나 어미 새와 함께 52~70일 동안 함께 지낸다.

먹이 곤충류, 무척추동물, 풀씨, 나무 열매

분포 유럽, 아시아, 북아메리카에서 번식하고, 남아프리카, 인도 등지에서 겨울을 난다. 우리나라 전 지역에서 흔히 볼 수 있다.

▲ 수컷

이야기마당

전세계 오리 종류 중 그 수가 가장 많습니다.

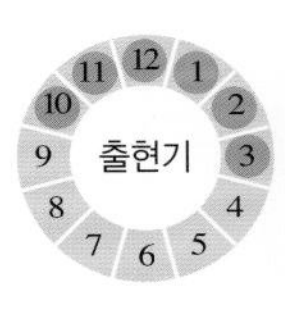

▲ 암컷

▲ 휴식하고 있다.

▲ 먹이를 찾고 있다.

▲ 비상 중인 무리

흰뺨검둥오리

기러기목 오리과

학명 *Anas zonorhyncha* **영명** Eastern Spot-billed Duck

▲ 몸 전체가 황갈색이다.

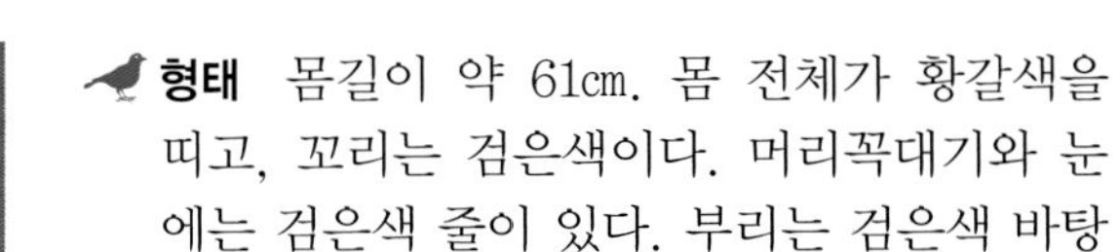

형태 몸길이 약 61㎝. 몸 전체가 황갈색을 띠고, 꼬리는 검은색이다. 머리꼭대기와 눈에는 검은색 줄이 있다. 부리는 검은색 바탕에 끝이 노란색이다. 암수 구별이 어렵다.

생태 텃새. 여름에는 암수 한 쌍으로 마을 주변 갈대, 줄풀, 창포 등이 무성한 습지나 초원에 산다. 겨울에는 강 하구나 바닷가에서 대규모 군집을 이루어 생활한다. 번식기에는 논, 무인도, 육지 근처의 바닷가에 마른 풀잎으로 접시형 둥지를 틀고 8~14개의 알을 낳는다.

먹이 곤충류, 풀씨, 나무 열매

분포 한국, 중국, 일본, 사할린, 아무르, 타이완, 티베트 등지에 분포한다. 우리나라 전 지역에서 사계절 내내 흔히 볼 수 있다.

이야기마당

겨울에는 '청둥오리'나 다른 오리들과 섞여 겨울을 납니다. 바다와 강 모두에서 번식하며, 잠수의 왕으로 불립니다.

▲ 비상 중

▲ 어린 새와 어미 새

▲ 알

▲ 알을 품고 있는 어미 새

▲ 휴식 중인 무리

넓적부리 기러기목 오리과

학명 *Anas clypeata* **영명** Northern Shoveler

▲ 수컷

▲ 암컷

형태 몸길이 약 48㎝. 수컷은 머리와 윗목이 보랏빛을 띤 초록색이다. 부리가 다른 오리류에 비하여 넓적한 것이 특징이며, 수컷의 부리는 검은색, 암컷의 부리는 노란색이다. 배는 흰 바탕에 갈색 부분이 넓다. 암컷은 황갈색을 띤다.

생태 겨울 철새. 겨울에는 마을 근처의 얕은 물에서 무리 지어 빙빙 돌면서 물속의 수초를 뜯어 먹는다. 번식기에는 풀밭 습지에 접시형 둥지를 틀고 8~12개의 알을 낳는다. 알을 품는 기간은 약 25일, 새끼를 기르는 기간은 약 50일이다.

먹이 소형 수생 곤충류, 수초류

분포 한국, 중국, 일본, 인도, 유럽, 북아메리카 등지에 분포한다. 우리나라에서는 매년 겨울 경상남도 주남 저수지, 제주도 하도리 습지 등에서 적은 무리를 볼 수 있다.

이야기마당

넓적한 부리의 가장자리는 체와 같은 구조로 되어 있어서, 물속에 서식하는 작은 수생 곤충들을 잘 잡아먹을 수 있습니다.

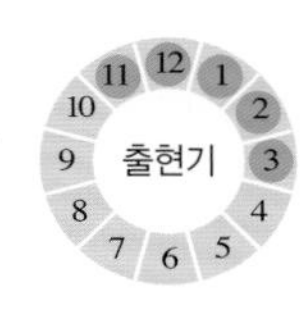

고방오리 기러기목 오리과

학명 *Anas acuta* **영명** Northern Pintail

▲ 수컷

▲ 암컷

형태 몸길이 59~76㎝. 수컷의 머리는 고동색이고, 가슴과 배는 흰색이다. 수컷의 바늘과 같은 긴 꼬리로 다른 오리 종류와 쉽게 구별된다. 부리와 다리는 검은색이다. 암컷은 황갈색을 띤다.

생태 겨울 철새. 겨울에는 마을 근처 하천이나 호수, 습지에서 무리를 지어 산다. 번식기에는 초지 바닥에 접시형 둥지를 틀고 3~12개의 알을 낳는다. 알을 품는 기간은 22~24일, 새끼를 기르는 기간은 약 35일이다.

먹이 곤충류, 조개류, 갑각류, 양서류, 소형 어류, 식물의 씨앗, 곡류, 수생 식물

분포 한국, 중국, 일본, 유럽, 북아메리카 등지에 분포한다. 우리나라에서는 최근 서울의 중랑천과 같은 도심 부근의 하천에서 많은 수를 볼 수 있다.

이야기마당

다른 오리류와 달리 몸통이 날씬하며, 꼬리가 길수록 나이가 많다고 합니다.

발구지 기러기목 오리과

학명 *Anas querquedula* **영명** Garganey

▲ 수컷은 눈썹선이 희고 굵다.

▲ 암컷(왼쪽), 수컷(오른쪽)

이야기마당

다른 오리류와 달리 경계심이 매우 많기 때문에 가까이에서 관찰하기 힘듭니다.

형태 몸길이 약 38㎝. 수컷은 흰색의 굵고 긴 눈썹선이 특징이다. 머리는 적갈색, 가슴은 청갈색, 등은 회갈색으로 검은 줄무늬가 있다. 암컷은 황갈색을 띠는데, '쇠오리' 암컷보다 약간 연한 색이며, 눈썹선이 뚜렷하다. 부리와 다리는 검은색이다.

생태 나그네새/겨울 철새. 마을 근처 호수에서 무리를 지어 살며, 이동 중에는 바닷가에 잠시 머물기도 한다. 번식기에는 호숫가 풀밭에 접시형 둥지를 틀고 8~9개의 알을 낳는다. 알을 품는 기간은 21~23일, 새끼를 기르는 기간은 35~40일이다.

먹이 수생 곤충류, 갑각류, 소형 어류, 수생 식물

분포 유럽의 온대 북부, 시베리아 남부에서 번식한다. 봄과 가을에 우리나라 중부 지방을 통과하는데, 남해안 섬 주변과 충청남도 서산 천수만에서 큰 무리를 볼 수 있다.

붉은부리흰죽지 기러기목 오리과

학명 *Netta rufina* **영명** Red-crested Pochard

▲ 수컷

▲ 암컷

형태 몸길이 약 50㎝. 몸 전체가 옅은 붉은색이고, 목과 가슴, 꼬리는 검은색이다. 등과 날개는 옅은 갈색이고, 배는 흰색이다. 수컷의 부리는 붉은색, 암컷의 부리는 검은색이다. 암컷의 윗머리는 갈색, 아랫머리는 올리브색이다.

생태 미조. 마을 근처의 초원과 습지에서 산다. 번식기에는 마을 주변 얕은 호숫가 풀밭에 접시형 둥지를 틀고 8~10개의 알을 낳는다. 알을 품는 기간은 26~28일, 새끼를 기르는 기간은 45~50일이다.

먹이 조개류, 양서류, 소형 어류, 수초의 잎, 뿌리, 줄기

분포 유럽 동남부, 아시아 남서부에서 번식하고, 유럽 남부, 아프리카 북부, 아시아 남부에서 겨울을 난다. 우리나라에서는 경기도 안산의 작은 호수 등에서 드물게 볼 수 있다.

이야기마당

경계심이 많아 사람의 눈에 띄면 갈대밭으로 숨어 버립니다.

흰죽지

기러기목 오리과

학명 *Aythya ferina* **영명** Common Pochard

형태 몸길이 약 45㎝. 수컷의 머리·목은 짙은 갈색이며 금속 광택이 있다. 몸통은 회색이고, 꼬리는 검은색이다. 부리와 다리는 회색이다. 암컷은 황갈색을 띠며, 머리는 옅은 황갈색, 가슴은 회색이다.

생태 겨울 철새. 마을 근처 호수, 늪, 하천, 하구 등의 얕은 물 위에서 무리를 지어 산다. 번식기에는 얕은 습지 주변의 갈대밭에 접시형 둥지를 틀고 8~10개의 알을 낳는다. 알을 품는 기간은 25일, 새끼를 기르는 기간은 50~55일이다.

먹이 수생 무척추동물, 수초의 잎, 줄기

분포 유럽 동부, 흑해, 바이칼호, 에스파냐 등지에서 번식하며, 한국, 중국, 일본, 타이완, 인도 등지에서 겨울을 난다. 우리나라에서는 낙동강 하구, 한강, 천수만, 순천만, 시화호 등에서 볼 수 있다.

▲ 수컷

이야기마당

먹이를 잡기 위해 물속으로 잠수를 합니다. 겨울 철새 중 가장 늦은 4월에 북쪽으로 이동합니다.

▲ 암컷

▼ 휴식 중인 무리

댕기흰죽지 기러기목 오리과

학명 *Aythya fuligula* **영명** Tufted Duck

▲ 수컷

▲ 암컷

형태 몸길이 약 40㎝. 수컷은 머리와 목이 보랏빛이 나는 검은색이며, 댕기깃이 길게 늘어져 있다. 부리와 다리는 엷은 회색을 띤다. 암컷은 머리 · 목 · 윗가슴 · 등이 검은빛이 나는 갈색으로, 약간의 보라색을 띠고, 배 쪽은 회갈색이다. 암컷의 댕기깃은 수컷에 비해 짧다.

생태 겨울 철새. 마을 주변 평지의 호수나 연못에 산다. 번식기에는 얕은 습지 주변 풀밭에 접시형 둥지를 틀고 8~11개의 알을 낳는다. 알을 품는 기간은 약 25일, 새끼를 기르는 기간은 45~50일이다.

먹이 조개류, 소형 어류, 수생 곤충류, 수초

분포 한국, 일본, 필리핀, 인도, 유럽, 북아프리카 등지에 분포한다. 1970년대에는 낙동강 하구에서 매년 수백 마리를 볼 수 있었으나, 현재는 그 수가 많이 줄었다.

이야기마당

잠수를 잘하며, '흰죽지'에 비하여 겨울을 나는 무리가 적습니다.

▲ 무리

검은머리흰죽지 기러기목 오리과

학명 *Aythya marila* **영명** Greater Scaup

▲ 수컷

▲ 암컷

형태 몸길이 약 45㎝. 수컷은 머리와 윗목이 검은색이며 초록색의 금속 광택이 있고, 몸통은 흰색이다. 암컷은 부리의 밑부분에 커다란 흰색 무늬가 있으며, 몸 전체가 갈색을 띤다. 부리와 다리는 옅은 회색이다.

생태 겨울 철새. 마을 근처의 작은 호수, 강 하구, 해안가 등에서 작은 무리를 이루고 산다. 번식기에는 습지 주변 풀밭에 접시형 둥지를 틀고 8~9개의 알을 낳는다. 알을 품는 기간은 23~28일이다.

먹이 복족류, 수생 곤충류, 소형 어류, 올챙이, 수생 식물

분포 한국, 중국, 일본, 시베리아 동부, 캄차카 반도, 타이완 등지에 분포한다. 우리나라 중부 이남, 낙동강 하구, 남해 연안에서 볼 수 있다.

이야기마당

'흰죽지' 나 '댕기흰죽지' 보다 적은 수가 보이는데, 3월 말 이동 시기 전에 수천 마리가 무리를 이룹니다.

비오리 기러기목 오리과

학명 *Mergus merganser* **영명** Common Merganser

▲ 수컷

▲ 이륙하고 있는 암컷

형태 몸길이 58~72㎝. 수컷은 몸 전체가 흰색이고, 머리는 짙은 청동색을 띠며, 댕기깃이 있다. 부리는 길고 빨간색이며, 끝이 구부러져 있는 것이 특징이다. 암컷의 머리는 갈색이다. 다리는 귤빛을 띤다.

생태 겨울 철새. 겨울에 마을 근처 호수나 강에 찾아오며, 잠수하여 작은 물고기를 잡아먹는다. 번식기에는 고목이 많은 계곡에서 나무 구멍에 둥지를 틀고 8~11개의 알을 낳는다. 알을 품는 기간은 30~32일, 새끼를 기르는 기간은 60~70일이다.

먹이 소형 어류, 조개류, 갑각류, 곤충류

분포 한국, 중국, 일본, 인도, 이란, 카스피 해, 지중해 등지에 분포한다. 우리나라에서는 서울 한강의 밤섬, 성수대교 부근에서 작은 무리를 볼 수 있다.

이야기마당

물고기를 효과적으로 잡기 위해 부리 끝이 갈고리 모양이고, 가장자리는 톱니 모양입니다.

메추라기

닭목 꿩과

학명 *Coturnix japonica* **영명** Japanese Quail

▲ 알을 품은 어미 새

▲ 알

형태 몸길이 약 20㎝. 몸 전체가 황갈색을 띠며, 머리와 몸통에 여러 개의 흰 줄이 있다. 눈썹선은 희며, 부리는 짧고 고동색이다. 다리는 짧고 살색이며, 꼬리는 갈색 가로줄이 있고 짧다. 암컷과 수컷은 거의 비슷하지만, 수컷의 얼굴은 진한 갈색이다.

생태 겨울 철새/텃새. 마을 근처 초지, 경작지, 물이 있는 산기슭 등에서 산다. 번식기에는 풀밭에 접시형 둥지를 틀고 5~10개의 알을 낳는다. 알을 품은 지 16~21일 후 알을 깨고 새끼들이 나오며, 수컷의 도움 없이 암컷이 새끼를 기른다.

먹이 곤충류, 벼과 식물의 씨앗

분포 한국, 일본 북부, 시베리아 남부에서 번식하고, 일본 남부와 중국 남부에서 겨울을 난다. 우리나라 전 지역에서 볼 수 있다.

이야기마당

풀과 관목 아래로 다니는 습성 때문에 쉽게 볼 수 없습니다.

논병아리

논병아리목 논병아리과 

학명 *Tachybaptus ruficollis* **영명** Little Grebe

▲ 겨울깃

형태 몸길이 23~29㎝. 몸 전체가 흑갈색이며, 아랫목은 적갈색을 띤다. 부리는 검은색이며, 안쪽에 작은 흰 점이 있는 것이 특징이다. 번식기에는 붉은 뺨과 큰 흰 점이 있는 여름깃을 가진다. 다리는 검은색이며, 꼬리는 밝은 회색빛을 띤다.

생태 텃새/겨울 철새. 마을 근처 연못, 호수, 하천 등에서 산다. 번식기에는 물가에 수초로 접시형 둥지를 틀고 4~8개의 알을 낳으며, 암수가 교대로 알을 품는다. 새끼들을 등에 태우고 다니며 키운다. 번식이 끝난 후에는 다른 물새들과 달리 무리를 지어 생활하지 않는다.

먹이 소형 어류, 수생 곤충류, 갑각류, 수초

분포 중국 북동부, 일본, 말레이시아, 인도차이나 등지에 분포한다. 우리나라 전 지역의 습지나 강가의 얕은 물가에서 흔히 볼 수 있다.

이야기마당

논병아리류 중 가장 작은 새입니다. 어미 새는 둥지를 떠날 때 알을 수초로 덮어 적으로부터 보호합니다.

▲ 둥지를 짓는 어미 새(여름깃)

▲ 알을 품고 있는 어미 새

▲ 알을 깨고 나온 새끼 새와 어미 새(여름깃)

▲ 잠수하여 먹이를 잡고 있다.

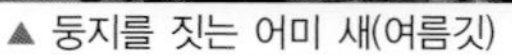

▲ 겨울을 나는 무리(겨울깃)

큰논병아리

논병아리목 논병아리과

학명 *Podiceps grisegena* **영명** Red-necked Grebe

▲ 경계하며 먹이를 찾는 어미 새(여름깃/알래스카)

형태 몸길이 약 47㎝. 번식기의 암컷과 수컷의 이마 · 머리꼭대기 · 뒷머리 · 머리옆 · 뒷목 · 눈 앞은 광택이 있는 흑갈색이고, 뒷머리 양쪽에 있는 검은 깃털은 길다. 여름깃은 몸과 몸통이 붉은색이다. 부리는 황갈색으로, '논병아리' 보다 길고 뾰족하다. 암수 구별이 어렵다.

생태 겨울 철새. 마을 근처 호숫가, 바닷가 등에서 산다. 호숫가 주변 풀숲이나 물 위에 접시형 둥지를 틀고 4~5개의 알을 낳는다. 알을 품는 기간은 20~23일, 새끼를 기르는 기간은 약 72일이다.

먹이 수생 곤충류, 갑각류, 소형 어류

분포 북유럽, 북아메리카에서 번식하고, 일본, 중국, 이란, 북아프리카, 북아메리카 남부에서 겨울을 난다. 과거에는 우리나라 거제도, 통영, 삼천포 등지에서 흔히 볼 수 있었으나 지금은 거의 볼 수 없다.

이야기마당

번식기에는 검은색의 머리, 흰 뺨, 붉은색의 목으로 다른 논병아리류와 쉽게 구별됩니다.

뿔논병아리

논병아리목 논병아리과

학명 *Podiceps cristatus* **영명** Great Crested Grebe

▲ 댕기깃이 길다.(여름깃)

형태 몸길이 46~51㎝. 머리는 녹색 광택이 있는 검은색이고, 턱 밑과 배는 흰색, 어깨와 등은 갈색이다. 목은 길고, 눈썹선은 희며, 눈과 부리가 검은 선으로 이어졌다. 여름깃은 다른 논병아리에 비해 검붉고 긴 댕기깃이 보인다. 암수 구별이 어렵다.

생태 겨울 철새/텃새. 마을 근처 호수나 바닷가 주변의 습지에서 산다. 번식기에는 얕은 호숫가 갈대밭에 접시형 둥지를 틀고 3~5개의 알을 낳는다. 알을 품는 기간은 약 28일이며, 알을 깨고 나온 새끼는 둥지를 떠나 어미 새와 함께 71~79일 동안 함께 지낸다.

먹이 대형 어류, 갑각류, 연체동물류, 수생 곤충류

분포 아시아의 온대, 아프리카, 뉴질랜드, 우수리 지방, 시베리아 남부, 이란, 인도 등지에 분포한다. 우리나라 전 지역에서 겨울을 나며, 최근 소수 무리가 양평군 양수리 갈대밭에서 번식한 기록이 있다.

이야기마당

번식기 동안 암컷과 수컷이 물 위에서 화려한 구애 행동을 보입니다.

▲ 앞모습(여름깃)

▲ 알을 굴리는 어미 새(여름깃)

▲ 알을 품고 있는 어미 새(여름깃)

▲ 알에서 막 깨어난 새끼 새

▲ 가족 무리

귀뿔논병아리 논병아리목 논병아리과

학명 *Podiceps auritus* **영명** Horned Grebe

▲ 물 위에서 알을 품은 어미 새(몽골)

형태 몸길이 31~38㎝. 머리와 뒷목, 날개는 어두운 검은색이며, 목과 배는 흰색으로 암수가 같은 빛깔이다. 눈은 빨간색이다. 겨울깃은 '검은목논병아리'와 흡사하다. 번식기에는 귀에 광택이 있는 노란색 댕기깃이 있으며, 목은 검은색이고, 몸은 황갈색을 띤다.

생태 겨울 철새. 단독 또는 암수가 함께 마을 근처 강 어귀, 바닷가 등에서 산다. 번식기에는 습지 주변의 풀숲에 접시형 둥지를 틀고 약 2개의 알을 낳는다. 알을 품는 기간은 22~25일, 새끼를 기르는 기간은 55~60일이다.

먹이 소형 어류, 수생 곤충류, 갑각류, 연체동물류

분포 한국, 일본, 시베리아 동부, 유럽, 북아메리카 등지에서 번식하며, 겨울에는 물이 얼지 않는 남쪽으로 이동한다. 우리나라 동해안과 남해안이나 강 하구 등에서 드물게 볼 수 있다.

이야기마당

둥지를 떠난 어린 새들은 어미 새의 등을 타고 이동합니다.

출현기: 11 12 1 2 3 4 5 6 7 8 9 10

먹황새 황새목 황새과

학명 *Ciconia nigra* **영명** Black Stork

▲ 먹이를 찾고 있는 어미 새(몽골)
◀ 비상 중

형태 몸길이 95~100㎝. 몸 전체가 검은색이며, 날개 바깥 부분과 배는 흰색이다. 부리와 눈 주변, 다리는 빨간색이다. 암수 구별이 어렵다.

생태 겨울 철새. 마을 근처 얕은 호수나 하천에서 산다. 번식기에는 습지 주변의 초원이나 숲의 나무 위에 접시형 둥지를 틀고 3~4개의 알을 낳는다. 알을 품는 기간은 32~38일, 새끼를 기르는 기간은 63~71일이다.

먹이 어류, 양서류, 파충류, 곤충류

분포 유럽에서 중국 북부에 걸쳐서 번식하고, 아프리카 남동부, 아시아 남부에서 인도차이나에 걸쳐서 겨울을 난다. 우리나라의 경기도, 충청도, 전라도, 경상도, 제주도의 등지에서 이동 시기에 드물게 볼 수 있다.

이야기마당

번식기 동안 먹이가 부족할 때 어미 새는 새끼들 중 하나를 죽여 다른 새끼들의 생존을 돕곤 합니다.**【천연기념물 제200호, 멸종위기야생생물 Ⅰ급】**

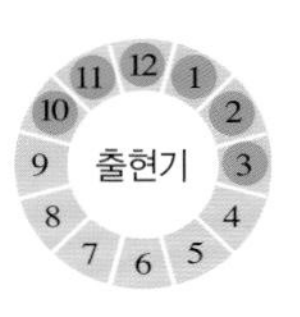

황새

황새목 황새과

학명 *Ciconia boyciana* **영명** Oriental Stork

형태 몸길이 100~129㎝. 몸 전체가 흰색이고, 날개 끝은 검은색이다. 눈 가장자리와 다리는 붉은색이다. 수컷은 암컷에 비해 큰 부리를 가지고 있다.

생태 겨울 철새. 마을 근처 강 하구, 넓은 습지대, 논 등에서 산다. 울음소리 대신 길고 큰 부리를 부딪쳐 소리를 낸다. 번식기에는 높은 나무 꼭대기에 접시형 둥지를 틀고 4~6개의 알을 낳는다. 알을 품는 기간은 약 35일, 새끼를 기르는 기간은 약 65일이다.

먹이 어류, 양서류, 파충류, 곤충류

분포 러시아, 중국 일부에서 번식하며, 겨울에는 한국, 중국, 일본 등지로 이동한다. 우리나라의 서해안, 남해안, 제주도 등의 습지에서 10~20마리를 볼 수 있다.

우리나라에서 볼 수 있는 새 중에서 가장 몸집이 크며, 현재 우리나라의 번식지는 사라졌습니다.

【천연기념물 제199호, 멸종위기야생생물 I급】

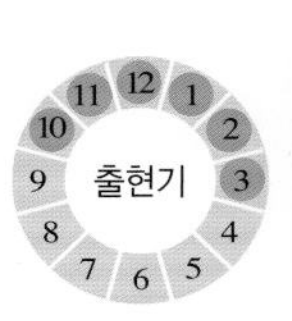

▲ 먹이를 찾고 있다.

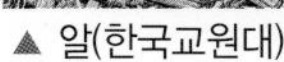

▲ 알(한국교원대)

▲ 새끼 새(한국교원대)

황새를 다시 날게 하자

황새는 우리나라 전 지역에서 흔히 번식하던 텃새였지만, 1970년대에 우리 주위에서 사라졌습니다. 1971년 충청북도 음성에서 마지막 황새 한 쌍이 번식하였지만 수컷 황새는 사냥꾼에 의해 죽게 되었고, 그 후 암컷도 죽었습니다. 이렇게 황새는 한국과 일본에서 비슷한 시기인 1970년대에 사라졌습니다. 그 원인으로는 전쟁, 둥지를 틀 수 있는 높은 나무의 소실, 농약 사용으로 인한 먹이 감소, 사냥 등으로 추측하고 있습니다. 현재 러시아 아무르 강에서 번식하고 남하하는 소수 황새만이 우리나라에서 관찰되고 있습니다.

▲ 일본에서 방사되어 온 황새 '봉순이'

우리나라와 일본에서 황새의 인공 증식이 이루어지고 있는데, 일본은 2005년에 자연 도입을 시작하였고, 우리나라는 2015년(한국교원대학교 황새생태연구원)에 시작하였습니다. 일본에 방사된 황새들은 효고 현 도요오카 시를 중심으로 여러 쌍들이 둥지를 틀고, 새끼들이 지속적으로 이소하여 생활하고 있습니다. 그중 2012년 방사된 부모 황새에서 태어난 암컷 황새인 '봉순이(J0051)'가 일본을 떠나, 2014년 3월 18일 경남 김해시 화포천 습지에 찾아와 현재 우리나라에 머물고 있습니다.

민물가마우지

얼가니새목 가마우지과

학명 *Phalacrocorax carbo* **영명** Great Cormorant

▲ 나뭇가지에서 휴식하고 있다.

형태 몸길이 약 80㎝. '가마우지'와 비슷하지만 몸이 날씬하고 목 부위가 검다. 이마 · 머리꼭대기 · 뒷머리 · 목은 검은색이며 남빛 녹색의 금속 광택이 있다. 부리는 황색이며, 부리와 머리의 연결 부분은 노란색을 띠고 부리 끝이 구부러져 있다. 다리는 검은색으로 물갈퀴가 있다. 암수 구별이 어렵다.

생태 겨울 철새/텃새. 마을 근처 민물과 바다가 있는 항구나 호수에서 무리를 지어 생활한다. 번식기에는 섬 절벽이나 나무 위에 무리를 지어 접시형 둥지를 틀고 3~4개의 알을 낳는다.

먹이 어류, 갑각류, 양서류, 연체동물류

분포 한국, 일본, 타이완 등지에 분포하고, 우리나라 남해안 섬에서 겨울을 난다. 한강 밤섬, 춘천 호숫가, 팔당댐 주변에 많은 수가 번식한다.

이야기마당

집단 번식하는 나무에 배설물을 많이 배출하여 포식자들이 미끄러운 나무를 타고 올라오지 못하게 합니다.

▲ 알

▲ 새끼 새

▲ 알을 품고 있는 어미 새

▲ 이소한 새끼 새

▲ 비상 중

◀ 무리 지어 생활한다.

왜가리

사다새목 백로과

학명 *Ardea cinerea* **영명** Gray Heron

형태 몸길이 90~100㎝. 백로 무리 중 가장 몸집이 크다. 몸은 전체적으로 회색이며, 목 부위는 흰 바탕에 검은 줄이 있다. 부리와 다리는 노란색이다. 암수 구별이 어렵다.

생태 여름 철새/텃새. 마을 근처 강가, 논, 갯벌 등에서 산다. 번식기에는 다른 백로류와 함께 집단으로 나무 윗부분에 나뭇가지를 모아 접시형 둥지를 틀고 약 4개의 알을 낳는다. 알을 품는 기간은 24~27일, 새끼를 기르는 기간은 약 50일이다.

먹이 어류, 양서류, 파충류

분포 한국, 중국, 일본 등 세계 각지에 분포한다. 우리나라의 한강이나 남부 지방에서 일부 무리가 겨울을 나기도 한다.

▲ 휴식하고 있다.

이야기마당

백로류 중 가장 먼저 번식지를 찾아 높은 나무 꼭대기에 둥지를 틉니다.

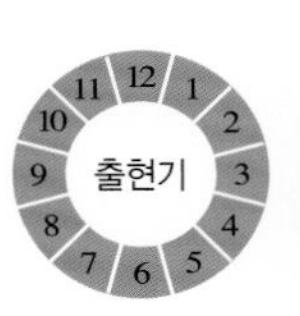

【천연기념물 제209호(경기도 여주 신접리 백로와 왜가리 번식지), 천연기념물 제211호(전라남도 무안 용월리 백로와 왜가리 번식지), 천연기념물 제229호(강원도 양양 포매리 백로와 왜가리 번식지), 천연기념물 제248호(강원도 횡성 압곡리 백로와 왜가리 번식지)】

▲ 비상 중

▲ 물고기를 잡아먹고 있다.

▲ 새끼 새

▲ 새끼 새와 함께 있는 어미 새

붉은왜가리

사다새목 백로과

학명 *Ardea purpurea* **영명** Purple Heron

▲ 휴식하고 있다.

형태 몸길이 80~90㎝. 몸은 '왜가리' 보다 작고 가늘며, 갈색을 많이 띤다. 목 부분이 갈색을 띠어 '왜가리' 와 쉽게 구분된다. 부리와 다리는 노란색이다. 번식기에는 머리와 가슴에 긴 장식깃이 있다. 암수 구별이 어렵다.

생태 나그네새. 마을 근처 소택지, 물 있는 논, 해안 부근, 연안 습지에서 산다. 번식기에는 다른 백로류와 무리를 지어 나뭇가지를 모아 접시형 둥지를 틀고 2~5개의 알을 낳는다. 알을 품는 기간은 약 25일이다.

먹이 어류, 양서류, 파충류, 곤충류

분포 유럽, 아시아, 북아메리카 등지에서 번식하고, 열대 지방에서 겨울을 난다. 우리나라 제주도에서 이동 시기인 봄, 가을에 한두 마리를 드물게 볼 수 있다.

이야기마당

보행과 비상을 하는 모습은 '왜가리' 와 매우 비슷하지만, 경계할 때 의태 행동을 합니다.

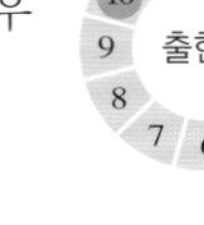

대백로

사다새목 백로과

학명 *Ardea alba alba* **영명** Great Egret (Eurasian)

▲ 먹이를 찾고 있다.

형태 몸길이 94~104㎝. '중대백로' 와 생김새가 비슷하지만 몸집이 더 크다. 몸 전체가 흰색이며, 뒷머리와 윗가슴의 깃이 약간 길다. 부리는 노란색인데, 번식기에는 검게 변하고 끝 부분만 노랗다. 암수 구별이 어렵다.

생태 겨울 철새. 마을 근처 바닷가, 얼지 않은 호수 및 강 하구에서 볼 수 있다. 번식기에는 갈대밭이 있는 호숫가 나무에 무리를 지어 나뭇가지로 접시형 둥지를 틀고 약 3개의 알을 낳는다. 암수가 교대로 약 25일 동안 알을 품는다.

먹이 어류, 양서류, 파충류, 갑각류, 연체동물, 곤충류

분포 시베리아 남동부, 중국 북부, 유럽 북부 등지에서 번식하고, 남부 지역에서 겨울을 난다. 겨울에 우리나라 충청남도 천수만 등지의 논에서 쉽게 볼 수 있다.

이야기마당

번식기에 둥지의 모든 새끼들이 생존하는 것은 아닙니다. 새끼들끼리는 경쟁도 심하고 공격성도 많아서, 큰 새끼들이 작은 새끼들을 죽이곤 합니다.

중대백로

사다새목 백로과

학명 *Ardea alba modesta* **영명** Great Egret (Australasian)

형태 몸길이 94~104㎝. '대백로' 보다 몸집이 좀 더 작다. 몸 전체가 순백색이다. 번식기에는 눈 앞에 녹색의 피부가 드러나 보이며, 어깨에 좁고 긴 장식깃이 있다. 가슴에도 긴 장식깃이 있으나 겨울깃의 가슴에는 없다. 암수 구별이 어렵다.

생태 여름 철새. 마을 근처 논, 개울, 호수 및 강 하구에서 산다. 번식기에는 지상에서 2~20m 정도 높이의 소나무, 참나무 등 나무 위에 다른 백조류와 무리 지어 나뭇가지를 모아 접시형 둥지를 틀고 2~4개의 알을 낳는다. 암컷과 수컷이 함께 알을 품으며, 알을 품는 기간은 25~26일, 새끼를 기르는 기간은 30~42일이다.

먹이 어류, 양서류, 파충류

분포 유럽, 아시아 등지에서 번식하고, 동남아시아에서 겨울을 난다.

▲ 어린 새들을 돌보는 어미 새

이야기마당

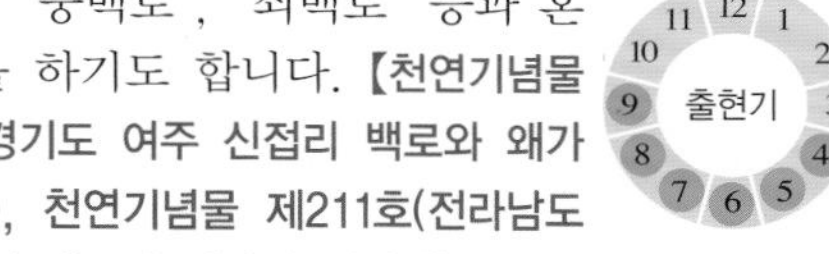

'왜가리', '중백로', '쇠백로' 등과 혼성 번식을 하기도 합니다. **【천연기념물 제209호(경기도 여주 신접리 백로와 왜가리 번식지), 천연기념물 제211호(전라남도 무안 용월리 백로와 왜가리 번식지), 천연기념물 제229호(강원도 양양 포매리 백로와 왜가리 번식지), 천연기념물 제248호(강원도 횡성 압곡리 백로와 왜가리 번식지)】**

▲ 알을 품고 있는 어미 새

▲ 먹이를 잡아먹고 있다.

▲ 겨울깃

▲ 여름깃

중백로

사다새목 백로과

학명 *Ardea intermedia* **영명** Intermediate Egret

▲ 부리 끝 부분이 검은색이다.

▲ 어미 새와 새끼 새

형태 몸길이 약 70cm. 몸 전체 크기가 '중대백로' 보다 작고, '쇠백로' 보다 크기 때문에 구별이 가능하다. 몸 전체가 흰색이고, 다른 백로류와 달리 부리 끝 부분이 검은색이고, 부리 뒤쪽은 노란색이다. 다리는 검은색이다. 암수 구별이 어렵다.

생태 여름 철새. 마을 근처 논, 개울, 하천 등에서 산다. 번식기에는 다른 백로류와 잡목림, 소나무, 참나무, 아카시아나무, 은행나무 등의 나무 위에 무리 지어 번식한다. 나무 위에 가지를 모아 접시형 둥지를 틀고 약 4개의 알을 낳는다.

먹이 어류, 양서류, 파충류, 갑각류, 곤충류

분포 유럽, 아시아, 아프리카 등지에 널리 분포하며, 필리핀, 말레이시아에서 겨울을 난다. 우리나라 전 지역에서 번식한다.

이야기마당

백로 종류 중 가장 많이 찾아오는 여름 철새입니다. 【천연기념물 제209호(경기도 여주 신접리 백로와 왜가리 번식지), 천연기념물 제211호(전라남도 무안 용월리 백로와 왜가리 번식지), 천연기념물 제229호(강원도 양양 포매리 백로와 왜가리 번식지), 천연기념물 제248호(강원도 횡성 압곡리 백로와 왜가리 번식지)】

쇠백로

사다새목 백로과

학명 *Egretta garzetta* **영명** Little Egret

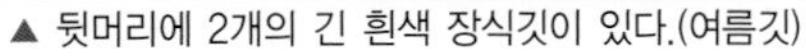

▲ 뒷머리에 2개의 긴 흰색 장식깃이 있다.(여름깃)

▲ 먹이를 잡아먹고 있다.(겨울깃)

형태 몸길이 약 60㎝. 몸 크기는 '중백로' 보다 작다. 몸 전체가 흰색이다. 번식기에는 뒷머리에 2개의 긴 흰색 장식깃이 있는데, 번식이 끝난 겨울깃에는 없다. 부리와 다리는 검은색이다. 발가락이 노란 점이 다른 백로류와 다르다.

생태 여름 철새. 마을 근처 논, 습지, 호숫가, 강 하구, 해안, 갯벌 등에서 산다. 번식기에는 대숲이나 소나무 숲에 무리 지어 나뭇가지를 모아 접시형 둥지를 틀고 3~6개의 알을 낳는다. 알을 품는 기간은 21~22일, 새끼를 기르는 기간은 40~45일이다.

먹이 어류, 양서류, 파충류, 갑각류, 곤충류

분포 아시아, 유럽, 아프리카 등지에서 번식하고, 필리핀에서 겨울을 난다. 우리나라 중 · 남부 지방에서 적은 무리가 겨울을 나기도 한다.

이야기마당

번식기에는 무리를 이루어 살지만, 비번식기에는 적은 수가 독립적으로 삽니다. 【천연기념물 제209호(경기도 여주 신접리 백로와 왜가리 번식지), 천연기념물 제211호(전라남도 무안 용월리 백로와 왜가리 번식지), 천연기념물 제229호(강원도 양양 포매리 백로와 왜가리 번식지), 천연기념물 제248호(강원도 횡성 압곡리 백로와 왜가리 번식지)】

황로 사다새목 백로과

학명 *Bubulcus ibis* **영명** Cattle Egret

형태 몸길이 46~56㎝. 번식기에는 몸 전체가 황색이다. 머리의 황색 깃털은 주로 솟아 있다. 겨울깃은 황색이 없어지고 몸 전체가 흰색이다. 부리와 다리는 분홍색이나 노란색을 띤다. 암수 구별이 어렵다.

생태 여름 철새. 마을 근처 강가, 저수지 및 논 근처의 습지 등에서 산다. 번식기에는 소나무 위에 접시형 둥지를 틀고 3~4개의 알을 낳는다. '중대백로', '중백로', '쇠백로' 등과 혼성 번식을 하기도 한다.

먹이 곤충류, 양서류, 파충류, 소형 어류

분포 한국, 중국, 일본, 타이완, 인도, 스리랑카, 필리핀 등지에서 번식하고, 필리핀에서 겨울을 난다. 우리나라 전 지역에서 흔히 볼 수 있다.

이야기마당

과거에는 논과 밭을 가는 소를 따라가며 먹이를 찾는 모습을 많이 볼 수 있었지만 현재는 트랙터를 따라다니며 먹이를 구합니다.

▲ 겨울깃

여름깃 ▶

흰날개해오라기 사다새목 백로과 

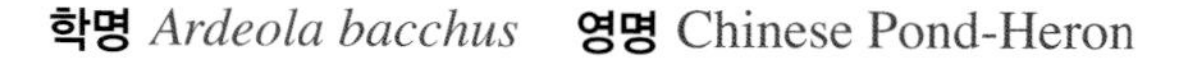

학명 *Ardeola bacchus* **영명** Chinese Pond-Heron

형태 몸길이 약 47㎝. 여름깃은 암컷과 수컷의 머리와 목의 띠가 붉은 갈색이다. 머리깃은 길고 갈색이며, 부리는 노란색 바탕에 끝이 검다. 다리는 노란색이다. 겨울깃은 몸 전체가 황갈색을 띤다.

생태 여름 철새. 마을 근처 논, 습지, 바닷가 암석지 등에서 산다. 번식기에는 다른 백로류와 무리를 지어 나뭇가지를 모아 접시형 둥지를 틀고 3~6개의 알을 낳는다.

먹이 어류, 양서류, 파충류, 곤충류

분포 인도차이나 반도, 말레이 제도, 중국, 만주, 우수리 지역, 타이완 등지에서 번식한다. 여름에 우리나라 강원도 철원, 경기도 김포에서 적은 무리가 번식한다.

이야기마당

다른 백로류에 비해 깃털이 화려합니다.

▲ 뱀을 잡아먹고 있다.

여름깃 ▶

검은댕기해오라기

사다새목 백로과

학명 *Butorides striata* **영명** Striated Heron

▲ 먹이를 찾고 있다.
◀ 새끼 새

형태 몸길이 약 50㎝. 수컷의 이마와 머리는 녹색 광택이 있는 검은색이고, 뒷머리의 깃털은 가는 버들잎 모양이다. 암컷은 황갈색을 띤다. 부리는 검은색, 다리는 노란색이다.

생태 여름 철새. 단독 또는 암수가 생활하며 무리를 짓지 않는다. 마을 근처 숲과 가까운 논, 개울가, 못, 웅덩이 등에서 산다. 번식기에는 잡목과 교목의 가지에 접시형 둥지를 틀고 2~5개의 알을 낳는다.

먹이 어류, 양서류, 파충류, 곤충류

분포 한국, 일본, 중국, 타이완, 필리핀, 보르네오, 자바 등지에 분포한다. 우리나라 전 지역에서 흔히 볼 수 있다.

이야기마당

작은 돌멩이를 물에 던져 물고기를 유인해 사냥을 하는 똑똑한 새입니다. 어미들은 둥지에 앉아 있을 때 잔가지를 물고 앞뒤로 움직이면서 마치 바느질하는 것과 같은 행동을 보이기도 합니다.

해오라기

사다새목 백로과

학명 *Nycticorax nycticorax* **영명** Black-crowned Night Heron

▲ 먹이를 찾고 있는 수컷

▲ 비행 중인 암컷

형태 몸길이 56~61㎝. 머리와 등은 청색을 띤 검은색이고, 날개는 옅은 회색이며, 배는 흰색이다. 번식기에 수컷은 2개의 흰 댕기깃이 있으며, 암컷은 수컷과 달리 황갈색을 띤다. 부리는 검은색, 다리는 노란색이다.

생태 텃새/여름 철새. 마을 근처 습지나 야산에서 다른 백로류와 함께 산다. 번식기를 제외하고는 새벽과 저녁에 주로 활동한다. 번식기에는 나무나 덤불에 나뭇가지로 접시형 둥지를 틀고 3~6개의 알을 낳는다.

먹이 어류, 양서류, 파충류, 곤충류

분포 한국, 유라시아, 아프리카, 일본, 사할린 등지에서 번식하고, 타이완, 필리핀, 인도차이나, 말레이 반도에서 겨울을 난다. 우리나라에서는 겨울에 이동하지 않는 일부 무리가 제주도의 민물 저습지에서 지낸다.

이야기마당

한 번식지에서 반복적으로 둥지를 틀며, 번식으로 인해 나무들이 죽어 가면 다른 장소로 번식지를 옮긴답니다.

솔개 수리목 수리과

학명 *Milvus migrans* **영명** Black Kite

형태 몸길이 57~69㎝. 몸 전체는 진한 갈색이고 '매'와 비슷하지만 부리와 발이 그다지 발달되지 않았다. 부리와 다리는 짙은 회색이고, 비행 시 꼬리가 삼각형인 것이 특징이다. 어린 새는 옅은 황갈색을 띤다. 암수 구별이 어렵다.

생태 텃새/겨울 철새. 마을 근처 바닷가와 낮은 산의 숲에서 산다. 번식기에는 고목에 나뭇가지를 모아 둥지를 틀고 2~3개의 알을 낳는다. 알은 30~34일 동안 품으며, 알을 깨고 나온 새끼는 약 50일 후에 둥지를 떠나 독립한다.

먹이 어류, 소형 조류, 박쥐류, 죽은 동물

분포 유라시아, 오스트레일리아 등지에 분포한다. 우리나라 부산 용호동, 다대포 해안 송림, 거제도 지심도에서 번식한다.

이야기마당

사냥을 주로 하는 다른 매류와 달리 많은 시간을 비행하면서 죽은 동물과 같은 먹이를 찾아다닙니다.
【멸종위기야생생물 Ⅱ급】

▲ 알을 품은 어미 새

▲ 새끼 새

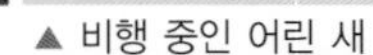
▲ 비행 중인 어린 새

▲ 경계하고 있다.(몽골)

깝작도요

물떼새목 도요과

학명 *Actitis hypoleucos* **영명** Common Sandpiper

▲ 먹이를 찾고 있다.
◀ 알

형태 몸길이 약 20㎝. 몸 전체가 회색이고, 가슴과 배는 흰색이다. 부리는 곧고 회색이며, 머리 길이와 거의 비슷하다. 다리는 겨울에는 회색이고, 여름에는 노란빛을 띤다. 암수 구별이 어렵다.

생태 여름 철새/텃새. 마을 근처 강가나 호수, 바닷가 갯벌 등에서 산다. 번식기에는 하천, 저수지 주변의 자갈밭이나 풀숲에 죽은 풀을 엮어 접시형 둥지를 틀고 3~4개의 알을 낳는다.

먹이 곤충류, 거미류, 연체동물류, 달팽이류, 갑각류, 식물의 씨앗

분포 북반구의 북부에서 북극권까지 분포하며, 동남아시아, 오스트레일리아, 아프리카 등지에서 겨울을 난다. 겨울에 우리나라 제주도 하도리 습지 부근에서 볼 수 있다.

이야기마당

먹이를 잡을 때 꼬리를 '깝작깝작' 상하로 흔들며 벌레를 놀라게 하여 잡아먹습니다.

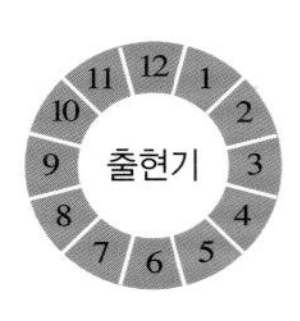

청도요

물떼새목 도요과

학명 *Gallinago solitaria* **영명** Solitary Snipe

▲ 먹이를 찾고 있다.

형태 몸길이 29~31㎝. 몸 전체가 황갈색을 띤다. 머리는 흰 바탕에 갈색 줄이 있고, 등은 갈색으로, 흰색 줄이 있다. 가슴과 배, 꼬리는 흰색을 띠며, 갈색 파도 무늬가 있다. 부리는 황색, 다리는 청록색을 띤다.

생태 나그네새/겨울 철새. 마을 근처 산림이 우거진 계곡에서 산다. 번식기에는 깊은 산속의 계곡 바닥에 죽은 풀을 모아 접시형 둥지를 틀고 약 5개의 알을 낳는다.

먹이 곤충류, 지렁이류, 식물의 씨앗

분포 아시아 동부, 러시아 동부, 몽골 등지에서 번식하고, 이란 북동부, 파키스탄, 인도 북부, 일본 등지에서 겨울을 난다. 우리나라에는 불규칙하게 찾아온다.

이야기마당

다리가 청록색을 띠어 '청도요'라는 이름이 붙여졌습니다.

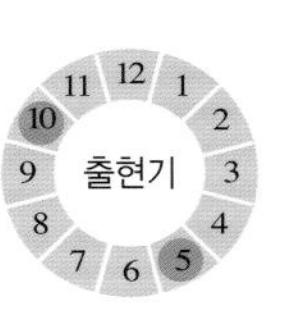

꺅도요 물떼새목 도요과

학명 *Gallinago gallinago* **영명** Common Snipe

형태 몸길이 25~27㎝. 이마에서 머리꼭대기와 뒷머리까지 2개의 짙고 검은 갈색 줄이 있고, 그 사이에 엷은 황갈색의 머리중앙선이 있다. 등은 구릿빛 금속 광택이 있는 검은 갈색으로, 붉은 갈색의 작은 얼룩무늬가 있고, 바깥쪽에는 엷은 황갈색의 얼룩무늬로 된 세로줄이 있다.

생태 나그네새/겨울 철새. 마을 근처 논, 바닷가 갯벌 등에서 산다. 갈대가 많은 습지나 풀밭에 죽은 풀을 모아 접시형 둥지를 틀고 3~5개의 알을 낳는다. 알을 품는 기간은 18~21일, 새끼를 기르는 기간은 10~20일이다.

먹이 곤충류, 지렁이류, 소형 갑각류, 식물의 씨앗

분포 유럽 · 아시아 북부, 툰드라에서 번식하고, 유럽 남서부, 아프리카, 아시아 남부에서 겨울을 난다. 우리나라에서는 이동 시기인 봄, 가을에 흔히 볼 수 있다.

▲ 먹이를 찾고 있다.

이야기마당

포식자나 사람이 접근하면 도망가지 않고 그대로 멈춰 있는 것이 특징입니다. 수컷은 비행하며 구애 행동을 할 때 꼬리 깃털을 떨어 드럼 소리를 냅니다.

멧도요 물떼새목 도요과

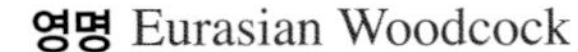

학명 *Scolopax rusticola* **영명** Eurasian Woodcock

형태 몸길이 33~38㎝. 몸 전체가 황갈색을 띤다. 뒷머리에 검은 줄이 있다. 긴 부리와 다리는 황토색을 띠고, 꼬리는 짧고 끝에 검은 줄이 있다. 암수 구별이 어렵다.

생태 나그네새/겨울 철새. 마을 근처 산림이 울창하고 습지가 있는 곳에서 산다. 바닥에 죽은 풀을 모아 접시형 둥지를 틀고 2~6개의 알을 낳는다. 알을 품는 기간은 21~24일, 새끼를 기르는 기간은 15~20일이다.

먹이 지렁이류, 곤충류, 거미류, 식물의 씨앗, 열매, 곡류

분포 유라시아 대륙, 러시아에 분포하고, 인도, 중국 남부에서 겨울을 난다. 봄, 가을에 우리나라에서 적은 수를 볼 수 있다.

이야기마당

다른 새들과 달리 눈이 머리 뒤쪽에 위치하여 360°를 볼 수 있습니다.

▲ 몸 전체가 황갈색을 띤다.

세가락메추라기 물떼새목 메추라기과

학명 *Turnix tanki* **영명** Yellow-legged Buttonquail

▲ 휴식하고 있다.

형태 몸길이 약 16㎝. '메추라기'와 비슷하나 크기가 더 작고 부리도 약간 길다. 앞가슴이 주황색이며, 옆구리에 검은색 반점이 있는 것이 특징이다. 암컷은 수컷보다 몸집이 크고 몸빛이 화려하다.

생태 나그네새. 마을 근처 농경지나 풀이 난 습지에서 작은 무리를 이루어 산다. 움푹 들어간 바닥에 죽은 풀을 모아 접시형 둥지를 틀고 약 4개의 알을 낳는다. 알을 품는 기간은 약 12일이다.

먹이 곤충류, 거미류, 벼과 식물의 씨앗

분포 몽골 북부, 아무르, 우수리, 중국, 일본 등지에서 번식한다. 우리나라에서는 이동 시기인 봄, 가을에 드물게 볼 수 있다.

이야기마당

암컷이 알을 낳은 후 수컷이 알을 품고 새끼를 키운답니다.

양비둘기(낭비둘기) 비둘기목 비둘기과 

학명 *Columba rupestris* **영명** Hill Pigeon

▲ 먹이를 찾는 무리

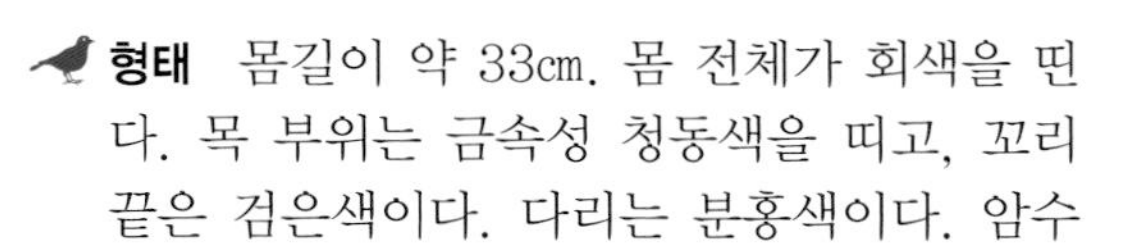

형태 몸길이 약 33㎝. 몸 전체가 회색을 띤다. 목 부위는 금속성 청동색을 띠고, 꼬리 끝은 검은색이다. 다리는 분홍색이다. 암수 구별이 어렵다.

생태 텃새. 인가 부근이나 바위 절벽이 있는 산자락, 농경지에서 산다. 번식기에는 바위 절벽이나 건물 벽면에 무리를 지어 나뭇가지로 접시형 둥지를 틀고 약 2개의 알을 낳는다.

먹이 소형 연체동물, 곡류, 풀씨, 음식물 쓰레기

분포 한국, 유럽 서부, 아프리카 등지에 분포한다. 우리나라 전라남도 구례 화엄사와 고흥 해안가에 집단으로 서식한다.

이야기마당

우리 주변에서 많이 볼 수 있는 비둘기는 '집비둘기'로, '바위비둘기(*Columba livia*)'의 변종이며, 양비둘기와 근연종입니다. 1800년대 한 독일 학자는 바위비둘기를 가져다 품종 개량을 하였으며, 영국에서는 귀소성이 강한 양비둘기를 선별하여 전쟁 중에 통신용 비둘기인 전서구(傳書鳩)로 사용하기도 하였습니다. 최근 양비둘기는 집비둘기에 의한 잡종화로 위협 받고 있습니다. 【멸종위기야생생물 II급】

멧비둘기 비둘기목 비둘기과

학명 *Streptopelia orientalis* **영명** Oriental Turtle-Dove

형태 몸길이 약 33㎝. 암수의 깃털 색깔이 같은데, 이마와 머리꼭대기는 회색, 턱 밑은 보다 엷은 회색이다. 날개는 흑갈색, 꼬리는 회색이 도는 검은색이며, 깃 끝에는 엷은 회색의 넓은 띠가 있는데, 중앙의 1쌍은 너비가 좁다.

생태 텃새. 시골 마을, 숲, 농경지, 초원, 공원 등에서 산다. 번식기에는 암수 1쌍이 생활하지만, 겨울에는 작은 무리를 지어 생활한다. 나무에 나뭇가지를 모아 접시형 둥지를 틀고 2개의 알을 낳는다.

먹이 곡류, 식물의 씨앗

분포 한국, 일본, 중국, 사할린, 시베리아 남부, 히말라야 등지에 분포한다. 우리나라 전 지역에서 볼 수 있다.

이야기마당

과거에는 '꿩'과 함께 대표적인 사냥새였습니다. 시골에 많이 살았으나, 최근에는 도시에 더 많이 삽니다.

▲ 농경지에서 먹이를 먹고 있다.

짝짓기 ▶

금눈쇠올빼미 올빼미목 올빼미과

학명 *Athene noctua* **영명** Little Owl

형태 몸길이 23~27㎝. 몸 전체가 황갈색을 띤다. 얼굴 · 목 · 배에는 흰색 바탕에 갈색 점들이 있고, 머리 윗부분은 갈색 바탕에 흰색 점들이 있다. 눈은 노란색이며, 눈과 부리 주변은 흰색이다. 귀에 털이 없고, 머리는 둥글다. 다리는 흰 털로 덮여 있다. 암수 구별이 어렵다.

생태 텃새/겨울 철새. 마을 근처 숲, 농경지, 공원 등에서 산다. 번식기에는 나무 구멍, 바위 틈, 절벽, 건물 구멍 등에 둥지를 틀고 3~5개의 알을 낳는다. 28~29일 후에 알을 깨고 나온 새끼들은 약 26일 후에 둥지를 떠나 독립한다.

먹이 곤충류, 지렁이류, 양서류, 소형 조류, 소형 포유류

분포 한국, 유럽, 아시아 동부, 아프리카 북부 등지에 분포한다. 우리나라 충청남도 서산 천수만에서 적은 수가 산다.

▲ 먹이를 찾아 땅 위를 뛰어다닌다.

이야기마당

낮에 활동하기도 하며, 번식기에는 밤에 더욱 활발합니다. 전선이나 기둥에 앉아 고개를 끄덕이거나 좌우로 돌리는 경계 행동을 보입니다.

까치 참새목 까마귀과

학명 *Pica pica* **영명** Eurasian Magpie

▲ 먹이를 찾고 있다.

▲ 휴식 중인 무리

형태 몸길이 44~46㎝. 머리 · 등 · 가슴 · 꼬리는 광택이 있는 군청색이고, 배 · 어깨 · 날개 끝은 흰색이다. 부리와 다리는 검은색이며, 꼬리는 길다. 암수 구별이 어렵다.

생태 텃새. 도시, 공원, 시골의 야산, 농경지 등에서 산다. 겨울에는 단독으로 또는 소수 무리를 지어 먹이를 구하기도 한다. 번식기에는 높은 나뭇가지, 전봇대, 송전탑 등에 마른 나뭇가지를 모아 둥지를 틀고 5~8개의 알을 낳는다.

먹이 새알, 어린 새, 곤충류, 죽은 동물, 식물의 열매

분포 유럽, 아시아, 아프리카 북서부에 걸쳐 분포한다. 우리나라에는 외딴섬을 제외한 전 지역에서 볼 수 있다.

이야기마당

과거에는 '까치'가 노래하면 손님이 찾아온다고 하였으나, 지금은 농작물을 망치거나 감전 사고를 일으켜 사람들의 미움을 삽니다.

틈새 정보!!

까치는 똑똑한 둥지 포식자

까치, 어치, 까마귀, 물까치 등의 까마귀과 새들은 최근 사람들에 의해 개발된 다양한 서식지에 적응하며 살아가고 있습니다. 이는 까마귀과 새들이 다양한 먹이를 구하는 잡식동물이기 때문에 가능한 일일 것입니다. 우리 주변에서 쉽게 볼 수 있는 까치는 같은 공간에서 함께 생활하는 새들의 어린 새끼를 포식하기 때문에 작은 새들에게는 무서운 포식자입니다. 까치는 작은 새들의 둥지를 포식하기 위해 둥지 주변에서 부모 새들의 활동을 관찰하여 먹이가 되는 둥지를 찾아내는 능력을 가지고 있습니다. 이에 대응하기 위해 작은 새들은 까치가 나타났을 때 둥지 주변에서 활동을 줄이고 숨거나 도망가기도 합니다.

까마귀

참새목 까마귀과

학명 *Corvus corone* **영명** Carrion Crow

형태 몸길이 48~52㎝. 몸 전체가 광택이 있는 검은색이다. 부리는 굵고, 윗부리 끝이 아래로 굽어 있다. 다리는 검은색이다. 암수 구별이 어렵다.

생태 텃새. 도시, 시골, 농경지 주변의 숲에서 산다. 겨울을 날 때는 큰 무리를 짓지만, 번식기에는 작은 무리로 생활한다. 깊은 산속 침엽수나 절벽에 나뭇가지를 모아 접시형 둥지를 틀고 4~6개의 알을 낳는다. 17~19일 후에 알에서 나온 새끼들은 32~36일 후에 둥지를 떠나 독립한다.

먹이 죽은 동물, 곤충류, 지렁이류, 소형 포유류, 새알, 곡류, 식물의 열매

분포 유럽 서부에서 아시아 동부에 걸쳐 분포한다. 우리나라 전 지역에서 볼 수 있다.

어떤 물건을 찾다가 못 찾으면 까마귀 집 찾기만큼 어렵다고 말하기도 합니다.

▲ 먹이를 찾고 있다.

새끼 새 ▶

제비

참새목 제비과 

학명 *Hirundo rustica* **영명** Barn Swallow

형태 몸길이 17~19㎝. 몸의 윗면은 검은색, 아랫면은 흰색이다. 이마와 턱은 붉은색이고, 가슴에는 검은 줄이 있다. 가늘고 긴 꼬리는 두 갈래로 나뉜다. 어린 새는 이마·턱·아랫면이 옅은 황색이다. 암수 구별이 어렵다.

생태 여름 철새. 인가, 마을 주변 농경지에서 산다. 번식기에는 무리를 지어 처마 밑에 진흙과 풀을 섞어 사발형 둥지를 틀고 4~5개의 알을 낳는다. 14~19일 후에 알에서 나온 새끼들은 18~23일 후에 둥지를 떠나 독립한다.

먹이 곤충류

분포 유럽, 아시아, 아프리카, 미국 등지에 분포하고, 타이에서 겨울을 난다. 우리나라 전 지역에서 볼 수 있다

이야기마당

가족이 많은 인가보다 가족이 적은 인가를 좋아하며, 빈집에는 둥지를 잘 틀지 않습니다.

▲ 몸의 윗면은 검은색, 아랫면은 흰색이다.

▲ 알

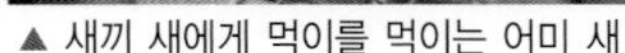

▲ 새끼 새에게 먹이를 먹이는 어미 새

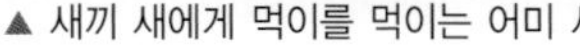

귀제비

참새목 제비과

학명 *Cecropis daurica* **영명** Red-rumped Swallow

▲ 휴식하고 있다.

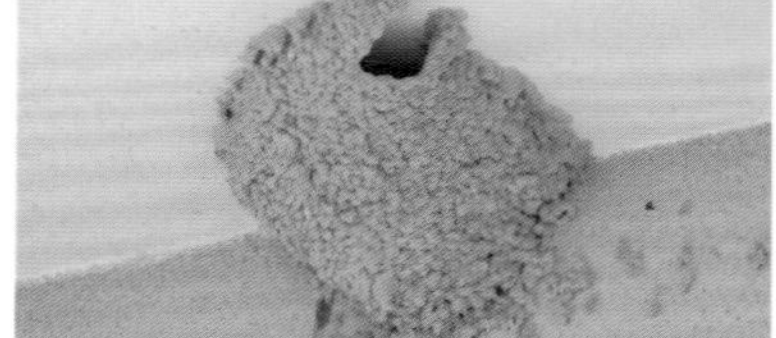

◀ 터널식 주머니 모양의 둥지

형태 몸길이 약 19㎝. 몸의 윗면은 검은색, 아랫면은 흰색 바탕에 검은 점들이 있다. 빰과 등은 붉은색이 돌며, 가늘고 긴 꼬리는 두 갈래로 나뉜다. 암수 구별이 어렵다.

생태 여름 철새. 인가 주변, 농경지에서 살며, 날아다니는 곤충류를 잡기 위해 비행하는 모습을 자주 볼 수 있다. 번식기에는 '제비'와 달리 지붕 밑에 터널식 주머니 모양 둥지를 틀고 3~6개의 알을 낳는다.

먹이 곤충류

분포 유럽 · 아시아 남부, 아프리카 등지에서 번식하고, 아프리카, 인도, 오스트레일리아 등지에서 겨울을 난다. 우리나라는 외딴 섬을 제외한 전 지역에서 볼 수 있다.

이야기마당

시골에서는 '맥매구리'라고 부르기도 하는데, 시골집에 둥지를 틀면 행운이 따르지 않는다고 하여 둥지를 뜯어내는 일도 있었습니다. 최근 한옥에서 양옥 지붕으로 바뀜에 따라 시골에서 번식하는 수가 점차 줄어들고 있습니다.

개개비

참새목 개개비과 

학명 *Acrocephalus orientalis* **영명** Oriental Reed-Warbler

▲ 둥지에 먹이를 물고 가는 어미 새

▲ 노래하고 있다.

형태 몸길이 18~20㎝. 몸의 윗면은 황갈색, 아랫면은 흰색이다. 눈에는 흰색 줄이 있으며, 부리와 다리는 황갈색이다. 번식기에는 노래를 하며 머리깃을 세운다. 암수 구별이 어렵다.

생태 여름 철새. 마을 근처 강가나 호수 주변의 갈대밭에서 산다. 번식기에는 무리를 지어 갈대밭의 갈대 줄기 사이에 사발형 둥지를 틀고 2~6개의 알을 낳는다. 12~14일 후에 알을 깨고 나온 새끼들은 10~15일 후에 둥지를 떠나 독립한다.

먹이 곤충류, 거미류

분포 한국, 시베리아 남부, 몽골, 중국 동부, 일본 등지에서 번식하고, 인도 남동부, 아시아 남동부, 필리핀 등지에서 겨울을 난다. 우리나라 전 지역에서 볼 수 있다.

이야기마당

번식기에 수컷은 '개개~비비~' 하고 노래를 하고, 작은 텃세권을 형성하여 무리를 지어 생활합니다.

붉은머리오목눈이

참새목 오목눈이과 **학명** *Paradoxornis webbianus* **영명** Vinous-throated Parrotbill

형태 몸길이 11~13㎝. 몸 전체가 황색을 띠고, 머리꼭대기 · 어깨 · 꼬리는 붉은 황토색이다. 부리는 짧고, 꼬리는 몸에 비해 길다. 암수 구별이 어렵다.

생태 텃새. 마을 근처 관목 지대, 덤불, 농경지, 초원 등의 평지와 구릉에서 산다. 번식기에는 무리를 지어 생활한다. 풀을 엮어 사발형 둥지를 틀고 4~5개의 알을 낳는다.

먹이 곤충류, 식물의 열매, 풀씨, 곡류

분포 한국, 중국, 일본, 러시아, 몽골, 타이완, 베트남 등지에 분포한다. 우리나라는 섬 지역을 제외한 전 지역에서 볼 수 있다.

이야기마당

'뱁새' 라고도 하는데, 크기가 작아서 '뱁새가 황새를 쫓아가다 가랑이 찢어진다' 는 속담도 있습니다.

▲ 몸 전체가 황색을 띤다.

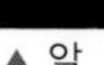

▲ 알

▲ 먹이를 기다리는 새끼 새

▲ 알을 품고 있는 어미 새

▲ 새끼 새의 배설물 주머니를 치우는 어미 새

▲ 목욕하고 있다.

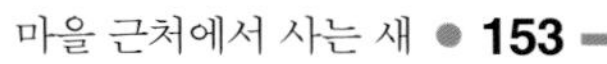

딱새

참새목 딱새과

학명 *Phoenicurus auroreus* **영명** Daurian Redstart

▲ 목욕하는 수컷

▲ 알

▲ 새끼 새

▲ 먹이를 물어 나르는 암컷

형태 몸길이 14~15㎝. 수컷의 머리꼭대기는 회색, 날개와 등은 검은색이며, 가슴 · 배 · 꼬리는 갈색이다. 암컷은 수컷과 달리 몸 전체가 황토색이다. 날개는 검은색으로 중앙에 흰색 점이 있다. 부리와 다리는 검은색이다.

생태 텃새. 숲이나 덤불이 많은 인가 주변에서 산다. 번식기에는 건물의 벽 틈, 지붕 밑, 나무 구멍에 둥지를 틀고 5~7개의 알을 낳는다.

먹이 곤충류, 식물의 열매

분포 아시아의 온대 지방에 분포한다. 우리나라 전 지역에서 볼 수 있다.

이야기마당

머리를 숙이고 꼬리를 위아래로 흔드는 버릇이 있으며, 암수 모두 날개에 눈에 잘 띄는 얼룩이 있습니다. 인가에 찾아와 신발장, 책장, 우체통 등에 번식하기도 합니다.

찌르레기

참새목 찌르레기과 

학명 *Poliopsar cineraceus* **영명** White-cheeked Starling

▲ 목욕하고 있다.
◀ 먹이를 물어 나르고 있는 어미 새

형태 몸길이 약 24㎝. 몸 전체가 짙은 회색이다. 머리와 가슴은 몸에 비해 짙은 검은색이다. 눈 주위 얼굴과 허리는 밝은 회색을 띠고, 부리와 다리는 어두운 귤색을 띤다. 어린 새는 전체적으로 회색빛을 띤다. 암수 구별이 어렵다.

생태 여름 철새. 마을 근처 숲, 풀밭, 경작지 등에서 산다. 번식기에는 건물 벽의 틈, 나무 구멍에 둥지를 틀고 약 2개의 알을 낳는다. 14~15일 후에 알을 깨고 나온 새끼는 13~15일 후에 둥지를 떠나 독립한다.

먹이 곤충류, 식물의 열매

분포 아시아 동부 지역에 널리 분포하며, 중국 북동부, 일본, 시베리아 남동부에서 번식하고, 한국, 중국 남동부, 일본 남부 등에서 겨울을 난다. 우리나라 전 지역에서 볼 수 있다.

이야기마당

과거에는 도시의 건물, 공원에서 번식하였으나, 지금은 도시보다 시골의 건물 벽 사이, 굴뚝, '딱따구리' 둥지에 둥지를 틉니다. 경작지 주변에서 해충을 잡아먹는 이로운 새입니다.

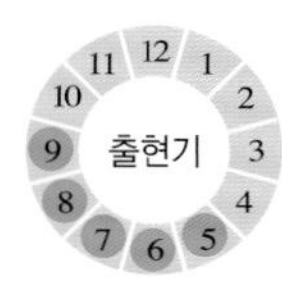

알락할미새

참새목 할미새과

학명 *Motacilla alba leucopsis* **영명** Chinese Wagtail

형태 몸길이 16~20㎝. 수컷의 여름깃 머리 · 배 · 날개는 흰색이고, 등 · 가슴은 검은색이다. 겨울깃과 암컷의 등은 회색빛을 띤다. 부리와 다리는 검은색이다.

생태 여름 철새. 마을 근처 숲과 개울이 있는 곳에서 살며, 겨울이나 이동 시기인 봄, 가을에는 무리를 지어 습지나 농경지 주변에서 생활한다. 번식기에는 바위 틈이나 건물 틈에 풀을 엮어 사발형 둥지를 틀고 3~8개의 알을 낳는다. 약 12일 후에 알을 깨고 나온 새끼들은 약 14일 후에 둥지를 떠나 독립한다.

먹이 곤충류, 거미류

분포 한국, 중국, 일본, 타이완 등지에서 번식한다. 우리나라 전 지역에서 볼 수 있다.

▲ 먹이를 물어 나르는 수컷

알 ▶

이야기 마당

'백할미새'와 같은 종이지만, 겉모습이나 사는 곳이 달라 다른 아종으로 나뉩니다.

붉은뺨멧새

참새목 멧새과

학명 *Emberiza fucata* **영명** Chestnut-eared Bunting

형태 몸길이 15~16㎝. 윗머리는 회색이고, 뺨과 등은 갈색이다. 가슴은 흰색 바탕에 검은 무늬와 갈색 줄이 있고, 배는 흰색이다. 부리는 회색이고, 다리는 살색이다. 암컷은 수컷에 비해 갈색 부분이 연하다.

생태 여름 철새/텃새. 덤불이 많은 지역, 풀밭, 농경지 주변에서 산다. 번식기에는 바닥이나 낮은 덤불 속에 풀을 엮어 사발형 둥지를 틀고 3~6개의 알을 낳는다.

먹이 곤충류, 거미류, 식물의 씨앗

분포 한국, 중국, 일본 북부, 시베리아 남동부에서 번식하고, 일본 남부, 중국 남부, 타이완, 인도 북동부, 아시아 남동부 등지에서 겨울을 난다. 우리나라 전 지역에서 볼 수 있다.

▲ 수컷

이야기 마당

과거에는 습지 주변에 흔히 찾아왔지만, 최근에는 지리산 노고단, 강원도 함백산 초원 등의 고산 지대에서 볼 수 있다.

노랑턱멧새 참새목 멧새과

학명 *Emberiza elegans* **영명** Yellow-throated Bunting

▲ 수컷

▲ 암컷

형태 몸길이 약 16㎝. 다른 멧새류와 달리 머리에 댕기깃이 있다. 눈 주위는 검은색이고, 턱과 눈 위는 밝은 노란색이다. 등과 꼬리는 황갈색을 띠고, 암컷은 수컷에 비해 노란색과 검은색이 연하다. 부리와 다리는 살색이다.

생태 텃새. 마을 근처 나무가 많은 숲에서 산다. 번식기에는 암수가 짝을 지어 독립적으로 생활하지만, 겨울이나 이동 시기인 봄, 가을에는 무리를 지어 생활한다. 작은 나무가 많은 숲에 풀을 엮어 사발형 둥지를 틀고 5~6개의 알을 낳는다.

먹이 곤충류, 식물의 씨앗

분포 한국, 중국, 일본, 러시아, 타이완 등지에 분포한다. 우리나라 전 지역에서 볼 수 있다.

이야기마당

우리나라 멧새류 중 가장 흔한 텃새로, 과거에는 집에서 길렀습니다.

방울새 참새목 되새과

학명 *Carduelis sinica* **영명** Oriental Greenfinch

▲ 암컷

▲ 수컷

형태 몸길이 13~14㎝. 몸 전체는 황갈색이며, 머리는 짙은 회색을 띤다. 날개는 검은 바탕에 길게 노란색 부분이 있고, 날개 끝과 꼬리 끝에 검은색 부분이 있다. 부리는 두껍고, 다리는 분홍색이다. 암컷의 머리는 수컷에 비해 옅은 회색을 띤다.

생태 텃새. 마을 근처 밭이 많은 농경지 주변의 숲에서 산다. 번식기에는 잎이 무성한 상록수, 소나무나 덤불에 풀을 엮어 사발형 둥지를 틀고 3~5개의 알을 낳는다.

먹이 식물의 씨앗, 열매, 곡류

분포 한국, 중국, 일본, 러시아 등지에 분포한다. 우리나라 전 지역에서 볼 수 있다.

이야기마당

날면서 노래를 하는데, 노랫소리가 방울 소리와 같아 '방울새' 라는 이름이 붙여졌습니다.

섬참새 참새목 참새과

학명 *Passer rutilans* **영명** Russet Sparrow

형태 몸길이 14~15㎝. 머리 · 등 · 날개 · 꼬리는 갈색을 띠고, 가슴과 배는 올리브색이다. 턱 밑부분에 검은 점이 있고, '참새'와 달리 눈 밑은 흰 바탕에 검은 점이 없다. 암컷은 수컷에 비해 엷은 고동색을 띤다.

생태 텃새/겨울 철새. 숲, 농경지 주변의 덤불에서 산다. 번식기에는 '딱따구리'가 파 놓은 나무 구멍이나 인가 벽 틈에 풀을 모아 둥지를 틀고 5~6개의 알을 낳는다. 암수가 함께 새끼를 기른다.

먹이 곤충류, 식물의 씨앗, 열매, 곡류

분포 아시아 동부에서 히말라야 산맥까지 널리 분포한다. 우리나라 동해안 울릉도에 흔히 찾아온다.

▲ 수컷

▲ 암컷

이야기마당

과거에는 울릉도에서 흔히 볼 수 있었으나 지금은 '섬참새'가 즐겨 먹는 조, 수수와 같은 곡식을 심지 않기 때문에 드물게 보입니다.

참새 참새목 참새과

학명 *Passer montanus* **영명** Eurasian Tree Sparrow

형태 몸길이 12~14㎝. 머리와 등은 고동색을 띠고, 가슴과 배는 올리브색이다. 눈 밑은 흰 바탕에 검은 점이 있고, 턱과 목에도 검은 점이 있다. 겨울깃은 부리 아랫부분이 노란빛을 띤다. 암수 구별이 어렵다.

생태 텃새. 인가 주변, 야산, 농경지, 공원 등에서 산다. 겨울이나 이동 시기인 봄, 가을에는 무리를 지어 생활한다. 번식기에는 나무 구멍, 건물 틈, 지붕 밑, 인공 새집 등에 풀을 모아 둥지를 틀고 5~6개의 알을 낳는다. 12~13일 후에 알을 깨고 나온 새끼들은 15~18일 후에 둥지를 떠나 독립한다.

먹이 곤충류, 거미류, 식물의 씨앗, 곡류

분포 유라시아 대륙, 아시아 남동부에 분포한다. 우리나라 전 지역에서 볼 수 있다.

▲ 여름깃

▲ 겨울깃

이야기마당

최근에는 시골의 도시화로 인하여 시골의 터줏대감이었던 '참새'가 사라지고 있습니다.

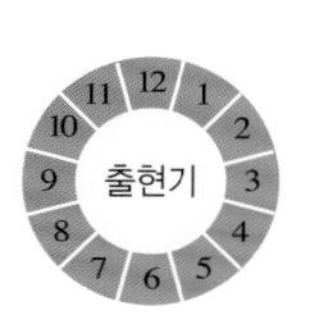

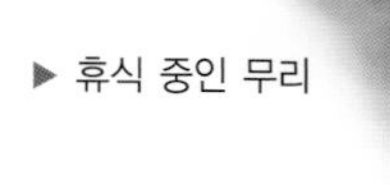

▶ 휴식 중인 무리

상록수림에서 사는 새

사계절 늘 푸른 나무가 있는 상록수림이 우거진 곳에는 팔색조, 동박새, 흑비둘기, 긴꼬리딱새, 흰배지빠귀 등이 살고 있습니다. 주로 남해안이나 거제도, 진도, 울릉도, 제주도에서 많이 볼 수 있는데, 상록수림에서 가장 많이 사는 동박새는 동백꽃의 꿀과 달콤한 나무 열매를 좋아합니다.

흑비둘기

비둘기목 비둘기과 **학명** *Columba janthina* **영명** Japanese Wood-Pigeon

▲ 후박나무 열매를 먹고 있다.
◀ 휴식하고 있다.

형태 몸길이 40~43㎝. 몸 전체가 검은색이고, 뒷목은 청동색의 금속 광택이 있다. 부리는 검은색이고, 다리는 분홍색이다. 암수 구별이 어렵다.

생태 텃새. 산림, 섬의 후박나무 숲에서 산다. 번식기에는 벚나무, 메밀잣밤나무, 감탕나무 등의 활엽수 나뭇가지 위나 나무 구멍에 접시형 둥지를 틀고 1개의 알을 낳는다.

먹이 후박나무 열매, 무화과, 산딸기 열매

분포 한국, 중국, 일본, 러시아, 타이완 등지에 분포한다. 우리나라 남해안의 울릉도, 소흑산도, 제주도 등지에서 드물게 볼 수 있다.

이야기마당

'흑비둘기'의 먹이와 서식지를 공급하는 후박나무 숲 또한 함께 보호하고 있습니다. **【천연기념물 제215호, 천연기념물 제237호(울릉도 사동 흑비둘기 서식지), 천연기념물 제333호(제주도 사수도 바닷새류 번식지), 멸종위기야생생물 II급】**

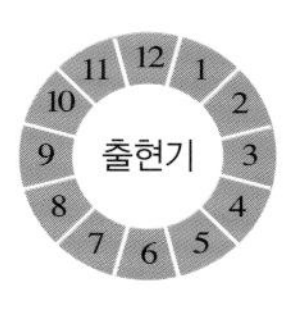

울도큰오색딱따구리

딱따구리목 딱따구리과 **학명** *Dendrocopos leucotos takahashii* **영명** White-backed Woodpecker

▲ 암컷
◀ 어린 새

형태 몸길이 24~46㎝. 몸 전체가 검은색이며 바탕에 흰 점들이 있다. 수컷과 어린 새의 머리 윗부분에는 붉은 깃이 있는데, 암컷은 수컷과 달리 검은색이다. 가슴과 배에는 흰색 바탕에 검은 점이 있으며, 배 쪽으로 붉은색을 띤다. 비행 시 허리 부분이 흰색을 띤다.

생태 텃새. 상록수림에서 산다. 번식기에는 농경지 주변이나 마을 근처의 고목나무에 구멍을 파서 둥지를 틀고 3~4개의 알을 낳는다. 10~11일 후에 새끼들이 알을 깨고 나온다.

먹이 곤충류, 견과류, 식물의 씨앗, 열매

분포 우리나라 동해안의 울릉도에만 산다. 주로 울릉도의 나리 분지와 사동 마을의 경작지 부근에서 번식한다.

이야기마당

'큰오색딱따구리'와 같은 종이지만, 생김새나 서식지의 차이로 아종으로 구분됩니다.

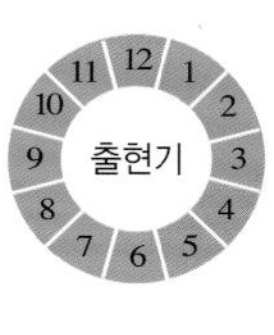

팔색조 참새목 팔색조과

학명 *Pitta nympha* **영명** Fairy Pitta

형태 몸길이 약 18㎝. 머리와 목은 흰색이며, 눈에는 굵은 검은 줄이 뒤로 나 있고, 머리꼭대기에는 밝은 갈색의 줄이 뒤로 나 있다. 등 뒤와 날개는 밝은 녹색을 띠며 하늘색 부분이 있다. 배는 밝은 연두색을 띤다.

생태 여름 철새. 상록수림이나 삼림이 울창한 곳에서 산다. 단독으로 생활하며 주로 지상에서 먹이를 찾는다. 경계심이 강하고 좀처럼 사람에게 모습을 보이지 않는다. 번식기에는 바위 위에 나뭇가지를 모아 동굴형 둥지를 틀고 4~6개의 알을 낳는다.

먹이 지렁이류, 곤충류

분포 한국, 중국, 일본 동북부, 타이완 등지에서 번식하고, 말레이시아, 인도네시아 등지에서 겨울을 난다. 우리나라 부산, 제주도, 거제도 등에서 적은 수가 번식한다.

이야기마당

깃털이 화려하여 '팔색조'라는 이름이 붙여졌습니다. 포식자가 둥지 주변에 오면 암수가 무섭게 공격합니다.

【천연기념물 제204호, 천연기념물 제233호(전라남도 거제 학동 동백나무 숲 및 팔색조 번식지), 멸종위기야생생물 II급】

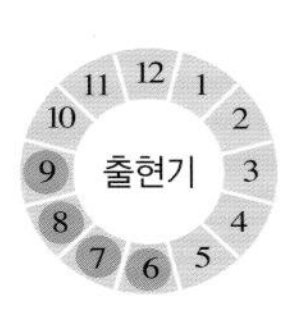

▲ 깃털이 화려하다.

▲ 둥지 안의 새끼 새

▲ 새끼 새에게 줄 지렁이를 물어 나르고 있다.

새끼 새의 배설물 주머니

배설물 주머니는 주로 참새목 새끼 새들의 배설물이 점액질의 막에 쌓여 있는 것을 말하며, 대부분 흰색이고 끝은 검은색입니다. 부모 새는 둥지를 포식자로부터 숨기기 위해 새끼 새의 배설물 주머니를 멀리 버리는데, 이는 새끼 새들이 둥지 안에 배설하지 않아 새끼 새들이 깨끗한 둥지에서 건강히 자랄 수 있도록 해 줍니다. 또한, 깨끗해진 둥지는 냄새가 나지 않아 길고양이, 너구리, 족제비 등과 같은 포식자를 유인하지도 않습니다.

▲ 팔색조 새끼 새의 배설물 주머니

새끼 새들은 부모 새로부터 먹이를 받아 먹고 바로 배설물 주머니를 배출하여, 부모 새가 여러 번 둥지를 드나들 필요가 없습니다. 새끼 새의 배설물 주머니에는 소화가 덜 된 영양분이 아직 남아 있어, 배설물 주머니를 부모 새가 먹기도 합니다. 새끼 새는 이소할 때가 되면 더 이상 배설물 주머니를 만들지 않습니다. 따라서 새끼 새가 이소한 둥지에는 새끼 새의 마지막 배설물이 조금씩 남아 있습니다.

북방긴꼬리딱새(별삼광조)

참새목 까치딱새과  **학명** *Terpsiphone paradici* **영명** Asian Paradise-Flycatcher

▲ 새끼를 돌보는 암컷

형태 몸길이 19~22㎝. '긴꼬리딱새'와 생김새가 비슷하다. 머리는 검은색의 금속 광택이 있고, 검은 댕기깃이 있다. 날개와 등은 갈색이며, 날개 끝과 긴 꼬리도 갈색이다. 부리와 눈테두리는 파란색을 띤다. 어린 새는 암컷과 구별하기 힘들다. 나이가 많은 새일수록 꼬리가 길다.

생태 여름 철새. 상록수와 활엽수가 혼합된 숲에서 산다. 번식기에는 덩굴 식물이 많은 높은 가지에 풀을 엮어 사발형 둥지를 틀고 2~4개의 알을 낳는다. 알을 품는 기간은 14~16일, 새끼를 기르는 기간은 9~12일이다.

먹이 곤충류

분포 중국, 인도, 동남아시아 등지에서 번식하고, 아시아 열대 지방에서 겨울을 난다. 우리나라에서는 제주도, 거제도 등 남부 섬 지방의 상록수림에서 번식한다.

이야기마당

우리나라 부산 구봉사 삼복림에서 매년 7월에 번식합니다.

긴꼬리딱새(삼광조)

참새목 까치딱새과 **학명** *Terpsiphone atrocaudata* **영명** Japanese Paradise-Flycatcher

▲ 새끼를 돌보는 수컷

▲ 둥지

▲ 알

형태 수컷의 몸길이 약 45㎝, 암컷의 몸길이 약 18㎝. 머리는 검은색이고, 날개와 등은 갈색이며, 날개 끝과 긴 꼬리는 검은색이다. 부리와 눈테두리는 파란색을 띤다. 수컷은 암컷에 비해 꼬리가 길다.

생태 여름 철새. 상록수와 활엽수가 혼합된 숲에서 산다. 번식기에는 덩굴 식물이 많은 높은 가지에 풀을 엮어 사발형 둥지를 틀고 약 2개의 알을 낳는다.

먹이 곤충류

분포 아시아 동부, 일본, 태평양 서부 지역에서 번식하고, 중국, 동남아시아에서 겨울을 난다. 우리나라 남해에 드물게 찾아오며, 부산, 제주도, 거제도 등지에서 규칙적으로 번식한다.

이야기마당

겨울을 나는 지역의 서식지 파괴로 개체 수가 급격히 줄고 있습니다.

【멸종위기야생생물 II급】

동박새 참새목 동박새과

학명 *Zosterops japonicus* **영명** Japanese White-eye

형태 몸길이 11~12㎝. 몸 전체가 노란색인데, '한국동박새'와 달리 배가 옅은 황토색을 띤다. 눈에는 흰 테가 있고, 부리와 다리는 검은색이다. 암수 구별이 어렵다.

생태 텃새. 상록수와 활엽수가 많은 숲, 절, 공원 등에서 산다. 겨울에는 무리를 지어 생활하며, 박새류와 섞여 있는 것을 볼 수 있다. 번식기에는 나뭇가지 사이에 풀과 거미줄을 이용하여 사발형 둥지를 틀고 2~5개의 알을 낳는다.

먹이 곤충류, 거미류, 식물의 열매, 과즙

분포 중국, 일본, 베트남, 타이완, 필리핀 등지에 분포한다. 우리나라 부산, 거제도 등 남해안에서 흔히 볼 수 있다.

'동백나무', '벚나무', '매화나무'의 꽃이 피는 계절에 꿀을 먹으러 모여듭니다. 겨울에는 '팥배나무'와 같은 붉은색 열매를 먹기 위해 모여들기도 합니다.

▲ 몸 전체가 노란색이다.

팥배나무 열매를 먹고 있다. ▶

흰배지빠귀 참새목 지빠귀과

학명 *Turdus pallidus* **영명** Pale Thrush

형태 몸길이 23~25㎝. 몸 전체가 황색을 띠고, 배는 옅은 황토색을 띤다. 수컷은 턱 부분이 검은색이고, 암컷은 황토색이다. 부리와 다리는 노란색이다.

생태 여름 철새/텃새. 상록수나 활엽수가 많은 숲에서 산다. 겨울이나 이동 시기인 봄, 가을에는 무리를 짓거나 단독 생활을 한다. 번식기에는 나뭇가지에 풀을 엮어 사발형 둥지를 틀고, 암수가 함께 새끼를 키운다.

먹이 곤충류, 지렁이류, 식물의 열매

분포 한국, 중국 북동부, 시베리아 남동부, 일본 등지에서 번식하고, 한국, 일본 남부, 중국 남부 등지에서 겨울을 난다. 우리나라 제주도, 거제도, 울릉도 등지에서 겨울을 나기도 한다.

이야기 마당

봄부터 여름까지 울창한 숲의 나무 꼭대기에서 아름다운 소리로 노래를 하며, 먹이로 지렁이를 가장 좋아합니다.

▲ 몸 전체가 황색이다.

알 ▶

바닷가에서 사는 새

바닷가나 바닷가 주변의 갯벌, 늪, 습지에는 바다직박구리, 가마우지, 제비갈매기, 흰줄박이오리, 바다비오리 등 다양한 새가 살고 있습니다. 특히 항구 근처나 바닷가 자갈밭에서는 괭이갈매기를 사계절 내내 많이 볼 수 있습니다.

흑기러기 기러기목 오리과

학명 *Branta bernicla* **영명** Brent Goose

▲ 먹이를 찾고 있는 무리
◀ 비상하는 무리

형태 몸길이 약 61㎝. 몸 전체가 검은색이고, 꼬리는 흰색, 목에 흰색 띠가 있는 것이 특징이다. 다른 기러기류와 달리 머리와 목이 검은색이고, 배는 회색을 띤다. 부리와 다리는 검은색이다.

생태 겨울 철새. 겨울에는 주로 바다 위나 바닷가의 얕은 곳에서 살며, 하천, 늪과 호수, 갯벌에 내려앉기도 한다. 단독 또는 작은 무리를 지어 생활한다. 번식기에는 바닷가 습지에 접시형 둥지를 틀고 3~5개의 알을 낳는다. 알을 품는 기간은 24~26일이다.

먹이 어류 알, 갯지렁이, 조개류, 식물의 씨, 풀, 뿌리

분포 시베리아 동부, 캐나다 서부 지역에서 번식하고, 한국, 중국, 일본, 북아메리카 서부 연안 등지에서 겨울을 난다. 우리나라에는 동해안과 남해안에 드물게 찾아온다.

이야기마당

과거에는 바닷가에서 주로 볼 수 있었지만, 최근 다른 나라에서 겨울을 나는 흑기러기들을 농경지에서 볼 수 있습니다. 【천연기념물 제325-2호, 멸종위기야생생물 II급】

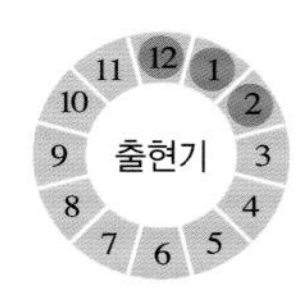

캐나다기러기 기러기목 오리과

학명 *Branta hutchinsii* **영명** Cackling Goose

▲ 머리와 목 아래에 큰 세모꼴의 흰 반점이 있다.(알래스카)

형태 몸길이 76~110㎝. 수컷이 암컷에 비해 큰 편이다. 머리와 목이 검은색이어서 다른 기러기류와 쉽게 구별된다. 몸통은 황갈색을 띤다. 머리와 목 아래에는 큰 세모꼴의 흰 반점이 있다. 부리와 다리는 검은색이다.

생태 겨울 철새. 바닷가나 호숫가 주변 습지에서 산다. 습성은 '쇠기러기' 나 '큰기러기' 와 비슷하며, 텃세권을 지키려는 공격성을 띤다. 번식기에는 접시형 둥지를 틀고 3~8개의 알을 낳는다. 24~28일 후에 알을 깨고 나온 새끼들은 둥지를 떠나 독립한다.

먹이 식물의 씨, 풀잎, 뿌리

분포 캐나다와 알래스카에 걸쳐 번식하고, 미국 남부, 멕시코, 일본에서 겨울을 난다. 우리나라에서는 주남 저수지, 한강 하구, 천수만, 순천만 등지에서 볼 수 있다.

이야기마당

장거리를 이동하는 철새로, 일찍 이동하는 새들은 이동 중 휴식을 덜하여 더 빨리 목적지까지 갑니다. V자 형으로 무리를 지어 이동하며, 선두에 있는 새들은 에너지 소모가 더 많기 때문에 서로 교대합니다.

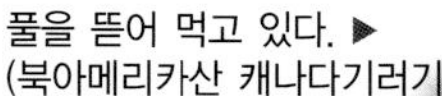

풀을 뜯어 먹고 있다. ▶
(북아메리카산 캐나다기러기)

혹고니 기러기목 오리과

학명 *Cygnus olor* **영명** Mute Swan

형태 몸길이 125~170㎝. 몸 전체가 순백색이다. 부리는 오렌지색이며 검은 혹이 특징이어서 다른 고니류와 쉽게 구별된다. 다리는 검은색이다. 암컷은 수컷에 비해 약간 작지만 구별하기 어렵다.

생태 겨울 철새. 바닷가나 호숫가 주변 습지에서 산다. 머리와 목을 앞으로 곧게 뻗고 날개를 완만하게 펄럭이며 나는데, 무리는 사선을 유지하며 난다. 번식기에는 수면 위에 수생 식물을 쌓아 접시형 둥지를 틀고 5~8개의 알을 낳는다. 알을 품는 기간은 34~38일, 새끼를 기르는 기간은 120~150일이다.

먹이 수생 식물

분포 북유럽, 몽골, 우수리 등지에서 번식한다. 우리나라에는 매년 겨울 강원도 화진포 저수지에 찾아온다.

이야기마당

일부 개체가 북아메리카에 자연 도입되어, 현재 그 수가 많이 늘어나 문제가 되기도 합니다.
【천연기념물 제201-3호, 멸종위기야생생물 Ⅰ급】

▲ 오렌지색 부리에 검은 혹이 있다.

잠수하여 먹이를 찾고 있다. ▶

출현기

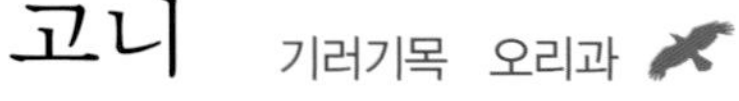

고니 기러기목 오리과

학명 *Cygnus columbianus* **영명** Tundra Swan

형태 몸길이 115~150㎝. 몸 전체가 흰색이다. '큰고니' 에 비하여 부리의 검은 부분과 노란 부분이 작고 모양도 다르다. 몸집도 더 작다. 어린 새는 머리와 목 부분이 회색을 띤다. 암수 구별이 어렵다.

생태 겨울 철새. 겨울에는 주로 바닷가, 늪, 호숫가 등에서 산다. 번식기에는 호숫가 주변 습지에 접시형 둥지를 틀고 3~9개의 알을 낳는다. 알을 품는 기간은 29~30일이다. 어린 새들은 3~4년 후에 번식이 가능하다.

먹이 소형 무척추동물, 조개류, 갯지렁이, 수생 식물, 농작물

분포 몽골, 우수리에서 번식하고, 한국, 중국, 일본, 북유럽 등지에서 겨울을 난다.

이야기마당

'백조' 라고도 하며, 고니류 중 몸집이 가장 작습니다. **【천연기념물 제201-1호, 멸종위기야생생물 Ⅱ급】**

▲ 휴식하고 있다.

겨울을 나는 무리 ▶

출현기

큰고니 기러기목 오리과

학명 *Cygnus cygnus* **영명** Whooper Swan

▲ 주위를 경계하며 이동하고 있다.

▲ 성조와 어린 새

▲ 부리의 노란색 부분이 큰 것이 '고니'와 다른 점이다.

형태 몸길이 140~160㎝. 몸 전체가 흰색이고, 다리는 검은색이다. 부리의 노란색 부분이 큰 것이 '고니'와 다른 점이다. 어린 새는 머리와 목 부분이 회색을 띤다. 암수 구별이 어렵다.

생태 겨울 철새. 겨울에는 큰 무리를 이루고 생활하는데, 해안선을 따라 얕은 수면을 헤엄쳐 다니면서 먹이를 찾는다. 번식기에는 바닷가나 호숫가 주변 습지에 접시형 둥지를 틀고 4~7개의 알을 낳는다. 알을 품는 기간은 약 36일이며, 새끼는 120~150일 후면 날 수 있다.

먹이 조개류, 식물의 잎, 줄기, 뿌리

분포 유럽, 시베리아 툰드라 지역에서 번식한다. 우리나라에서는 부산 낙동강 하구의 을숙도, 금강 하구 등지에서 흔히 볼 수 있다.

이야기마당

땅 위를 걸어다니면서 많은 먹이를 잡아 먹습니다. 【천연기념물 제201-2호, 멸종위기야생생물 II급】

▲ 겨울에는 큰 무리를 이루며 생활한다.

▲ 비상 중

홍머리오리 기러기목 오리과

학명 *Anas penelope* **영명** Eurasian Wigeon

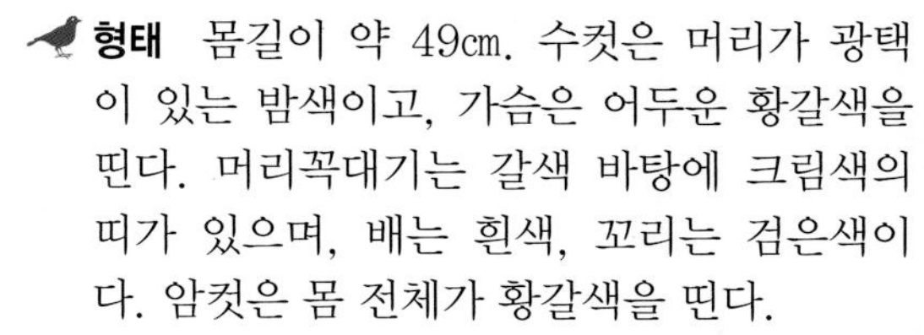

형태 몸길이 약 49㎝. 수컷은 머리가 광택이 있는 밤색이고, 가슴은 어두운 황갈색을 띤다. 머리꼭대기는 갈색 바탕에 크림색의 띠가 있으며, 배는 흰색, 꼬리는 검은색이다. 암컷은 몸 전체가 황갈색을 띤다.

생태 겨울 철새. 물결이 일지 않는 바다 위, 하구, 호수, 늪, 하천 등에 사는데, 특히 파래와 김이 많은 물가에 많다. 번식기에는 습지 주변의 땅바닥에 접시형 둥지를 틀고 8~9개의 알을 낳는다. 알을 품는 기간은 24~25일, 새끼를 기르는 기간은 40~45일이다.

먹이 수생 곤충류, 해초, 수초의 싹, 뿌리, 곡류

분포 유라시아 대륙 북부에서 번식하고, 유럽 남부, 북아프리카, 남아시아 등지에서 겨울을 난다. 우리나라에서는 제주도 하도리, 동해안, 남해안에서 흔히 볼 수 있다.

김을 좋아해서 김 양식을 하는 사람들이 싫어합니다. 핀란드에서는 '붉은여우'와 같은 포식자를 제거하였을 때 '홍머리오리'의 번식 성공률이 증가하였다고 합니다.

▲ 수컷

▲ 암컷

아메리카홍머리오리 기러기목 오리과

학명 *Anas americana* **영명** American Wigeon

형태 몸길이 42~59㎝. '홍머리오리'와 생김새가 비슷하지만 전혀 다른 색을 띤다. 수컷의 머리는 황갈색 바탕에 눈 위로 금속성 녹색 띠가 있으며, 머리꼭대기에는 올리브색 띠가 있다. 부리는 짧은 삼각형이다. 암컷은 몸 전체가 황갈색이다.

생태 겨울 철새. 바닷가 주변 강, 호수 등의 민물에서 산다. 풀숲에 접시형 둥지를 틀고 3~13개의 알을 낳는다. 알을 깨고 나온 새끼들은 어미 새와 함께 둥지를 떠난다.

먹이 수생 곤충류, 조개류, 해초

분포 알래스카 남부, 북아메리카, 캐나다 북부에서 번식하고, 미국의 동서부와 멕시코에서 겨울을 난다. 우리나라에는 '홍머리오리' 무리에 섞여서 적은 수가 찾아온다.

▲ 수컷(왼쪽), 암컷(오른쪽)

이야기마당

미국의 호수나 강에서는 흔히 볼 수 있는 새입니다.

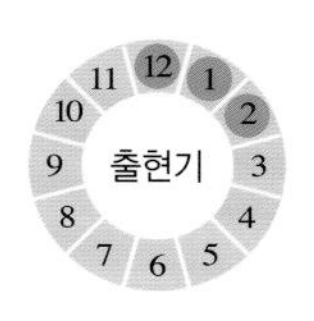

미국오리

기러기목 오리과

학명 *Anas rubripes* **영명** American Black Duck

▲ 수컷(미국)

▲ 암컷(미국)

형태 몸길이 54~59㎝. '흰뺨검둥오리'와 비슷하지만 부리 전체가 노란색이고, 얼굴에서 목 부분이 밝은 편이다. 날개 밑은 흰색이며, 날개 안쪽 윗부분에는 파란색 깃털이 있다. 암수의 깃털 색깔이 같아 다른 오리류와 섞여 있을 때 쉽게 구별하기 어렵다.

생태 미조. 바닷가나 호수 주변 습지에서 산다. 많은 오리 무리 중에 3~4마리가 섞여 있는 것을 자주 볼 수 있다. 번식기에는 습지 주변 산림이 울창한 곳의 바닥에 접시형 둥지를 틀고 9~10개의 알을 낳는다. 알을 품는 기간은 26~28일이다.

먹이 갑각류, 조개류, 소형 어류, 해조류, 식물의 씨앗, 뿌리, 줄기, 수생 식물

분포 미국, 캐나다 등지에 분포한다. 우리나라에서는 1993년 군산에서 1회 채집 기록이 있는 길 잃은 철새로 추정된다.

이야기마당

북아메리카에서 '미국오리'는 '청둥오리'와 많은 교잡이 이루어지고 있으며, '청둥오리'에게 많은 번식지를 빼앗기고 있습니다.

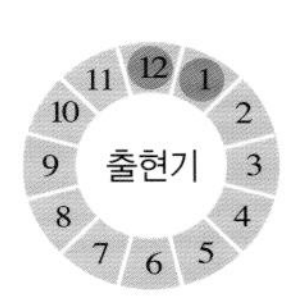

흰줄박이오리

기러기목 오리과 

학명 *Histrionicus histrionicus* **영명** Harlequin Duck

▲ 수컷

▲ 암컷

형태 몸길이 약 43㎝. 수컷은 머리 부분이 청록색이고, 눈 앞에 흰색의 큰 얼룩무늬가 있다. 암컷은 전체적으로 황갈색을 띠며, 머리에 흰색의 둥근 점이 있다. 부리와 다리는 회색을 띤다.

생태 겨울 철새. 바닷가 주변 수생 곤충이 많은 곳이나 개울, 숲이 우거진 습지에서 산다. 번식기에는 깊은 계곡의 주변 바닥에 접시형 둥지를 틀고 3~8개의 알을 낳는다. 알을 품는 기간은 28~29일, 새끼를 기르는 기간은 40~50일이다.

먹이 작은 어류, 수생 곤충류, 갑각류

분포 시베리아 동부에서 캄차카 반도에 걸쳐 번식한다. 우리나라에는 겨울에 적은 수가 강원도 고성군 아야진항에 찾아온다.

이야기마당

몸 전체를 부드러운 깃털이 빽빽이 덮고 있어서, 차갑고 빠른 물살에서도 효과적으로 체온 조절을 하며 수영을 할 수 있습니다. 백두산 천지의 따뜻한 온천수가 나오는 계곡에서 흔히 번식합니다.

검둥오리사촌 기러기목 오리과

학명 *Melanitta stejnegeri* **영명** Siberian Scoter

형태 몸길이 48~52㎝. 수컷은 몸 전체가 검은색에 가깝고, 암컷은 황갈색을 띤다. 눈 주위와 날개 끝에 흰 부분이 있는 것이 특징이다. 부리는 두껍고 끝이 회색 바탕에 노란색이며, 다리는 어두운 회색을 띤다.

생태 겨울 철새. 겨울에는 바닷가, 하구, 큰 하천, 저수지 등에서 산다. 번식기에는 바닷가나 호숫가의 습지 주변 바닥에 접시형 둥지를 틀고 5~11개의 알을 낳는다. 알을 품는 기간은 25~30일, 새끼를 기르는 기간은 약 21일이다.

먹이 갑각류, 조개류, 수생 곤충류

분포 한국, 중국, 일본, 시베리아에 분포한다. 우리나라 남해안에 찾아오며, 경상남도 삼천포항에 대집단을 이루어 겨울을 난다.

과거에는 동해안 부둣가 주변에서 '검둥오리' 보다 흔히 볼 수 있었습니다.

▲ 비행 중인 수컷

휴식 중인 무리 ▶

검둥오리 기러기목 오리과 

학명 *Melanitta americana* **영명** Black Scoter

형태 몸길이 약 48㎝. 수컷은 몸 전체가 짙은 검은색이다. 머리와 목은 금속 광택이 있고, 배 쪽은 어두운 갈색을 띤다. 부리에 노란색 혹이 있는 것이 특징이다. 암컷은 어두운 황갈색을 띠며, 눈 밑의 얼굴이 올리브색이다. 수컷과 달리 부리는 검은색이다.

생태 겨울 철새. 겨울에는 바닷가에서 적은 무리가 산다. 번식기에는 바닷가나 호숫가 습지 주변 바닥에 접시형 둥지를 틀고 5~7개의 알을 낳는다. 알을 품는 기간은 27~31일, 새끼를 기르는 기간은 약 20일이다.

먹이 갑각류, 수생 곤충류, 조개류

분포 한국, 일본, 중국, 시베리아 등지에 분포한다. 과거에는 우리나라 동해안과 남해안에서 많은 무리를 쉽게 볼 수 있었으나, 현재는 휴전선 가까운 인적이 드문 바닷가에서 10마리 내외의 적은 무리가 겨울을 난다.

이야기마당

'검둥오리사촌' 무리에 섞여 있는 모습을 볼 수 있습니다. 겨울을 나는 시기에는 먹이 경쟁 때문에 암수가 함께 다니지 않습니다.

▲ 수컷은 부리에 노란색 혹이 있다.

먹이를 찾는 무리 ▶

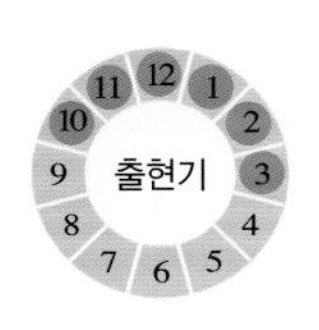

흰뺨오리 기러기목 오리과

학명 *Bucephala clangula* **영명** Common Goldeneye

▲ 수컷

▲ 암컷

형태 몸길이 45~52㎝. 수컷의 머리는 청록색이며, 눈은 노란색으로 아래쪽에 흰색 점이 있다. 암컷의 머리는 갈색, 목은 회색이며, 몸통은 흰색 바탕에 검은색 무늬가 있다. 부리는 검은색이고, 다리는 귤빛을 띤다.

생태 겨울 철새. 겨울에는 주로 바다에서 산다. 번식기에는 풀밭이나 습지 주변의 나무 구멍에 둥지를 틀고 알을 낳는다. 알을 품는 기간은 28~32일이며, 알을 깨고 나온 새끼들은 1~2일 둥지에서 머문 후 이소하고, 55~65일 후에 독립한다.

먹이 갑각류, 수생 곤충류, 조개류, 수생 식물

분포 한국, 중국, 일본, 아무르, 사할린, 캄차카 반도, 지중해, 인도 등지에 분포한다. 우리나라 전 지역에서 흔히 볼 수 있다.

이야기마당

과거에는 남해안의 만에서 적은 무리를 흔히 볼 수 있었으나, 현재는 바닷가의 서식지가 파괴되어 매우 드물게 볼 수 있습니다.

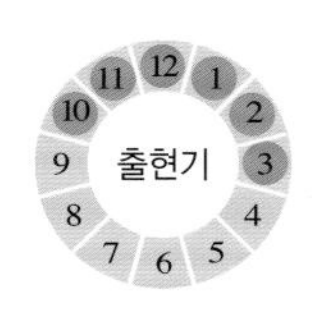

흰비오리 기러기목 오리과

학명 *Mergellus albellus* **영명** Smew

▲ 수컷

▲ 암컷

형태 몸길이 약 42㎝. 수컷의 몸은 거의 흰색이고, 몸통에 검은 줄들이 있다. 눈 주위에는 검은 점이 있다. 암컷의 몸은 회갈색이고, 머리는 흐린 밤색이며 댕기깃이 있고, 눈 주위에 검은 띠가 없다. 부리 끝은 '비오리'와 같이 구부러져 있다. 부리와 다리는 회색이다.

생태 겨울 철새. 겨울에는 해안, 해만, 하구, 하천, 저수지, 호수 등에서 1~2마리를 볼 수 있다. 번식기에는 고목이 많은 계곡에서 나무 구멍에 둥지를 틀고 7~9개의 알을 낳는다. 알을 품는 기간은 26~28일이다. 간혹 인공 새집에서 번식하기도 한다.

먹이 연체동물, 갑각류, 곤충류, 소형 어류

분포 유라시아 대륙의 넓은 지역에 분포한다. 우리나라에서는 매우 드물게 볼 수 있다.

이야기마당

바다와 민물에서 모두 잠수를 잘 하는 오리입니다. 수컷의 겉모습은 '갈라진 얼음'과 같은 모양입니다.

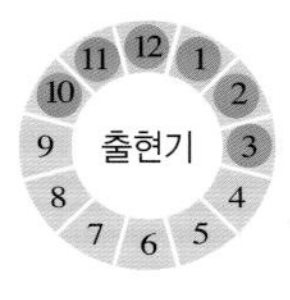

바다비오리

기러기목 오리과

학명 *Mergus serrator* **영명** Red-breasted Merganser

형태 몸길이 51~62㎝. 수컷의 머리는 검은색이고 뒤쪽에 댕기깃이 있는데, '비오리' 보다 더 길다. 목은 흰색이고, 뒷목에는 검은 줄이 있다. 어깨와 등은 검고, 배는 흰색이며, 옆구리에 파도무늬가 있다. 암컷은 머리 위와 뒷목은 회갈색, 뺨은 적갈색이며, 몸의 윗면은 회갈색이다. 수컷의 부리는 붉은색, 암컷은 갈색이고, 다리는 연한 붉은색이다.

생태 겨울 철새. 바닷가에서 4~10마리가 무리 지어 산다. 번식기에는 호숫가 주변 습지에 접시형 둥지를 틀고 9~10개의 알을 낳는다. 알을 품는 기간은 31~32일, 새끼를 기르는 기간은 60~65일이다.

먹이 소형 어류, 갑각류, 조개류, 수생 곤충류, 수생 식물

분포 유라시아 대륙과 북아메리카 북부에 걸쳐 번식한다. 우리나라에서는 추운 겨울 동안 강원도 속초 바닷가에서 작은 무리를 볼 수 있다.

▲ 수컷은 머리 뒤쪽에 댕기깃이 있다.

먹이를 찾는 수컷(왼쪽)과 암컷(오른쪽) ▶

이야기 마당

바다에 사는 오리 중에 몸의 모양이 비호같이 생겼다고 하여 '바다비오리' 라고 이름 지어졌습니다. 다른 오리류에 비해 빠른 속도로 비행합니다.

아비

아비목 아비과

학명 *Gavia stellata* **영명** Red-throated Loon

형태 몸길이 약 63㎝. 머리는 회색이다. 여름깃은 등이 갈색, 겨울깃은 등이 흰색의 반점이 있는 갈색이다. 부리는 뾰족하며 약간 위로 향하고 짙은 회색이다.

생태 겨울 철새. 항만이나 저수지, 호수에서 산다. 번식기에는 호숫가 주변 습지에 접시형 둥지를 틀고 약 2개의 알을 낳는다. 알을 품는 기간은 26~28일, 새끼를 기르는 기간은 약 43일이다.

먹이 어류, 조개류, 갑각류

분포 북극권에서 번식하고 한국, 중국, 일본, 미국, 남부 유럽 등지에서 겨울을 난다. 우리나라 경상남도 거제도 해금강에서 구조라까지의 해안에서 겨울을 나는 무리를 볼 수 있다.

▲ 몸은 유영, 잠수에 적합한 타원형이다.(겨울깃)

갈대밭에서 휴식하고 있다. ▶

이야기 마당

가장 잠수를 오래하는 새 중에 하나입니다. 스코틀랜드에서는 학생과 어부들을 대상으로 '아비' 번식지를 보호하는 환경 교육을 시키며, 호수에 인공 부유물을 설치하여 번식 둥지 공간을 넓히고 있습니다.【천연기념물 제227호(경상남도 거제 연안 아비 도래지)】

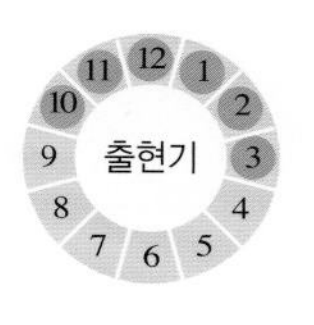

회색머리아비 아비목 아비과

학명 *Gavia pacifica* **영명** Pacific Loon

▲ 몸 전체가 회색이다.(겨울깃)
◀ 비상 중(겨울깃)

형태 몸길이 58~74㎝. 겨울깃은 몸 전체가 회색이며, 턱과 목 앞부분이 흰색이다. 여름깃은 뒷머리는 옅은 회색이며, 턱과 목 앞부분은 보라색에 흰 줄이 있다. 부리와 다리는 짙은 회색이다.

생태 겨울 철새. 먹이 잡는 시간 이외에는 바닷가 작은 갈대섬이나 모래섬에서 휴식을 한다. 번식기에는 바닷가 주변의 습지에 접시형 둥지를 틀고 3~4개의 알을 낳는다. 알을 품는 기간은 32~38일, 새끼를 기르는 기간은 63~71일이다.

먹이 어류, 극피동물, 연체동물, 갑각류

분포 시베리아 북부, 러시아, 캐나다, 알래스카, 북극 등지에서 번식하고, 태평양 연안에서 겨울을 난다. 우리나라 동해안 바닷가나 강원도 경포호, 충청남도 서산 천수만 등지에 적은 무리가 찾아온다.

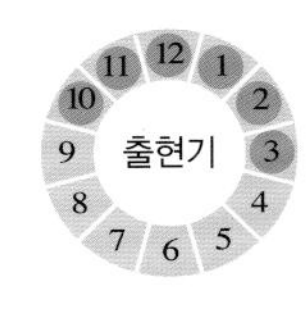

이야기마당

잘 날지 못하지만 헤엄을 잘 치고, 잠수를 하여 먹이를 찾는답니다. 일본에서는 '회색머리아비' 무리가 항구로 들어올 때 물고기를 몰고 온다고 하여 축제를 합니다.

검은목논병아리 논병아리목 논병아리과

학명 *Podiceps nigricollis* **영명** Black-necked Grebe

▲ 겨울깃

형태 몸길이 28~34㎝. 겨울깃은 머리 · 목 · 등이 검은 갈색이고, 뺨 아래쪽과 배는 흰색이다. 여름깃은 머리 · 목 · 등이 검은색이고, 배는 붉은빛을 띤 갈색이며, 노란색의 귀깃이 있다. 암수 구별이 어렵다.

생태 겨울 철새. 바닷가나 호수 등에서 산다. 번식기에는 호수나 연못에 무리를 이루어 접시형 둥지를 틀고 약 2개의 알을 낳는다. 알에서 나온 새끼들은 어미의 등을 타고 생활한다.

먹이 곤충류, 갑각류, 연체동물류, 어류

분포 한국, 중국, 일본, 사할린, 유럽 등지에 분포한다. 우리나라에는 강원도 고성군 아야진항에 규칙적으로 찾아온다.

▲ 겨울을 나는 무리

이야기마당

거의 날지 않으며, 위험에 처했을 때는 날아가기보다는 물속으로 잠수를 합니다.

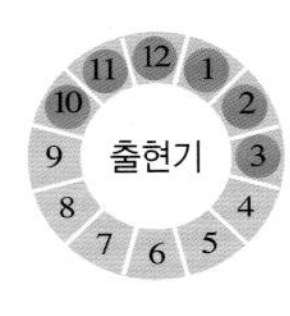

가마우지

얼가니새목 가마우지과

학명 *Phalacrocorax capillatus* **영명** Japanese Cormorant

형태 몸길이 약 81㎝. 몸 전체가 검은색이다. 눈 주위는 노란색이고, 목은 흰색이다. 부리는 노란색이고, 발은 검은 청색이다.

생태 텃새. 항만 또는 해안의 절벽이나 암초에서 흔히 볼 수 있다. 암초나 암벽에서 집단으로 번식한다. 암초나 바위 절벽의 층을 이룬 오목한 곳에 마른 풀이나 해초를 이용하여 접시형 둥지를 틀고 4~5개의 알을 낳는다.

먹이 어류

분포 한국, 일본, 러시아, 타이완 등지에 분포한다. 우리나라에서는 제주도, 거제도, 서해안 백령도 및 석도의 해안 절벽에서 번식한다.

▲ 바위에서 휴식하고 있다.

이야기마당

번식기에 집단 번식하는 바위나 절벽에 쌓인 배설물은 바닷물에 주요한 영양분이 됩니다.

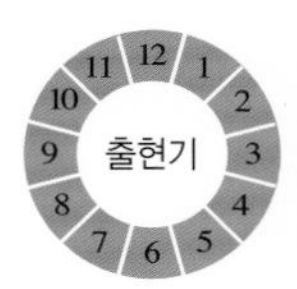

▲ 바위 절벽에 둥지를 짓는다.

▲ 알을 품고 있는 어미 새

▲ 깃털을 다듬고 있다.

▲ 잠수 후 날개를 말리고 있다.

▲ 비상 중

쇠가마우지

얼가니새목 가마우지과

학명 *Phalacrocorax pelagicus* **영명** Pelagic Cormorant

▲ 겨울깃

▲ 여름깃

형태 몸길이 약 68㎝. 몸 전체가 금속 광택이 있는 검은색이다. 몸이 가늘고 길며, 머리꼭대기와 뒷머리에 긴 댕기깃이 있다. 여름깃은 눈 가장자리, 부리 주위의 붉은색 피부가 밖으로 드러난다. 암수 구별이 어렵다.

생태 텃새. 바닷가 근처 습지나 먼바다에서 산다. 번식기에는 바닷가 절벽이나 무인도의 바위 틈에 접시형 둥지를 틀고 2~4개의 알을 낳는다.

먹이 어류

분포 한국, 일본, 사할린, 북태평양 북부 연안 등지에 분포한다. 우리나라의 인천 백령도 해안 절벽에서 매년 많은 무리가 번식하고, 강원도 고성군 해안에서 이동 중인 무리를 볼 수 있다.

이야기마당

가마우지 무리 중 가장 작은 종입니다. 다른 가마우지류와 같이 물고기를 잡기 위해 잠수한 후에는 바위 위에서 날개를 펴고 말립니다.

▲ 새끼를 돌보고 있다.

▲ 먹이를 찾는 어린 새

▲ 휴식 중인 쇠가마우지 무리(겨울깃)

흑로 사다새목 백로과

학명 *Egretta sacra* **영명** Pacific Reef-Heron

형태 몸길이 57~66㎝. 몸 크기는 '쇠백로'와 비슷하다. 몸 전체가 진한 회색이며 부분적으로 어두운 갈색을 띠기도 한다. 앞목 아래쪽과 어깨에 장식깃이 있고, 부리와 다리는 노란색을 띤다. 암수 구별이 어렵다.

생태 텃새. 단독 또는 무리를 지어 생활한다. 작은 무인도의 암초나 나무 위 또는 암벽 위에 나뭇가지를 모아 접시형 둥지를 틀고 3~5개의 알을 낳는다.

먹이 어류, 갑각류, 연체동물

분포 한국, 중국, 일본, 타이완, 필리핀, 폴리네시아, 뉴질랜드, 오스트레일리아 등지에 분포한다. 우리나라 남해안의 제주도, 추자도, 거제도, 완도, 진도 등지의 해안에서 볼 수 있다.

이야기마당

진한 회색형과 함께 백색형도 가끔 볼 수 있습니다.

▲ 몸 전체가 진한 회색이다.

▲ 먹이를 잡고 있다.

저어새 사다새목 저어새과

학명 *Platalea minor* **영명** Black-faced Spoonbill

▲ 여름깃

▲ 새끼 새와 알

▲ 새끼를 돌보고 있다.

▲ 어린 새

형태 몸길이 약 86㎝. 암컷이 수컷보다 약간 작다. 몸은 흰색이고, 부리는 검은색으로 주걱 모양이다. 번식기에는 댕기깃이 길어지고, 목 아랫부분에 노란색이 보이는 여름깃을 가진다. '노랑부리저어새'와 달리 부리와 눈 사이에 검은 부분이 있다.

생태 여름 철새/텃새. 겨울에는 바닷가, 저수지, 인가와 강 하구 등에서 산다. 번식기에는 무인도 절벽에 나뭇가지를 모아 접시형 둥지를 틀고 2~3개의 알을 낳는다. 알을 품는 기간은 약 35일, 새끼를 기르는 기간은 약 30일이다.

먹이 곤충류, 연체동물류, 양서류, 소형 어류, 수초

분포 한국, 중국 북동부, 북한 등지에서 드물게 번식하고, 한국 남서부, 중국 남부, 타이완, 베트남 등지에서 겨울을 난다. 우리나라는 비무장 지대 석도, 유도 등지에서 번식한다.

이야기마당

'노랑부리저어새'와 같이 물속에서 부리를 좌우로 흔들면서 먹이를 잡습니다. 【천연기념물 제205-1호, 천연기념물 제389호(전라남도 영광 칠산도 괭이갈매기·노랑부리백로·저어새 번식지), 천연기념물 제419호(인천광역시 강화 갯벌 및 저어새 번식지), 멸종위기야생생물 Ⅰ급】

▲ 먹이를 찾고 있는 무리

▲ 비상하는 저어새 무리

물수리 수리목 수리과

학명 *Pandion haliaetus* **영명** Osprey

형태 몸길이 50~66㎝. 날개와 등은 갈색을 띠고, 머리 · 목 · 배는 흰색이며, 얼굴에 갈색의 가로줄이 있다. 부리와 다리는 회색이다. 어린 새의 날개는 갈색이고, 등에 흰색 무늬가 있다. 암수 구별이 어렵다.

생태 나그네새/겨울 철새. 바닷가, 호숫가, 강 하구 등에서 산다. 번식기에는 물가에서 단독 생활을 하며, 매년 같은 짝과 번식한다. 높은 나무 위나 절벽에 나뭇가지를 모아 접시형 둥지를 틀고 2~4개의 알을 낳는다. 약 35일 후 알을 깨고 나온 새끼들은 55~70일 후에 둥지를 떠나 독립한다.

먹이 어류

분포 한국, 중국, 인도, 필리핀, 아프리카, 시베리아 등지에 분포한다. 우리나라 제주도 하도리 습지에 매년 규칙적으로 찾아온다.

▲ 휴식하고 있다.

이야기마당

먹이를 잡을 때 날개를 반쯤 펴고 물속으로 들어가 양발로 물고기의 머리를 잡아 날아오릅니다.

【멸종위기야생생물 Ⅱ급】

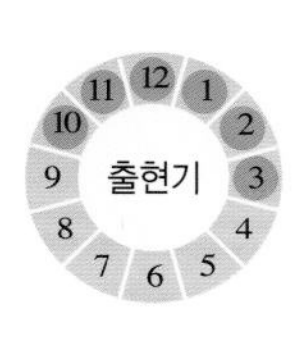

▲ 먹이를 찾기 위해 비행하고 있다.

흰죽지수리 수리목 수리과

학명 *Aquila heliaca* **영명** Eastern Imperial Eagle

▲ 어린 새
◀ 먹이를 찾고 있다.

형태 몸길이 72~84㎝. 몸 전체가 진한 고동색을 띤다. 머리 위는 황색이고, 날개 밑은 옅은 회색이다. 다리는 노란색이다. 어린 새는 흰 점이 많은 황갈색을 띤다.

생태 겨울 철새. 바닷가나 하천 주변 낮은 지대의 습지에서 산다. 번식기에는 나무가 많은 숲이나 농경지에서 높은 나무에 나뭇가지를 모아 접시형 둥지를 틀고 2~3개의 알을 낳는다. 약 43일 후에 알을 깨고 나온 새끼들은 60~77일 후에 둥지를 떠나 독립한다.

먹이 어류, 소형 포유류, 조류

분포 유럽 남동부에서 시베리아 중앙에 걸쳐 번식하고, 아프리카 북동부, 아시아 중부에서 겨울을 난다. 우리나라의 강원도 철원, 경기도, 낙동강 하구, 주남 저수지, 해남 등지에 규칙적으로 찾아온다.

이야기마당

몸집이 커서 비행 시 무거워 보이며, 다른 맹금류의 먹이를 빼앗기도 한답니다. **【멸종위기야생생물 II급】**

흰꼬리수리 수리목 수리과

학명 *Haliaeetus albicilla* **영명** White-tailed Eagle

▲ 주위를 경계하고 있다.

▲ 새끼 새

▲ 비상 중인 어린 새

형태 몸길이 69~92㎝. 몸 전체가 황갈색을 띤다. 부리와 다리는 노란색, 꼬리는 흰색이다. 어린 새는 몸 전체에 흰색이 섞여 있다. 암수 구별이 어렵다.

생태 겨울 철새/텃새. 인적이 드문 절벽이나 바닷가, 고목이 많은 호숫가, 강 하구 등에서 산다. 비번식기에는 혼자서 생활하지만, 번식 후에는 어린 새들과 함께 산다. 번식기에는 큰 나무 위나 바위 위에 작은 가지와 마른풀로 접시형 둥지를 틀고 1~3개의 알을 낳는다. 암수가 약 38일 동안 함께 알을 품고, 새끼를 기른다. 알을 깨고 나온 새끼들은 42~70일 후에 둥지를 떠나 독립한다.

먹이 어류, 포유류, 조류

분포 한국, 일본, 중국, 인도, 동남아시아, 러시아 등지에 분포한다. 우리나라 흑산도에서 매년 번식한다.

이야기마당

번식기에 암수가 함께 공중에서 높이 원을 그리며 비행합니다. **【천연기념물 제243-4호, 멸종위기야생생물 I급】**

참수리

수리목 수리과

학명 *Haliaeetus pelagicus* **영명** Steller's Sea-Eagle

형태 몸길이 85~105㎝. 몸 전체가 황갈색이다. 날갯죽지 · 아랫배 · 꼬리는 흰색이고, 부리와 다리는 노란색이다. 어린 새는 흰 부분이 없고 전체적으로 회색이 부분적으로 섞여 있는 황갈색을 띤다. 암수 구별이 어렵다.

생태 겨울 철새. 바닷가나 물이 있는 산지에서 산다. 번식기에는 강 하구나 호숫가, 바닷가에서 생활하며, 높은 나무 위나 바위 절벽에 나뭇가지를 모아 접시형 둥지를 틀고 1~3개의 알을 낳는다. 39~45일 후에 알을 깨고 새끼들이 나온다.

먹이 어류, 조류, 포유류, 갑각류, 오징어류, 죽은 동물

분포 동북아시아의 넓은 지역에 분포하며, 일부는 한국, 일본에서 겨울을 난다. 우리나라 부산 낙동강 강 하구에서 '독수리', '흰꼬리수리'와 함께 볼 수 있다.

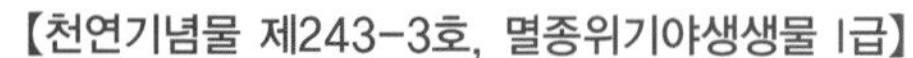
▲ 휴식하고 있다.(어린 새)

이야기마당

겨울에는 부분적으로 무리를 이루기도 하고, 수면에 가까운 물고기를 사냥합니다.
【천연기념물 제243-3호, 멸종위기야생생물 I급】

뒷부리장다리물떼새

물떼새목 장다리물떼새과 

학명 *Recurvirostra avosetta* **영명** Pied Avocet

형태 몸길이 42~45㎝. 몸 전체가 흰색이고, 머리 · 뒷목 · 날개는 부분적으로 검은색이다. 위로 휘어진 긴 부리는 검은색이고, 다리는 짙은 회색이다. 어린 새는 어미 새와 같은 검은색 무늬를 가지지만 머리 · 윗목 · 등이 옅은 황갈색이다. 암수 구별이 어렵다.

생태 나그네새/겨울 철새. 바닷가 주변, 습지, 하천, 풀밭 등에서 산다. 겨울에는 작은 무리를 지어 먹이를 구한다. 번식기에는 습지 주변의 풀밭에 죽은 갈대를 모아 접시형 둥지를 틀고 3~4개의 알을 낳는다. 알을 품는 기간은 23~25일, 새끼를 기르는 기간은 35~42일이다.

먹이 수생 곤충류, 연체동물류, 소형 어류

분포 유럽, 아시아, 아프리카에서 번식하고, 유럽 서부, 인도, 중국 등지에서 겨울을 난다. 겨울에 우리나라 제주도 하도리 습지에 규칙적으로 찾아온다.

▲ 먹이를 찾고 있다.

◀ 휴식 중인 무리

이야기마당

얕은 물에 살며, 몸이 거의 물에 잠기지 않고도 헤엄을 칩니다.

검은머리물떼새

물떼새목 검은머리물떼새과 **학명** *Haematopus ostralegus* **영명** Eurasian Oystercatcher

▲ 머리와 등은 검은색이다.

▲ 비상 중

▲ 이소 직후 새끼 새

형태 몸길이 40~45㎝. 머리와 등이 검은색이고 배가 흰색을 띠어 '까치' 같이 보이지만 긴 부리가 붉은색이어서 쉽게 구별된다. 눈과 다리도 붉은색이다. 암수 구별이 어렵다.

생태 텃새. 바닷가의 암초, 모래밭, 하천 어귀의 삼각주 등에서 작은 무리를 이루어 산다. 번식기에는 바닷가 주변 자갈밭에 둥지를 틀고 2~4개의 알을 낳는다. 알과 새끼는 보호색을 띤다.

먹이 조개류, 연체 동물류, 지렁이류, 곤충류, 소형 어류

분포 한국, 유럽 서부, 유라시아 중앙, 캄차카 반도, 중국 등지에 분포한다. 우리나라 서해안의 무인도 또는 인천 송도 매립지에서 주로 번식하며, 겨울에는 전라남도 유부도에서 천여 마리가 집단을 이루어 겨울을 난다.

이야기마당

서해안 사람들은 '물까치' 라고 부르기도 합니다. 눈에 잘 띄고 무리 생활을 하므로 생태계의 건강을 측정하는 종으로 이용되기도 합니다.

【천연기념물 제326호, 멸종위기야생생물 II급】

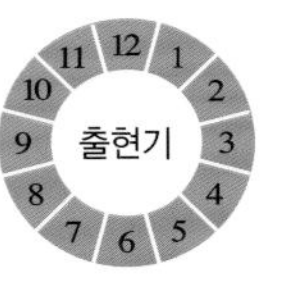

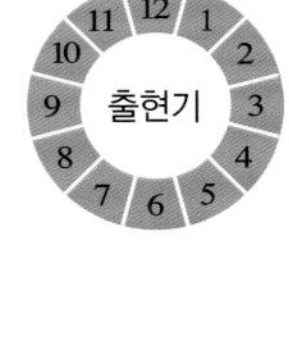

개꿩

물떼새목 물떼새과

학명 *Pluvialis squatarola* **영명** Grey Plover

▲ 겨울깃

형태 몸길이 27~30㎝. 머리 · 뒷목 · 등은 흰색 바탕에 검은 점 무늬가 있다. 번식기에는 부리 밑에서 배까지 검은색을 띠는데, 겨울이 되면 회색을 띤다. '검은가슴물떼새' 와 비슷하지만 전체적으로 검은 회색을 띤다. 암수 구별이 어렵다.

생태 나그네새/겨울 철새. 갯벌, 바닷가에서 산다. 바닷가와 숲 사이 바닥에 둥지를 틀고 3~4개의 알을 낳는다. 알을 품는 기간은 26~27일, 새끼를 기르는 기간은 35~36일이다.

먹이 갯지렁이류, 연체동물류, 갑각류, 곤충류, 식물의 풀씨, 줄기

분포 한국, 중국, 일본, 알래스카, 사할린 등지에 분포한다. 봄, 가을에 우리나라 부산 낙동강 하구의 갯벌에서 흔히 볼 수 있다.

▼ 이동 중 휴식하는 무리

이야기마당

걸어가다가 반복적으로 잠시 멈추는 행동이 있어 사진을 찍기 쉽습니다. 번식기에는 암수가 독립적으로 생활하지만, 겨울에는 무리를 지어 생활합니다.

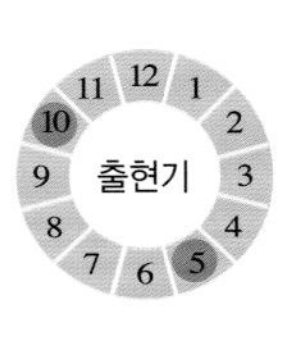

검은가슴물떼새

물떼새목 물떼새과

학명 *Pluvialis fulva* **영명** Pacific Golden-Plover

형태 몸길이 23~26㎝. 윗머리에서 꼬리 쪽으로 노란색 바탕에 검은 점무늬가 있고, 머리에서 날개 밑으로 흰 선이 있다. 부리와 다리는 검은색이다. 부리 밑에서 배까지 검은색을 띠는데, 겨울이 되면 황갈색으로 변한다. 어린 새는 황갈색을 많이 띤다. 암수 구별이 어렵다.

생태 나그네새/겨울 철새. 바닷가, 호숫가, 갯벌 등에서 겨울을 난다. 번식기에는 움푹 들어간 땅 위에 죽은 풀을 깔고 약 4개의 알을 낳고, 암수가 함께 알을 품는다.

먹이 곤충류, 연체동물류, 지렁이류, 거미류, 갑각류, 식물의 열매

분포 한국, 중국, 사할린, 시베리아 북동부, 알래스카, 인도, 말레이시아, 오스트레일리아 등지에 분포한다. 겨울이나 이동 시기인 봄, 가을에 우리나라 전 지역에서 볼 수 있다.

▲ 겨울깃

이야기마당

'개꿩'과 비슷하지만 노란색을 많이 띱니다. 해마다 같은 장소에 둥지를 트는 습성이 있습니다.

댕기물떼새

물떼새목 물떼새과

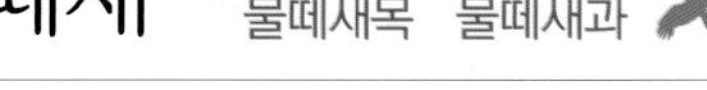

학명 *Vanellus vanellus* **영명** Northern Lapwing

형태 몸길이 28~31㎝. 윗머리 · 앞가슴 · 날개 · 꼬리는 짙은 회색을 띤다. 머리에는 긴 댕기깃이 있다. 배는 흰색이고, 부리는 검은색, 다리는 붉은색을 띤다.

생태 겨울 철새. 바닷가 주변 논, 습지, 하천, 풀밭 등에서 살며, 겨울에는 무리를 지어 생활한다. 번식기에는 움푹 들어간 바닥에 죽은 풀을 이용하여 둥지를 틀고 3~4개의 알을 낳는다.

먹이 곤충류, 거미류, 달팽이류, 지렁이류, 양서류, 소형 어류, 식물의 씨앗, 풀

분포 유라시아 북부에서 번식하고, 아프리카, 인도, 동남아시아 등지에서 겨울을 난다. 우리나라에는 제주도 해안가에 규칙적으로 찾아와 겨울을 난다.

▲ 머리에 긴 댕기깃이 있다.

겨울을 나는 한 쌍 ▶

이야기마당

몽골 호숫가 갈대밭에 많이 번식하지만 둥지를 찾기는 힘듭니다. 네덜란드에서는 '댕기물떼새'의 알을 가장 먼저 찾는 경기가 있습니다.

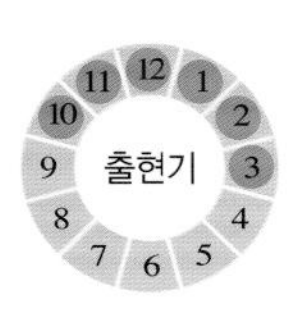

민댕기물떼새

물떼새목 물떼새과

학명 *Vanellus cinereus* **영명** Grey-headed Lapwing

▲ 휴식하고 있다.

형태 몸길이 34~37㎝. 머리와 목은 회색이고, 날개와 등은 황갈색이다. 배와 꼬리, 날개 안쪽은 흰색, 꼬리 끝은 검은색이다. 부리는 노란색이고 끝이 검은색이다. 다리는 노란색이다. 어린 새의 머리 · 가슴 · 날개 · 등은 황갈색을 띤다. 암수 구별이 어렵다.

생태 나그네새. 겨울에는 바닷가 주변의 초원, 논, 습지에서 겨울을 난다. 번식기에는 풀숲, 하천 부지의 죽은 풀 위에 둥지를 틀고 3~4개의 알을 낳는다.

먹이 곤충류, 지렁이류, 연체동물류

분포 중국 북동부, 일본에서 번식하고, 아시아 남동부에서 겨울을 난다. 우리나라에서는 남부 지방의 외딴섬에서 드물게 볼 수 있다.

이야기마당

번식기에는 암수가 독립적으로 생활하지만, 비번식기에는 무리를 지어 생활한답니다.

출현기

왕눈물떼새

물떼새목 물떼새과

학명 *Charadrius mongolus* **영명** Lesser Sand-Plover

▲ 여름깃

▼ 휴식 중인 무리(겨울깃)

▲ 어린 새

형태 몸길이 약 19.5㎝. 여름깃은 머리꼭대기와 등이 회갈색이고, 가슴에 검은색의 띠가 있으며, 턱 밑과 배는 흰색이다. 눈 주위는 검은색이고, 머리에서 가슴까지는 붉은 갈색인데, 겨울이 되면 회갈색으로 변한다. 암수 구별이 어렵다.

생태 나그네새. 갯벌, 하구, 해안 근처의 습지 등에서 무리 지어 산다. 번식기에는 움푹 들어간 땅 위에 둥지를 틀고 약 3개의 알을 낳는다.

먹이 곤충류, 갑각류, 갯지렁이류

분포 시베리아 동북부와 알래스카에서 번식하고, 중국 남동부, 타이완, 오스트레일리아 등지에서 겨울을 난다. 우리나라에서는 이동 시기인 봄, 가을에 흔히 볼 수 있다.

이야기마당

바닷가에서 갯지렁이를 가장 잘 잡는 새입니다. '큰왕눈물떼새'와 매우 닮았지만, 번식기에는 목과 가슴의 갈색 부분이 더욱 붉은빛을 띠고 몸 크기도 작습니다.

흰물떼새

물떼새목 물떼새과 

학명 *Charadrius alexandrinus* **영명** Kentish Plover

형태 몸길이 15~17㎝. 번식기에는 머리 위가 갈색을 띠고, 등은 옅은 황갈색이며, 목 밑과 배는 흰색인 여름깃을 가진다. 비번식기에는 번식기의 외형과 유사하지만, 목의 검은띠가 엷은 겨울깃을 가진다. 어린 새는 어미 새에 비해 옅은 황토색을 띤다. 암수 구별이 어렵다.

생태 나그네새/텃새. 바닷가 모래밭, 갯벌, 강 어귀의 삼각주, 하천 부지와 염전, 산지의 논 등에서 산다. 번식기에는 바닷가 모래밭이나 호수 주변 풀밭, 움푹 들어간 땅에 3~5개의 알을 낳는다.

먹이 곤충류, 갑각류, 새우류, 조개류, 연체동물류, 지렁이류, 달팽이류, 해초류

분포 유럽 남부에서 아시아, 북아메리카에 걸쳐 분포한다. 우리나라에서는 이동 시기인 봄, 가을에 볼 수 있으며, 적은 무리가 번식한다.

이야기마당

북아메리카 바닷가에서는 사람에 의한 번식 실패를 방지하기 위해 해수욕장 출입을 통제하기도 한답니다.

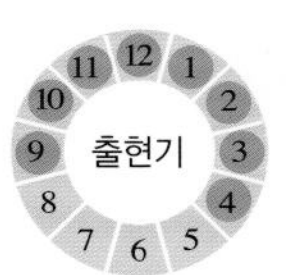

▲ 여름깃

▲ 알

▲ 알을 품고 있다.

▲ 알을 굴리고 있다.

▲ 어린 새

▲ 휴식 중인 무리

노랑발도요 물떼새목 도요과

학명 *Tringa brevipes* **영명** Grey-tailed Tattler

▲ 겨울깃
◀ 여름깃

형태 몸길이 25~26㎝. 머리와 등은 갈색을 띤 회색이고, 가슴과 배는 흰색이다. 부리는 회색으로, 머리 길이와 비슷하다. 여름깃은 배에 가로줄이 있지만, 겨울깃에는 없다. 다리는 노란색이다.

생태 나그네새. 바닷가, 갯벌, 개천 어귀, 삼각주, 논, 염전, 하천 주변 등에서 산다. 번식기에는 바위가 많은 강가에서 죽은 풀을 엮어 접시형 둥지를 튼다. 암수가 함께 새끼를 키운다.

먹이 곤충류, 갑각류

분포 시베리아 북부에서 번식하고, 아시아 남부, 오스트레일리아 등지에서 겨울을 난다. 우리나라에서는 이동 시기인 봄, 가을에 흔히 볼 수 있다.

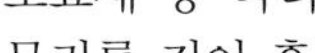

이야기마당

도요새 중 다리의 색깔이 가장 노랗습니다. 바닷가에서 무리를 지어 휴식할 때에 머리를 모두 같은 방향으로 돌리고 있으며, 경계하는 모습 또한 특이합니다.

청다리도요 물떼새목 도요과

학명 *Tringa nebularia* **영명** Common Greenshank

▲ 먹이를 찾고 있다.
◀ 휴식 중인 무리

형태 몸길이 35㎝. 몸 전체가 흰색이고, 머리 · 등 · 가슴 · 어깨는 짙은 회색 무늬가 많다. 배는 흰색이다. 겨울깃은 가슴과 어깨가 흰색이다. 부리는 머리 길이와 비슷하고 위로 약간 휘어져 있으며, 다리는 청회색이다.

생태 나그네새. 바닷가, 갯벌, 염전이나 하천, 연못, 저수지 등에서 산다. 번식기에는 나무가 많고 습지가 있는 숲 속의 바닥에 죽은 풀을 엮어 접시형 둥지를 틀고 약 4개의 알을 낳는다. 알을 품는 기간은 23~24일, 새끼를 기르는 기간은 25~31일이다.

먹이 곤충류, 갑각류, 지렁이류, 연체동물류, 양서류, 소형 어류

분포 스코틀랜드에서 유럽, 아시아의 북방부에 걸쳐 번식하고, 아프리카, 아시아 남부, 오스트레일리아 등지에서 겨울을 난다. 우리나라에서는 이동 시기인 봄, 가을에 볼 수 있다.

이야기마당

날씬하고 긴 다리를 가진 새로, 노래를 잘 합니다. 우리나라, 중국, 북한에서는 서식지 감소, 환경 오염 등의 원인으로 위협받고 있습니다.

쇠청다리도요 물떼새목 도요과

학명 *Tringa stagnatilis* **영명** Marsh Sandpiper

형태 몸길이 23~24㎝. 머리와 등은 회색이고, 간혹 등에 검은색 점이 있다. 배는 흰색이다. 여름깃은 가슴에 검은 갈색 반점이 있다. 부리는 곧고 머리 길이와 비슷하며, 검은색이다. 암수 구별이 어렵다.

생태 나그네새. 바닷가, 강가나 호숫가 주변의 습지, 논, 석호, 갯벌 등에서 산다. 번식기에는 숲과 가까운 습지, 석호 주변에서 죽은 풀을 엮어 접시형 둥지를 튼다. 암수가 함께 알을 품고 새끼를 기른다.

먹이 소형 어류, 갑각류, 연체동물류, 곤충류

분포 유럽, 러시아, 시베리아 등지에서 번식하고, 아프리카, 아시아 남부, 오스트레일리아 등지에서 겨울을 난다. 우리나라에서는 이동 시기인 봄, 가을에 볼 수 있다.

▲ 여름깃

이야기마당

'청다리도요'에 비하여 몸집이 작고, 부리도 가늘고 곧으며, 다리가 더 깁니다.

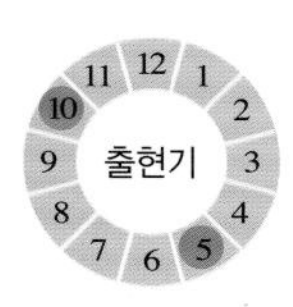

알락도요 물떼새목 도요과

학명 *Tringa glareola* **영명** Wood Sandpiper

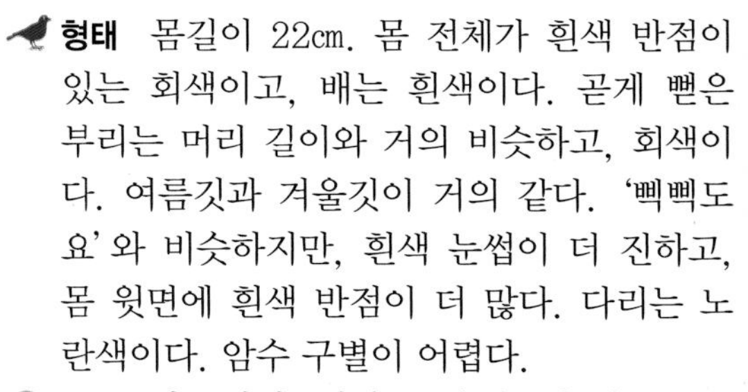

형태 몸길이 22㎝. 몸 전체가 흰색 반점이 있는 회색이고, 배는 흰색이다. 곧게 뻗은 부리는 머리 길이와 거의 비슷하고, 회색이다. 여름깃과 겨울깃이 거의 같다. '삑삑도요'와 비슷하지만, 흰색 눈썹이 더 진하고, 몸 윗면에 흰색 반점이 더 많다. 다리는 노란색이다. 암수 구별이 어렵다.

생태 나그네새. 갯벌, 호숫가, 강 하구, 논, 묵은 염전 등에서 산다. 번식기에는 숲 속의 습지 등에 죽은 풀을 엮어 접시형 둥지를 틀고 약 4개의 알을 낳는다.

먹이 곤충류, 지렁이류, 거미류, 갑각류, 식물의 씨앗

분포 유라시아 북부에 널리 번식하며, 아프리카, 아시아 남부, 오스트레일리아 등지에서 겨울을 난다. 우리나라에서는 이동 시기인 봄, 가을에 흔히 볼 수 있다.

▲ 몸 전체에 흰색 반점이 있다.(겨울깃)

이야기마당

얕은 물속을 걸어다니며, 날아오를 때 '삐삐' 소리를 냅니다.

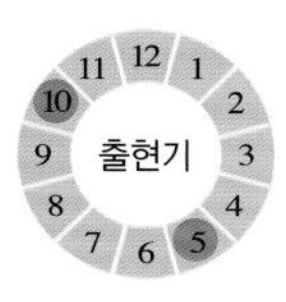

붉은발도요 물떼새목 도요과

학명 *Tringa totanus* **영명** Common Redshank

▲ 겨울깃

▲ 여름깃

이야기마당

민물에서 큰 무리를 짓지 않으며, 다른 도요류에 섞인 작은 무리를 볼 수 있습니다.

형태 몸길이 약 28㎝. 여름깃의 몸 윗면은 어두운 갈색이고, 목과 배 부분에 점들이 많으며, 몸 아랫면이 흰색이다. 겨울깃의 몸 윗면은 어두운 회갈색이고, 아랫면은 흰색이다. 부리와 다리는 붉은색이고, 곧게 뻗은 부리는 머리 길이와 거의 같다. 암수 구별이 어렵다.

생태 나그네새. 바닷가 습지, 간척지, 염전, 삼각주 등에서 산다. 번식기에는 강 하구나 호숫가의 풀밭에 죽은 풀을 엮어 접시형 둥지를 틀고 3~5개의 알을 낳는다. 알을 품는 기간은 22~25일이다.

먹이 곤충류, 거미류, 갯지렁이류, 연체동물류, 갑각류, 소형 어류, 올챙이류

분포 유라시아 대륙, 북극 지방에서 번식하고, 지중해 연안, 대서양 연안, 아시아 남부에서 겨울을 난다. 우리나라에서는 이동 시기인 봄, 가을에 볼 수 있다.

쇠부리도요 물떼새목 도요과

학명 *Numenius minutus* **영명** Little Curlew

▲ '중부리도요' 보다 부리 길이가 짧다.

형태 몸길이 30~33㎝. 몸 전체가 검은 점이 있는 황갈색을 띤다. 눈썹선은 연한 황갈색이다. 부리는 머리 길이의 약 1.3배로, 끝이 아래로 휘어져 있다. 다리는 회색이다. 겨울깃은 몸 전체가 옅은 황색을 띤다. 암수 구별이 어렵다.

생태 나그네새. 바닷가 갯벌, 호숫가, 강가 주변의 습지에서 산다. 번식기에는 물가 바닥에 죽은 풀을 엮어 접시형 둥지를 튼다.

먹이 곤충류, 거미류, 식물의 씨앗, 열매

분포 시베리아 북부에서 번식하고, 오스트레일리아에서 겨울을 난다. 우리나라에서는 이동 시기인 봄, 가을에 북한의 평안북도, 황해도, 경기도 등지에서 드물게 볼 수 있다.

이야기마당

'알락꼬리마도요', '마도요', '중부리도요' 보다 몸집이 작습니다.

중부리도요 물떼새목 도요과

학명 *Numenius phaeopus* **영명** Whimbrel

형태 몸길이 37~45㎝. 몸 전체가 검은 점이 있는 황갈색을 띤다. 머리에는 흑갈색의 눈썹선이 가로로 나 있고, 부리는 머리 길이의 약 2배로, 끝이 아래로 구부러져 있다. 암수 구별이 어렵다.

생태 나그네새. 해안, 강 하구의 갯벌, 염전, 농경지, 초원 습지 등의 물가에서 산다. 번식기에는 죽은 풀을 엮어 접시형 둥지를 틀고 3~5개의 알을 낳는다. 알을 품는 기간은 27~28일, 새끼를 기르는 기간은 35~40일이다.

먹이 곤충류, 거미류, 지렁이류, 달팽이류, 갑각류, 조개류, 연체동물류, 식물의 씨앗, 풀잎, 열매

분포 북아메리카 북부, 유럽, 아시아에서 번식하고, 아프리카, 남아메리카, 아시아 남부, 오스트레일리아 등지에서 겨울을 난다. 우리나라에서는 이동 시기인 봄, 가을에 전 지역의 해안에서 흔히 볼 수 있다.

▲ 휴식하고 있다.

▲ 털을 다듬고 있다.

이야기마당

'알락꼬리마도요', '마도요' 보다 몸집이 작고, '쇠부리도요' 보다는 큽니다.

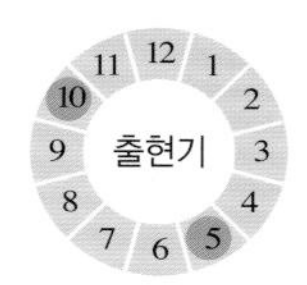

알락꼬리마도요 물떼새목 도요과

학명 *Numenius madagascariensis* **영명** Far Eastern Curlew

형태 몸길이 약 61㎝. 몸 전체가 황갈색을 띤다. 부리는 분홍색으로, 머리 길이의 약 2.5배이며 아래로 구부러져 있다. 다리는 회색이다. 암수 구별이 어렵다.

생태 나그네새. 바닷가 모래밭이나 갯벌에서 큰 무리를 이루며 산다. 번식기에는 주로 갈대가 많은 습지나 늪이 있는 호숫가에서 단독으로 죽은 풀을 모아 접시형 둥지를 틀고 약 4개의 알을 낳는다.

먹이 곤충류, 갑각류, 조개류, 연체동물류

분포 시베리아 동부에서 번식하고, 동남아시아, 오스트레일리아, 뉴질랜드 등지에서 겨울을 난다. 우리나라에서는 이동 시기인 봄, 가을에 낙동강 하구와 남해 도서 연안 갯벌에서 흔히 볼 수 있다.

▲ 작은 게를 잡아먹고 있다.

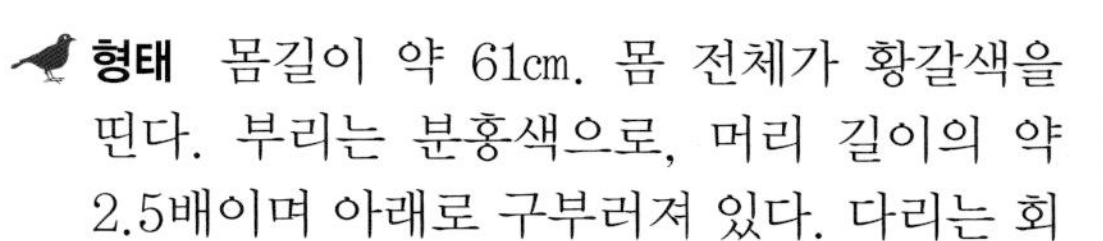

이야기마당

'마도요' 와 달리 비행 시 허리와 날개 밑부분에 흰색이 보이지 않습니다.

【멸종위기야생생물 Ⅱ급】

무리 ▶

마도요

물떼새목 도요과

학명 *Numenius arquata* **영명** Eurasian Curlew

▲ 긴 부리로 먹이를 잡는다.

형태 몸길이 50~57㎝. 몸 전체가 황갈색을 띤다. 등 아래부터 꼬리, 배 밑은 흰색이다. 분홍색의 긴 부리는 머리 길이의 약 2.5로, 끝이 구부러져 있다. 다리는 회색이다. 암수 구별이 어렵다.

생태 나그네새/겨울 철새. 갯벌, 하구, 염전 등에서 산다. 번식기에는 침엽수림이 많은 지역에 죽은 풀을 모아 접시형 둥지를 틀고 3~6개의 알을 낳는다. 알을 품는 기간은 약 30일이다.

먹이 곤충류, 갑각류, 지렁이류

분포 시베리아 중서부에서 번식하고, 지중해, 아프리카, 아시아 남동부 등지에서 겨울을 난다. 우리나라에서는 겨울이나 이동 시기인 봄, 가을에 서해안의 갯벌에서 쉽게 볼 수 있다.

이야기마당

'알락꼬리마도요'와 달리 비행 시 허리와 날개 밑부분에 흰색이 보입니다.

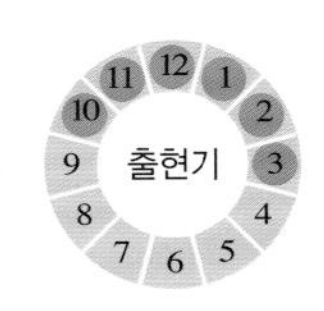

흑꼬리도요

물떼새목 도요과

학명 *Limosa limosa* **영명** Black-tailed Godwit

▲ 여름깃(몽골)

형태 몸길이 약 42㎝. 번식기에는 머리 · 날개 · 등이 갈색인 여름깃을 가지며, 배에는 검은색 줄이 있다. 비번식기에는 머리 · 날개 · 등이 회색인 겨울깃을 가지며, 배는 흰색이다. 부리는 머리 길이의 2~3배로 붉은 빛을 띠고, 다리는 길고 검은색이다. 비행 시 날개는 검은 바탕에 흰색 줄이 보인다. 암수 구별이 어렵다.

생태 나그네새. 바닷가 갯벌, 석호, 논 등에서 산다. 번식기에는 호숫가 등에 죽은 풀을 모아 접시형 둥지를 틀고 3~6개의 알을 낳는다. 알을 품는 기간은 22~24일, 새끼를 기르는 기간은 25~30일이다.

먹이 곤충류, 거미류, 달팽이류, 양서류, 지렁이류, 연체동물류

분포 캄차카 반도에서 시베리아 동부까지 분포하고, 아시아 남부, 오스트레일리아 북부 등지에서 겨울을 난다. 우리나라에서는 이동 시기인 봄, 가을에 부산 낙동강 하구, 인천 해안, 한강 하류에서 이동하는 무리를 볼 수 있다.

이야기마당

비행 시 다른 도요류에 비해 꼬리가 많이 검게 보입니다.

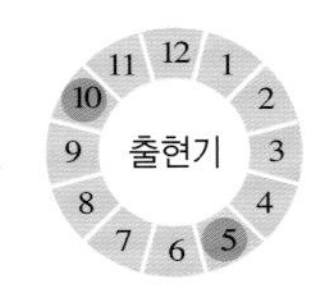

큰뒷부리도요

물떼새목 도요과

학명 *Limosa lapponica* **영명** Bar-tailed Godwit

형태 몸길이 37~41㎝. 겨울깃은 전체적으로 회색빛을 띤다. 긴 부리는 위로 약간 휘어져 있으며 분홍색이다. 배는 흰색이고, 긴 다리는 검은색이다. 번식기에는 머리 · 목 · 등 · 배가 붉은빛이 도는 갈색의 여름깃을 가진다. 암수 구별이 어렵다.

생태 나그네새. 갯벌, 간척지, 습지, 하구, 하천 부지, 염전, 논 등에서 산다. 번식기에는 죽은 풀을 모아 접시형 둥지를 튼다. 암수가 함께 알을 품고 새끼를 키운다.

먹이 곤충류, 갑각류, 새우류, 복족류, 갯지렁이류, 식물의 씨앗, 열매

분포 북극 시베리아 동부에서 알래스카 서북부 연안에 걸쳐 번식하고, 아시아 남부, 오스트레일리아 등지에서 겨울을 난다. 우리나라에서는 이동 시기인 봄, 가을에 전 지역 해안 갯벌에서 다른 도요새들에 섞인 무리를 볼 수 있다.

봄, 가을에 무리를 지어 '흑꼬리도요', '개꿩', '검은가슴물떼새' 등과 함께 이동합니다.

▲ 겨울깃

▲ 깃털을 다듬고 있다.

▲ 휴식하고 있다.

▲ 비상 중

▲ 먹이를 찾고 있다.(여름깃)

꼬까도요 물떼새목 도요과

학명 *Arenaria interpres* **영명** Ruddy Turnstone

▲ 겨울깃
◀ 여름깃

이야기마당

조개나 돌멩이를 굴려 가며 작은 게나 갯지렁이를 찾는다 하여 'turnstone' 이라는 영명이 지어졌습니다.

형태 몸길이 22~24㎝. 여름깃의 머리와 가슴은 흰색 바탕에 검은 띠들이 있고, 등과 날개는 갈색이며, 배는 흰색이다. 수컷의 여름깃은 암컷보다 갈색을 많이 띠며, 겨울깃은 고동색을 띤다. 부리는 검은색으로 머리 길이보다 짧고, 다리는 갈색이다.

생태 나그네새. 갯벌, 바닷가 모래밭, 강 하구의 모래밭 등에서 다른 도요류와 함께 산다. 번식기에는 습지 주변의 풀숲에 죽은 풀을 모아 접시형 둥지를 틀고 2~5개의 알을 낳는다. 알을 품는 기간은 22~24일, 새끼를 기르는 기간은 19~21일이며, 암수가 함께 새끼를 키운다.

먹이 곤충류, 거미류, 갑각류, 연체동물류, 지렁이류, 식물의 씨앗

분포 유라시아, 북아메리카 북부에서 번식한다. 우리나라에서는 이동 시기인 봄, 가을에 흔히 볼 수 있다.

붉은어깨도요 물떼새목 도요과

학명 *Calidris tenuirostris* **영명** Great Knot

▲ 먹이를 찾고 있다.(겨울깃)
◀ 휴식하고 있다.(여름깃)

형태 몸길이 약 31㎝. 몸 전체가 회색이고 검은 점이 있으며, 배는 흰색이다. 부리는 검은색으로 머리 길이와 비슷하고, 다리는 노란빛을 띤다. 겨울깃과 달리 여름깃은 날개에 갈색 부분이 있다. 암수 구별이 어렵다.

생태 나그네새. 해안 간척지, 갯벌, 하구의 삼각주, 소택지 등에서 산다. 번식기에는 습지에 죽은 풀을 모아 접시형 둥지를 틀고 약 4개의 알을 낳는다.

먹이 연체동물, 갑각류, 갯지렁이류, 곤충류

분포 시베리아 북동부에서 번식하며, 동남아시아, 오스트레일리아, 뉴질랜드에서 겨울을 난다. 우리나라에서는 이동 시기인 봄, 가을에 드물게 볼 수 있다.

이야기마당

'붉은가슴도요' 와 닮았으나 보다 크고 허리가 흰색입니다.
【멸종위기야생생물 II급】

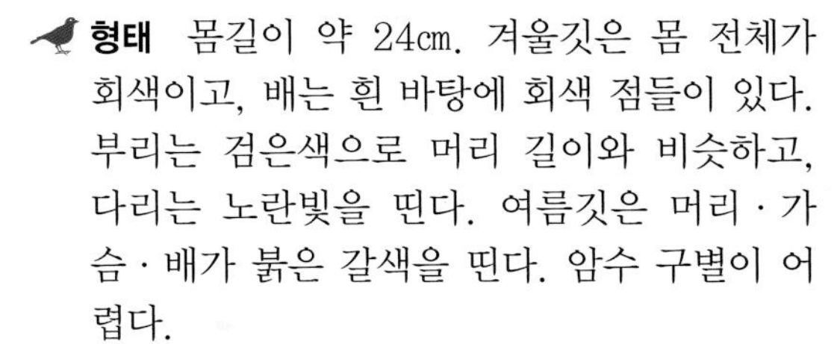

붉은가슴도요

물떼새목 도요과

학명 *Calidris canutus* **영명** Red Knot

형태 몸길이 약 24㎝. 겨울깃은 몸 전체가 회색이고, 배는 흰 바탕에 회색 점들이 있다. 부리는 검은색으로 머리 길이와 비슷하고, 다리는 노란빛을 띤다. 여름깃은 머리 · 가슴 · 배가 붉은 갈색을 띤다. 암수 구별이 어렵다.

생태 나그네새. 바닷가, 석호 등에서 산다. 번식기에는 습지 바닥에 죽은 풀을 모아 접시형 둥지를 틀고 3~4개의 알을 낳는다.

먹이 곤충류, 조개류, 연체동물류, 갑각류, 갯지렁이류

분포 북극해 연안과 그린란드에서 번식하고, 유럽, 아프리카, 아시아 남부, 오스트레일리아 등지에서 겨울을 난다. 우리나라에서는 이동 시기인 봄, 가을에 흔히 볼 수 있다.

▲ 먹이를 찾고 있다.(여름깃)

어린 새(겨울깃) ▶

이야기마당

'붉은어깨도요'의 큰 무리 속에서 작은 무리를 볼 수 있습니다.

송곳부리도요

물떼새목 도요과

학명 *Limicola falcinellus* **영명** Broad-billed Sandpiper

형태 몸길이 약 17㎝. 여름깃은 몸 전체가 황갈색을 띠고, 배는 흰색이다. 눈 주위에는 흰색과 회색의 가로줄이 있다. 부리는 머리 길이와 비슷하고 검은색이며 끝이 구부러져 있고 날카롭다. 다리는 짧고 검은색이다. 겨울깃은 머리 · 등이 옅은 회색이다. 암수 구별이 어렵다.

생태 나그네새. 바닷가 주변, 갯벌, 석호 주변 습지에서 산다. 번식기에는 침엽수림이 많은 지역의 바닥에 이끼를 모으거나 죽은 풀을 모아 접시형 둥지를 틀고 약 4개의 알을 낳는다.

먹이 지렁이류, 조개류, 달팽이류, 갑각류, 곤충류, 수생 식물의 씨앗

분포 유라시아 북부에서 번식하고, 아프리카, 인도, 동남아시아, 오스트레일리아 등지에서 겨울을 난다. 우리나라에서는 서해와 남해 갯벌에서 이동 시기인 봄, 가을에 드물게 볼 수 있다.

▲ 여름깃

휴식 중인 무리 ▶

이야기마당

우리나라와 중국은 새들의 이동 시기에 중요한 중간 휴식처이지만, 최근 바닷가 서식지가 매립되고 개발되어 드물게 찾아옵니다.

메추라기도요 물떼새목 도요과

학명 *Calidris acuminata* **영명** Sharp-tailed Sandpiper

▲ 먹이를 찾고 있다.

형태 몸길이 약 21㎝. 여름깃의 목과 가슴은 어두운 갈색의 비늘무늬가 옆구리와 배까지 이어져 있다. 겨울깃의 등은 전체적으로 흐린 갈색이며, 목과 옆구리에 희미한 줄무늬가 있다. 부리는 갈색으로, 머리 크기보다 약간 짧고, 다리는 노란색이다. 암수 구별이 어렵다.

생태 나그네새. 해안의 간척지, 염전, 갯벌, 강 하구 등에서 산다. 번식기에는 습지에 죽은 풀을 모아 접시형 둥지를 틀고 약 4개의 알을 낳는다. 알을 품는 기간은 19~23일, 새끼를 기르는 기간은 18~21일이다.

먹이 곤충류, 연체동물류, 갑각류

분포 아시아 북동부, 시베리아 동북부에서 번식하고, 아시아 동남부, 오스트레일리아 등지에서 겨울을 난다. 우리나라에서는 이동 시기인 봄, 가을에 흔히 볼 수 있다.

'메추라기' 와 깃털이 비슷하여 '메추라기도요' 라고 합니다. '아메리카메추라기도요' 와도 매우 닮았습니다.

출현기 12 1 2 3 4 5 6 7 8 9 10 11

붉은갯도요 물떼새목 도요과

학명 *Calidris ferruginea* **영명** Curlew Sandpiper

▲ 기지개를 펴고 있다.(여름깃)

형태 몸길이 약 19㎝. 여름깃은 몸 전체가 황갈색이며, 얼굴 · 가슴 · 배는 붉은 갈색이다. 겨울깃의 몸 윗면은 회색을 띤 갈색이며, 아랫면은 흰색이다. 부리는 검은색으로, 머리 길이의 약 1.5배이며, 아래로 구부러져 있다. 다리는 검은색이다. 암수 구별이 어렵다.

생태 나그네새. 바닷가 갯벌, 간척지, 삼각주, 염전 등에서 산다. 번식기에는 죽은 풀을 모아 접시형 둥지를 틀고 3~4개의 알을 낳는다. 암수가 함께 알을 품고 새끼를 키운다.

먹이 곤충류, 지렁이류, 연체동물류, 갑각류, 식물의 씨앗

분포 시베리아 북부에서 번식하고, 아프리카, 아시아 남동부, 오스트레일리아 등지에서 겨울을 난다. 우리나라에서는 이동 시기인 봄, 가을에 전 지역의 해안에서 드물게 볼 수 있다.

이야기마당

'민물도요' 와 매우 닮은 모습입니다.

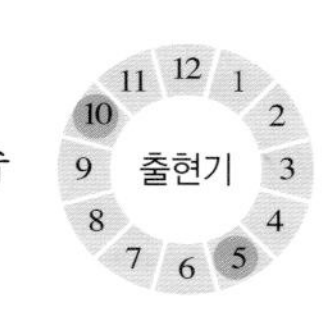

흰꼬리좀도요 물떼새목 도요과

학명 *Calidris temminckii* **영명** Temminck's Stint

형태 몸길이 13~15cm. 여름깃의 머리 · 목 · 등 · 날개는 황갈색이고, 배는 흰색이다. 겨울깃은 몸 윗면이 어두운 회갈색이며, 각 깃털에 검은색 얼룩무늬가 있다. 부리는 검은색으로, 머리 길이보다 짧고, 다리는 노란색이다. 암수 구별이 어렵다.

생태 나그네새. 바닷가 습지, 내륙의 습지, 강 하구, 갯벌, 염전 등에서 산다. 번식기에는 습지 주변 바닥에 죽은 풀을 모아 접시형 둥지를 틀고 3~4개의 알을 낳는다. 알을 품는 기간은 21~22일, 새끼를 기르는 기간은 15~18일이다.

먹이 곤충류, 식물의 열매

분포 유럽, 아시아 극지방에서 번식하고, 아프리카, 아시아 남부에서 겨울을 난다. 우리나라에서는 이동 시기인 봄, 가을에 서해안과 한강 등지에서 드물게 볼 수 있다.

▲ 겨울깃

이야기마당

암수가 함께 새끼 새를 기르는 다른 새들과 달리, '흰꼬리좀도요'는 암수가 짝짓기 후 2~3개의 둥지에 알을 낳아 한 부모 새가 전담하여 새끼 새를 키웁니다.

종달도요 물떼새목 도요과

학명 *Calidris subminuta* **영명** Long-toed Stint

형태 몸길이 약 15㎝. 몸 전체는 황갈색으로, 짙은 갈색 얼룩무늬가 있으며, 턱 밑 · 가슴 · 배는 흰색이다. 부리는 검은색으로, 머리 길이와 비슷하고, 다리는 황록색이다. 여름깃은 겨울깃보다 붉은 갈색을 띤다. 암수 구별이 어렵다.

생태 나그네새. 바닷가, 염전, 강가 습지, 호숫가, 석호, 논 등에서 산다. 번식기에는 바닥에 죽은 풀을 모아 접시형 둥지를 틀고 약 4개의 알을 낳는다.

먹이 곤충류, 연체동물류, 갑각류, 양서류, 식물의 씨앗

분포 시베리아 동부, 캄차카 반도 북부, 쿠릴 열도 등지에서 번식하고, 아시아 남부, 오스트레일리아 등지에서 겨울을 난다. 우리나라에서는 이동 시기인 봄, 가을에 전 지역에서 드물게 볼 수 있다.

▲ 여름깃

이야기마당

다른 도요류에 비해 발가락이 깁니다.

넓적부리도요 물떼새목 도요과

학명 *Eurynorhynchus pygmeus* **영명** Spoon-billed Sandpiper

▲ 부리 끝이 넓적하다.

형태 몸길이 14~16㎝. 여름깃의 머리 · 목 · 등 · 날개는 황갈색을 띠고, 배는 흰색이다. 부리는 검은색으로, 주걱 모양이며, 머리 길이와 비슷하다. 다리는 검은색이다. 겨울깃은 회색을 띠고, 흰색 눈썹선이 있다. 암수 구별이 어렵다.

생태 나그네새. 바닷가 갯벌에서 산다. 낮과 밤 모두 활동한다. 번식기에는 바닷가의 풀이 난 땅 바닥에 죽은 풀을 모아 접시형 둥지를 틀고 3~4개의 알을 낳는다. 알을 품는 기간은 18~20일이며, 암수가 함께 알을 품고 새끼를 키운다.

먹이 곤충류, 거미류, 지렁이류, 달팽이류, 갑각류, 조개류, 식물의 씨앗

분포 러시아 북동부에서 번식하고, 아시아 남동부에서 겨울을 난다. 우리나라에서는 이동 시기인 봄, 가을에 서해안, 남해안, 낙동강 하구 등지에서 매우 드물게 볼 수 있다.

이야기마당

세계적으로 450~1,000마리가 있습니다. 【멸종위기야생생물 Ⅰ급】

좀도요 물떼새목 도요과

학명 *Calidris ruficollis* **영명** Red-necked Stint

▲ 먹이를 찾고 있다.
◀ 휴식하고 있다.

형태 몸길이 약 15㎝. 겨울깃의 머리 · 등 · 날개는 회색이고, 배는 흰색이다. 부리는 검은색으로, 머리 길이보다 짧다. 다리는 검은색이다. 여름깃의 머리 · 등 · 날개는 갈색빛을 띤다. 암수 구별이 어렵다.

생태 나그네새. 해안, 갯벌, 삼각주, 해안 주변 논밭에서 무리 지어 산다. 번식기에는 습지 주변 바닥에 죽은 풀을 모아 접시형 둥지를 틀고 4개 정도의 알을 낳는다. 암수가 함께 알을 품고 새끼들을 기른다.

먹이 곤충류, 작은 수생 무척추동물

분포 시베리아 북동부, 알래스카 서부 등지에서 번식하고, 아시아 남부, 오스트레일리아 등지에서 겨울을 난다. 우리나라에서는 이동 시기인 봄, 가을에 동진강과 만경강 하구에서 큰 무리를 볼 수 있다.

이야기마당

다른 도요류와 섞여 무리를 이루고, 먹이를 찾기 위해 땅 위에서 종종 걸음을 걷습니다.

세가락도요

물떼새목 도요과

학명 *Calidris alba* **영명** Sanderling

형태 몸길이 18~20㎝. 겨울깃의 머리와 등은 옅은 회색이고, 목과 배는 흰색이다. 부리는 검은색으로, 머리 길이보다 짧다. 다리는 검은색이고, 발가락은 앞쪽으로 세 개다. 여름깃의 머리 · 가슴 · 등 · 날개는 갈색을 띤다.

생태 나그네새/겨울 철새. 바닷가 갯벌, 석호 등에서 산다. 주로 바닷가에서 파도를 따라가며 무리를 지어 먹이를 구한다. 번식기에는 죽은 풀을 모아 바닥에 접시형 둥지를 틀고 3~4개의 알을 낳는다.

먹이 곤충류, 거미류, 갑각류, 연체동물류

분포 북극 지방에서 번식하고, 남아메리카, 유럽 남부, 아프리카, 오스트레일리아 등지에서 겨울을 난다. 우리나라에서는 이동 시기인 봄, 가을에 전 지역의 해안에서 볼 수 있다.

이야기마당

다른 도요에 비해 돌에 붙은 김을 좋아합니다. '민물도요' 무리에 섞여 겨울을 나는 무리가 발견됩니다.

▲ 먹이를 찾고 있다.

▲ 어린 새

▲ 휴식 중인 무리

민물도요

물떼새목 도요과

학명 *Calidris alpina* **영명** Dunlin

▲ 먹이를 찾고 있다.(여름깃)

▲ 몸 전체가 회갈색이다.(겨울깃)

형태 몸길이 17~21㎝. 여름깃의 머리 · 등 · 날개는 갈색을 띠며, 배는 흰색 점들이 있는 흰 바탕에 커다란 검은색 부분이 있다. 겨울깃의 몸 전체는 회갈색을 띠고, 배는 흰색이다. 부리는 검은색으로, 머리 길이의 약 1.5배이며 아래로 구부러져 있다. 암수 구별이 어렵다.

생태 겨울 철새. 해안의 간척지, 염전 등에 무리 지어 산다. 번식기에는 바닥에 죽은 풀을 모아 접시형 둥지를 틀고 3~4개의 알을 낳는다. 암수가 함께 알을 품고 새끼를 키운다.

먹이 곤충류, 거미류, 지렁이류, 달팽이류, 소형 어류, 식물의 씨앗

분포 유럽, 아시아, 시베리아 북부, 알래스카 등지에서 번식하고, 아프리카, 아시아 남동부, 중동, 남아메리카 등지에서 겨울을 난다. 우리나라에서는 이동 시기인 봄, 가을에 부산 낙동강 하구, 금강 하구, 유부도 등지에서 흔히 볼 수 있다.

이야기 마당

번식기에 암컷이 둥지를 버려 종종 수컷이 혼자 새끼들을 키웁니다.

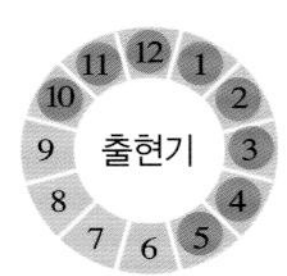

▲ 이동 중 휴식하는 무리

▲ 무리(겨울깃)

▲ 비상하는 무리

제비물떼새

물떼새목 제비물떼새과

학명 *Glareola maldivarum* **영명** Oriental Pratincole

▲ 여름깃

이야기마당

'제비'와 같이 날개가 길고 가늘며 비행 속도도 빨라, 공중에서 곤충류를 사냥합니다.

형태 몸길이 약 24㎝. 몸 전체가 황갈색이다. 꼬리는 검은색으로, 제비 꼬리 모양이다. 여름깃은 부리 밑에서 목으로 둥글게 검은 선이 있다. 배는 흰색이다. 부리는 붉은빛을 띠고, 다리는 검은색이다. 비행 시 꼬리는 짧고, 날개는 몸통에 비해 날카롭고 길게 보인다. 암수 구별이 어렵다.

생태 나그네새. 바닷가 갯벌, 습지 주변의 초원 등에서 산다. 번식기에는 움푹 들어간 모래 바닥에 2~3개의 알을 낳는다.

먹이 곤충류

분포 아시아 남동부, 파키스탄 북부, 중국 남서부 등지에서 번식하고, 인도, 파키스탄, 오스트레일리아 등지에서 겨울을 난다. 우리나라에서는 이동 시기인 봄, 가을에 한강, 낙동강, 동진강, 제주도, 인천, 전라남도 흑산도, 가거도 등지의 외딴섬에서 드물게 볼 수 있다.

알락쇠오리

물떼새목 바다오리과

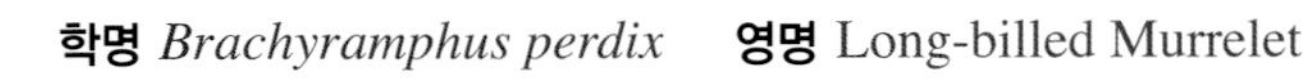

▲ 검은색 날개에 흰 가로줄이 보인다.(겨울깃)

이야기마당

다른 바다오리류와 달리 무리를 짓지 않고 단독 생활을 합니다.

형태 몸길이 24~25㎝. 겨울깃은 흰색의 목 · 가슴 · 배를 제외하고는 검은색이다. 물 위에 떠 있을 때에는 검은색 날개에 흰 가로줄이 보이며, 부리는 검은색이다. 여름깃은 몸 전체가 진한 황갈색을 띤다. 암수 구별이 어렵다.

생태 겨울 철새. 조용한 바닷가에서 무리를 짓지 않고 산다. 번식기에는 바닷가 주변 침엽수림 지역의 바닥에 이끼를 깔아 둥지를 틀고 약 1개의 알을 낳는다. 알을 품는 기간은 약 30일, 새끼를 기르는 기간은 약 40일이다.

먹이 어류

분포 일본, 러시아의 태평양 북부 지역에서 번식하고, 한국, 일본 남부 등지에서 겨울을 난다. 우리나라에서는 겨울에 남해안과 동해안에서 드물게 볼 수 있다.

세가락갈매기

물떼새목 갈매기과 **학명** *Rissa tridactyla* **영명** Black-legged Kittiwake

형태 몸길이 40~42㎝. 옅은 회색 날개와 등을 제외한 몸 전체가 흰색이다. 부리는 노란색, 다리는 검은색이다. 겨울깃은 눈 뒤로 검은 테가 있고, 여름깃의 머리는 흰색이다. 어린 새는 회색을 띠고 꼬리 끝에 검은 선이 있다. 암수 구별이 어렵다.

생태 겨울 철새. 바닷가 주변에서 무리를 지어 산다. 번식기에는 섬 바위 절벽에 풀과 수초로 접시형 둥지를 틀고 1~2개의 알을 낳는다.

먹이 오징어류, 새우류, 어류, 연체동물류, 갯지렁이류

분포 북태평양, 북대서양, 러시아의 해안선 등지에서 번식하고, 북대서양, 태평양 등지에서 겨울을 난다. 우리나라에서는 겨울에 강원도 속초 청초호, 고성 아야진항, 거진항 등지에서 무리 지어 산다.

이야기마당

먼바다에서 살다 날씨가 좋지 않을 때 내륙과 인접한 바닷가에서 드물게 휴식합니다. '참수리'가 가장 잘 사냥하는 먹잇감입니다.

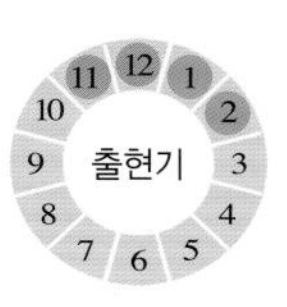

▲ 휴식하고 있다.(겨울깃)

▲ 비상 중

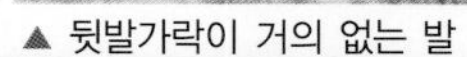
▲ 뒷발가락이 거의 없는 발

▲ 무리(겨울깃)

검은머리갈매기

물떼새목 갈매기과

학명 *Saundersilarus saundersi* **영명** Saunders's Gull

▲ 알을 품은 어미 새(여름깃)

▲ 먹이를 찾고 있는 무리(겨울깃)

▲ 알을 깨고 나온 새끼 새

형태 몸길이 약 33㎝. 여름깃의 머리는 검은색이고, 겨울깃은 옅은 회색의 날개와 등을 제외한 몸 전체가 흰색이다. 부리는 검은색, 다리는 붉은색이다. 눈 주위에 흰색의 테두리가 있다. 어린 새는 회색을 띤다. 암수 구별이 어렵다.

생태 텃새/여름 철새. 바닷가 갯벌, 해안 등에서 산다. 번식기에는 무리를 지어 바닷물이 빠진 넓고 평평한 땅바닥에 죽은 풀을 모아 접시형 둥지를 틀고 2~3개의 알을 낳는다. 알을 깨고 나온 새끼는 약 3일 이내에 둥지를 떠난다.

먹이 어류, 지렁이류, 연체동물류, 갑각류

분포 한국, 중국에서 번식하고, 한국 남부, 중국 남부, 일본 등지에서 겨울을 난다. 최근 인천 송도 매립지, 영종도, 경기도 안산 시화호 등지에서 집단 번식한 기록이 있다.

이야기 마당

집단 번식지에서는 사람이나 포식자가 다가오면 모든 부모 새들이 일제히 공중에서 날아와 공격하고 경계하는 소리를 냅니다. **【멸종위기야생생물 Ⅱ급】**

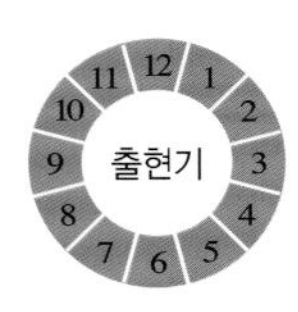

검은머리갈매기의 이소

새는 성장 발달의 정도에 따라 알을 깨고 나온 새끼가 독립할 때까지 오랜 시간이 걸리는 만숙성과 빨리 자라는 조숙성으로 구분됩니다. 완전한 조숙성인 '무덤새'의 부모 새는 무덤을 만들고 땅의 열을 이용하여 알을 부화하며, 알을 깨고 나온 새끼는 스스로 부모 새의 도움 없이 바로 독립합니다. 이에 반해 만숙성인 명금류의 부모 새는 둥지에서 약 10일 동안 알을 품으며, 알을 깨고 나온 새끼는 앞도 못 보고 깃털도 없어 부모 새의 도움 없이는 살 수 없기 때문에 오랜 시간 둥지에 머뭅니다.

갈매기과 조류는 반조숙성에 속하는데, 검은머리갈매기는 평평한 바닥에 둥지를 틀고, 알을 깨고 나온 새끼를 약 3일 동안 암컷과 수컷이 함께 품어 주고 먹이를 줍니다. 이 기간 동안 새끼 새는 부모 새의 소리를 다른 부모 새와 구별하고 먹이를 열심히 받아 먹으며 생활합니다. 그 후 새끼 새와 부모 새는 둥지를 떠나 다양한 은신처에서 생활하며, 약 한 달 후에는 스스로 날아 독립하여 먹이 활동을 하며 자랍니다.

▲ 이소 직후 검은머리갈매기 새끼 새

붉은부리갈매기

물떼새목 갈매기과

학명 *Chroicocephalus ridibundus* **영명** Black-headed Gull

형태 몸길이 38~44㎝. 겨울깃은 옅은 회색의 날개와 등을 제외한 몸 전체가 흰색이고, 눈 주위에는 흰색의 눈테두리가 있다. 부리와 다리는 붉은색이다. 여름깃의 머리는 검은 갈색이다.

생태 겨울 철새. 바닷가 주변의 갯벌, 습지, 저수지 등에서 무리 지어 산다. 번식기에는 무리를 지어 호숫가, 석호, 강 하구, 삼각주, 갯벌 주변의 습지에 죽은 풀을 모아 접시형 둥지를 틀고 2~3개의 알을 낳는다. 알을 품는 기간은 약 24일, 새끼를 기르는 기간은 약 35일이다.

먹이 곤충류, 지렁이류, 해양 무척추동물류, 어류, 설치류, 곡류

분포 유럽, 아시아, 캐나다 동부에서 번식하고, 온대 · 열대 지방의 연안에서 겨울을 난다. 우리나라에서는 겨울에 동해안 내륙에서 볼 수 있다.

▲ 겨울깃

여름깃 ▶

이야기마당

갈매기류 중에서 갯지렁이를 가장 좋아하는 새입니다. 번식지로 이동할 때에는 머리가 검은 갈색인 여름깃입니다.

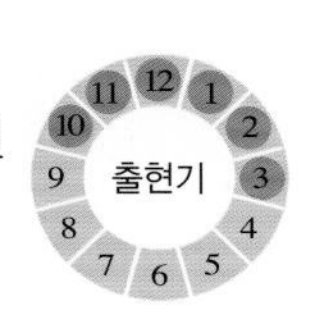

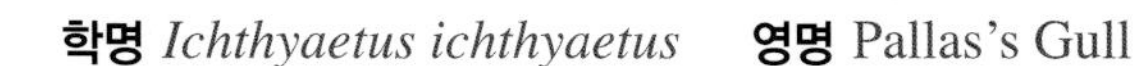

큰검은머리갈매기

물떼새목 갈매기과

학명 *Ichthyaetus ichthyaetus* **영명** Pallas's Gull

형태 몸길이 58~65㎝. 옅은 회색의 날개와 등을 제외한 몸 전체가 흰색이다. 부리는 노란색으로, 끝에 붉고 검은 부분이 있다. 눈 주위에는 흰색의 눈테두리가 있으며, 다리는 노란색이다. 여름깃의 머리는 검은색이다. 암수 구별이 어렵다.

생태 미조. 바닷가 주변의 조용한 습지나 내륙의 넓은 호수 주변에서 살며, 주로 단독 생활을 한다. 번식기에는 무리를 지어 집단 번식하며, 땅 위에 죽은 풀을 모아 접시형 둥지를 틀고 2~3개의 알을 낳는다. 알을 품는 기간은 약 26일이다.

먹이 어류, 곤충류

분포 러시아 남부, 몽골의 섬 지역에서 번식하고, 지중해, 아라비아, 인도 등지에서 겨울을 난다. 우리나라에서는 이동 시기인 봄, 가을에 중부 지방 하천 주변에서 드물게 볼 수 있다.

▲ 여름깃

이야기마당

이동 중 길을 잃어 우리나라에 찾아오는 갈매기 종류 중 매우 희귀한 새입니다.

괭이갈매기

물떼새목 갈매기과

학명 *Larus crassirostris* **영명** Black-tailed Gull

▲ 겨울깃

▲ 여름깃

형태 몸길이 약 46㎝. 머리와 배는 흰색이고, 날개는 짙은 회색이다. 겨울깃은 뒷통수와 뒷목에 검은 줄무늬가 있다. 꼬리 끝은 검은색이다. 부리와 다리는 노란색이고, 부리 끝에 붉은색과 검은색 부분이 있다. 어린 새는 황갈색이다. 암수 구별이 어렵다.

생태 텃새. 바닷가에서 산다. 무인도에서 집단으로 번식한다. 무리를 지어 절벽에 죽은 풀을 모아 접시형 둥지를 틀고 2~4개의 알을 낳는다. 알을 품는 기간은 24~25일, 새끼들은 약 40일 후에 둥지를 떠난다.

먹이 소형 어류, 연체동물류, 갑각류, 죽은 동물

분포 한국, 아시아 동부, 중국, 타이완, 일본 등지에 분포한다. 우리나라에서는 전 지역의 바닷가에서 흔히 볼 수 있다.

이야기마당

고양이 울음소리를 낸다 하여 '괭이갈매기' 라고 합니다. 어부들에게 태풍이 오는 시기, 물고기 때의 위치, 항구의 위치를 알려 주는 새라고 합니다.

【천연기념물 제334호(충청남도 태안 난도 괭이갈매기 번식지), 천연기념물 제335호(경상남도 통영 홍도 괭이갈매기 번식지), 천연기념물 제360호(인천 옹진 신도 노랑부리백로와 괭이갈매기 번식지), 천연기념물 제389호(전라남도 영광 칠산도 괭이갈매기·노랑부리백로·저어새 번식지)】

▲ 둥지를 틀기 위해 풀을 모으고 있다.

▲ 어미 새와 새끼 새

▲ 무리

▲ 알과 새끼 새

▲ 부화한 지 6개월 된 어린 새

▲ 비행 중인 무리

▲ 휴식 중인 무리

갈매기

물떼새목 갈매기과

학명 *Larus canus* **영명** Mew Gull (Kamchatka)

▲ 겨울깃

◀ 휴식하고 있다.

이야기마당

대부분의 다른 갈매기과와 같이 잡식성이며, 죽은 작은 동물을 먹는 청소부 역할을 합니다.

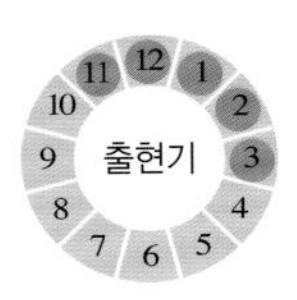

형태 몸길이 40~46㎝. 머리 · 배 · 꼬리는 흰색, 날개와 등은 회색이다. 날개 끝은 검은색 부분에 흰색 점이 있다. 부리와 다리는 옅은 녹황색이고, 부리 끝에 검은 부분이 있다. 겨울깃은 머리에 줄무늬가 있다. 어린 새는 전체적으로 회색빛을 띠고, 다리는 분홍색이다. 암수 구별이 어렵다.

생태 겨울 철새. 바닷가 주변의 습지나 갯벌에서 산다. 번식기에는 습지 주변 나무 위나 땅바닥에 죽은 풀을 모아 접시형 둥지를 틀고 약 3개의 알을 낳는다. 알을 품는 기간은 25~30일, 새끼를 기르는 기간은 30~35일이다.

먹이 죽은 작은 동물, 지렁이류, 곤충류, 무척추동물류, 소형 어류, 곡류

분포 아시아 북부, 유럽 북부, 북아메리카 북서부에서 번식하고, 한국, 일본, 중국 등지에서 겨울을 난다. 우리나라에서는 해안에서 드물게 볼 수 있으며, 강원도 청초호, 경포호 등지에서 겨울을 난다.

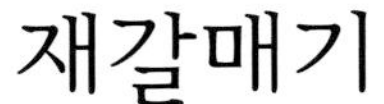

재갈매기

물떼새목 갈매기과

학명 *Larus smithsonianus* **영명** Arctic Herring Gull

▲ 겨울깃

형태 몸길이 60~66㎝. 여름깃의 머리 · 목 · 가슴 · 배 · 꼬리는 흰색이고, 날개는 회색으로, 검은색과 흰색 점이 있다. 겨울깃은 머리에서 가슴에 걸쳐 갈색 무늬가 있다. 부리는 노란색에 붉은 점이 있고, 다리는 분홍색이다. 암수 구별이 어렵다.

생태 겨울 철새. 바닷가에서 산다. 작은 섬의 풀밭이나 암벽에 집단으로 번식하며, 죽은 풀을 모아 접시형 둥지를 틀고 2~4개의 알을 낳는다. 알을 품는 기간은 28~30일이다.

먹이 어류, 지렁이류, 갑각류, 해양 무척추동물, 소형 조류, 새알, 어린 새, 설치류, 곤충류, 식물의 열매

분포 유럽 북서부, 스칸디나비아 등지에서 번식하고, 중앙아메리카, 아시아 남동부, 인도양에서 겨울을 난다. 우리나라 전 지역의 바닷가에서 흔히 볼 수 있다.

이야기마당

최근 강화도 부근에서 적은 수가 번식하였으며, 서울 한강 유역에서는 적은 수가 사계절 관찰됩니다.

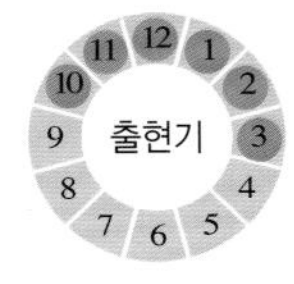

◀ 바위 위에서 휴식하고 있다.

줄무늬노랑발갈매기

물떼새목 갈매기과

학명 *Larus fuscus* **영명** Lesser Black-backed Gull

형태 몸길이 52~67㎝. 날개를 제외한 몸 전체가 흰색이다. 날개는 짙은 회색으로, 끝이 검고 흰색 점이 있다. 부리는 노란색으로, 끝에 붉은 점이 있다. 다리는 노란색이다. 암수 구별이 어렵다.

생태 미조/겨울 철새. 바닷가나 내륙의 습지에서 무리 지어 산다. 번식기에는 내륙 또는 해안 습지 주변 바닥에 죽은 풀을 모아 접시형 둥지를 틀고 약 3개의 알을 낳는다. 알을 품는 기간은 24~27일, 새끼를 기르는 기간은 30~40일이다.

먹이 어류, 곤충류, 파충류, 소형 포유류, 새알, 새끼 새

분포 유럽의 대서양에서 번식하고, 영국, 아프리카 서부 등지에서 겨울을 난다. 우리나라에서는 드물게 볼 수 있다.

▲ 다리는 노란색이다.

'재갈매기' 와 비슷하여 구별하기 어렵습니다.

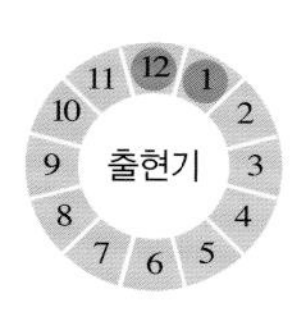

큰재갈매기

물떼새목 갈매기과 

학명 *Larus schistisagus* **영명** Slaty-backed Gull

형태 몸길이 68~69㎝. 날개를 제외한 몸 전체가 흰색이다. 날개는 짙은 회색으로, 끝이 검고 흰색 점이 있다. 겨울깃은 뺨과 목에 갈색 무늬가 있다. 부리는 노란색이고, 끝에 붉은 점이 있다. 다리는 분홍색이다. 암수 구별이 어렵다.

생태 겨울 철새. 바닷가 내륙에서 산다. 바닷가 주변에서 유기물과 쓰레기 등을 먹기도 한다. 번식기에는 바닥에 죽은 풀을 모아 접시형 둥지를 틀고 3~4개의 알을 낳는다.

먹이 어류, 곤충류, 파충류, 소형 포유류, 새알, 새끼 새

분포 알래스카 서해안에서 번식하고, 북아메리카, 아시아 동해안에서 겨울을 난다. 우리나라에서는 '괭이갈매기' 무리와 함께 볼 수 있다.

▲ 겨울깃

몸 단장을 하고 있다. ▶

이야기마당

'재갈매기' 와 비슷하지만, 더 크고 날개와 등 색깔이 보다 짙은 회색입니다.

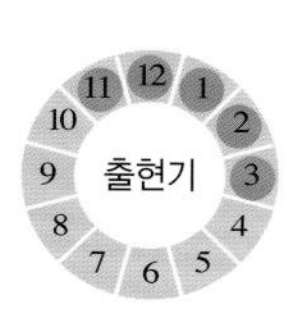

쇠제비갈매기

물떼새목 갈매기과 

학명 *Sternula albifrons* **영명** Little Tern

▲ 알

▲ 먹이를 찾기 위해 날고 있다.

▲ 여름깃

이야기 마당

겨울을 나는 오스트레일리아에서 가락지를 채워 날린 새가 이동 시기 중 우리나라 안산 시화호에서 발견되기도 하였답니다.

출현기

형태 몸길이 21~25㎝. 날개와 등을 제외한 몸 전체가 흰색이다. 날개와 등은 회색이다. 여름깃은 머리 위가 검고, 부리는 노란색, 다리는 분홍색이다. 겨울깃은 머리 위의 검은 부분이 부분적으로 사라지고, 부리는 검은색, 다리는 노란색이다. 어린 새는 황갈색을 띤다. 암수 구별이 어렵다.

생태 여름 철새/나그네새. 바위가 많은 바닷가나 석호 주변에서 산다. 번식기에는 해안의 자갈밭, 강가 모래밭 움푹 들어간 바닥에 무리 지어 2~3개의 알을 낳는다. 알을 품는 기간은 18~22일, 새끼를 기르는 기간은 19~20일이다.

먹이 어류, 갑각류, 곤충류, 갯지렁이류, 연체동물류

분포 유럽과 아시아에서 번식하고, 아프리카 남부와 오스트레일리아에서 겨울을 난다. 우리나라에서는 인천 송도 매립지에서 드물게 번식한다.

▲ 먹이 구애 행동을 하는 암컷과 수컷

흰죽지갈매기

물떼새목 갈매기과 **학명** *Chlidonias leucopterus* **영명** White-winged Tern

형태 몸길이 22~25㎝. 겨울깃은 회색의 날개와 등을 제외하고 몸 전체가 흰색이다. 부리와 다리는 검붉은색이다. 번식기에는 흰색의 날개와 꼬리를 제외한 몸 전체가 검은색인 여름깃을 가진다. 부리와 다리는 붉은색이다. 암수 구별이 어렵다.

생태 나그네새/미조. 바위가 많은 바닷가, 호숫가, 강 하구, 석호 등에서 산다. 번식기에는 호숫가, 강 하구 습지 주변에 갈대풀을 엮어 접시형 둥지를 틀고 2~4개의 알을 낳는다.

먹이 곤충류, 어류, 올챙이류

분포 유럽 북동부, 아시아 동부에서 번식하고, 아프리카 남부, 인도, 중국, 오스트레일리아, 뉴질랜드에서 겨울을 난다. 우리나라에서는 동해안과 서해안에서 드물게 볼 수 있다.

▲ 비상 중(여름깃)

이야기마당

'제비갈매기류'와 같이 먹이를 잡기 위해 잠수를 하지 않고 수면 위의 먹이를 날면서 잡습니다.

제비갈매기

물떼새목 갈매기과 **학명** *Sterna hirundo longipennis* **영명** Common Tern (Siberian)

형태 몸길이 34~37㎝. 날개와 등을 제외한 몸 전체가 흰색이다. 날개와 등은 회색이다. 여름깃은 머리 위가 검고, 부리와 다리도 검은색이다. 겨울깃은 머리 위의 검은 부분이 부분적으로 사라진다. 암수 구별이 어렵다.

생태 나그네새. 바닷가, 호수, 강 하구 등에서 산다. 번식기에는 외딴섬의 절벽이나 모래밭 움푹 들어간 바닥에 1~3개의 알을 낳는다. 알을 품는 기간은 21~23일, 새끼를 기르는 기간은 25~26일이다.

먹이 어류, 갑각류, 곤충류

분포 티베트 북부 지방에서 번식하고, 아시아 남동부, 오스트레일리아 등지에서 겨울을 난다. 우리나라에서는 이동 시기인 봄, 가을에 강원도 속초 청초호, 부산 낙동강 하구 등지에서 흔히 볼 수 있다.

▲ 휴식하고 있다.

무리 ▶

이야기마당

'붉은발제비갈매기'와 닮았으며, 이동할 때에는 수십 마리가 무리를 짓기도 합니다.

붉은발제비갈매기 물떼새목 갈매기과

학명 *Sterna hirundo minussensis* **영명** Common Tern

▲ '제비갈매기'와 달리 부리와 다리가 붉은색이다.(여름깃)
◀ 먹이를 물어 나르는 어미 새

형태 몸길이 34~37㎝. 날개와 등을 제외한 몸 전체가 흰색이다. 날개와 등은 회색이다. 여름깃은 머리 위가 검은색이고, 부리와 다리는 붉은색이다. 겨울깃은 머리 위의 검은 부분이 부분적으로 사라지고, 부리와 다리는 검은색이다. 암수 구별이 어렵다.

생태 미조. 바닷가, 호수, 강 하구 등에서 산다. 번식기에는 외딴섬의 절벽이나 모래밭 바닥에 죽은 풀을 모아 접시형 둥지를 틀고 1~3개의 알을 낳는다. 알을 품는 기간은 21~23일, 새끼를 기르는 기간은 25~26일이다.

먹이 어류, 갑각류, 곤충류

분포 중앙아시아에서 티베트 남부에 걸쳐 번식하고, 인도 해안에서 겨울을 난다. 우리나라에서는 이동 시기인 봄, 가을에 동해안 모래밭에서 드물게 볼 수 있다.

이야기마당

'제비갈매기'와 비슷하지만, 부리와 다리 색깔이 진한 검은색입니다.

칼새 칼새목 칼새과

학명 *Apus pacificus* **영명** Pacific Swift

▲ 비행하는 무리

형태 몸길이 20~28㎝. 몸 전체가 짙은 회갈색이고, 턱과 허리 윗면만 흰색을 띤다. 부리는 짧고 검은색이며, 다리는 거의 볼 수 없다. 비행 시 '제비'와 유사하지만, 허리 부분의 흰 부분이 특징이다. 암수 구별이 어렵다.

생태 여름 철새. 해안이나 산지의 바위 절벽에서 산다. 번식기에는 절벽 바닥에 이끼를 모아 접시형 둥지를 틀고 2~3개의 알을 낳는다.

먹이 곤충류

분포 시베리아 중앙에서 아시아 남동부에 걸쳐 번식하고, 오스트레일리아에서 겨울을 난다. 우리나라에서는 바위 절벽이 많은 서해와 남해 해안가, 무인도, 내륙 지방 등지에서 흔히 볼 수 있다.

이야기마당

나무나 절벽에 앉는 일이 거의 없이, 항상 높은 공중에서 무리를 지어 날아다니며 곤충류를 잡아먹습니다.
【천연기념물 제332호(전라남도 신안 칠발도 바닷새류 번식지)】

매 매목 매과

학명 *Falco peregrinus* **영명** Peregrine Falcon

형태 몸길이 34~58㎝. 머리와 날개는 회색이고, 올리브색 앞가슴과 배에는 검은 점이 있다. 얼굴에는 구레나룻이 있으며, 다리는 노란색이다. 비행 시 몸 전체는 흰색 바탕에 고동색 점이 나타나고, 안쪽 날개는 갈색을 띤다.

생태 텃새. 바닷가, 산, 계곡, 도시 부근에서 산다. 번식기에는 무리를 짓지 않으며, 절벽 끝에 둥지 재료를 쓰지 않고 움푹 팬 곳에 3~4개의 알을 낳는다. 암수가 29~33일 동안 함께 알을 품고, 알을 깨고 나온 새끼는 42~66일 후에 둥지를 떠나 독립한다.

먹이 소형 조류, 소형 포유류, 파충류, 곤충류

분포 북극권의 툰드라에서 열대 지방에 걸쳐 번식하고, 겨울에 남쪽 지방으로 이동한다. 우리나라에서는 남해안과 서해안 섬 지역에서 드물게 번식한다.

이야기마당

예로부터 매 사냥에 이용되어 왔으며, 비행 속도가 다른 조류에 비해 굉장히 빠르답니다.
【천연기념물 제323-7호, 멸종위기야생생물 Ⅰ급】

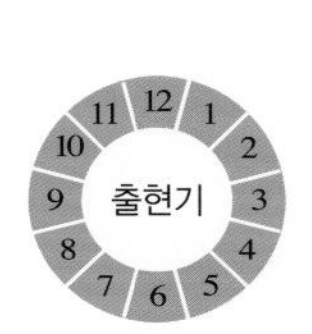

▲ 머리와 날개는 회색이다.

▲ 경계하고 있다.

▲ 비상 중

▲ 이소 전의 새끼 새

▲ 어린 새

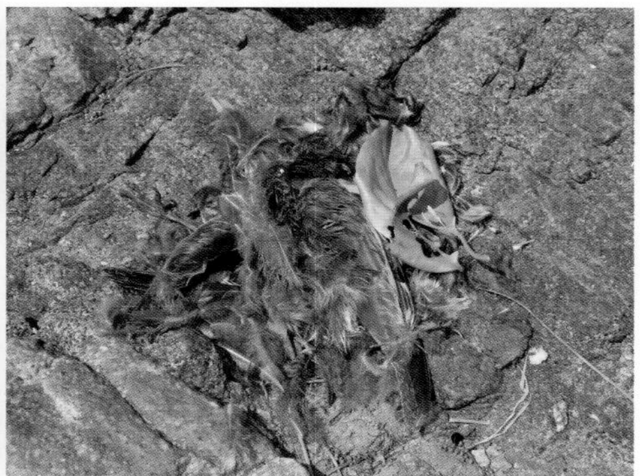
▲ 사냥 후 먹이의 흔적

섬휘파람새

참새목 휘파람새과

학명 *Horornis diphone* **영명** Japanese Bush-Warbler

▲ 몸 전체가 황갈색을 띤다.

형태 몸길이 15~16㎝. 몸 전체가 황갈색이고, 이마와 머리꼭대기는 올리브색이다. 턱 · 가슴 · 배는 옅은 황색이다. 눈에는 옅은 황색의 눈썹선이 있으며, 부리와 다리는 갈색이다. 암수 구별이 어렵다.

생태 텃새. 바닷가 주변의 활엽수가 많은 야산이나 농경지 주변 숲에서 산다. 번식기에는 논밭 주변의 덩굴 식물 속에 풀을 엮어 사발형 둥지를 틀고 4~6개의 알을 낳는다. 주로 어두운 가시덤불 속이나 대밭에서 겨울을 나며, 다음 해 같은 장소로 돌아와 번식한다.

먹이 곤충류, 거미류

분포 중국, 우수리 등지에서 번식하고, 중국, 타이완 등지에서 겨울을 난다. 우리나라에서는 남해안 주변, 제주도, 거제도 등지에서 볼 수 있다.

이야기마당

'휘파람새'와 같은 종이지만 겉모습이나 서식지의 차이로 종 내 다른 아종으로 구분됩니다. 나뭇가지 위에 앉아서 노래하기보다는 덤불숲을 주로 다니며, 텃세권 지역도 크지 않습니다.

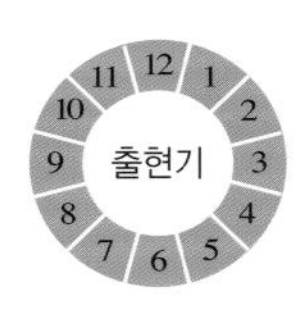

섬개개비

참새목 개개비과 

학명 *Locustella pleskei* **영명** Styan's Grasshopper Warbler

▲ 노랫소리가 요란하다.

특징 몸길이 16~17㎝. 몸의 윗면은 황갈색을 띠고, 아랫면은 흰색이다. 눈에는 흰 줄이 있으며, 부리와 다리는 황갈색이다. 암수 구별이 어렵다.

생태 여름 철새. 외딴섬의 상록수림 등에서 산다. 주로 갈대밭에서 겨울을 난다. 밖으로는 보이지 않고, 주로 덤불 속에 숨어서 노래를 하며, 노랫소리로 찾을 수 있다. 번식기에는 관목이나 풀숲에 풀을 엮어 사발형 둥지를 틀고 3~6개의 알을 낳는다.

먹이 곤충류, 거미류, 식물의 씨앗

분포 한국, 중국, 홍콩, 일본, 러시아 등지에 분포한다. 우리나라에서는 제주도, 거문도, 강화도, 대송도 등지에서 드물게 볼 수 있다.

이야기마당

수년 전만 해도 쉽게 볼 수 있었으나, 최근 외딴섬들의 개발과 낚시 사업으로 그 수가 줄어들고 있습니다. **【멸종위기야생생물 Ⅱ급】**

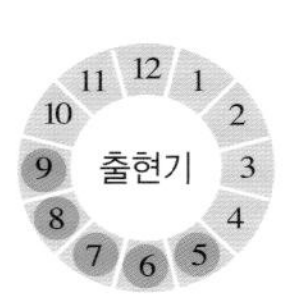

바다직박구리

참새목 딱새과

학명 *Monticola solitarius* **영명** Blue Rock-Thrush

형태 몸길이 21~23㎝. 수컷의 머리 · 가슴 · 등 · 날개는 파란색이고, 배는 붉은 갈색이며, 날개 끝과 꼬리는 어두운 군청색이다. 부리와 다리는 검은색이다. 암컷은 수컷과 달리 어두운 황갈색을 띤다.

생태 텃새. 바닷가 주변 습지나 숲에서 산다. 번식기에는 바위 틈에 풀을 엮어 사발형 둥지를 틀고 3~5개의 알을 낳는다.

먹이 곤충류, 파충류, 식물의 씨앗, 열매

분포 유럽 남부, 아프리카 북서부, 아시아 중부에서 번식하고, 아프리카, 인도, 아시아 남부에서 겨울을 난다. 우리나라에서는 서해안과 거제도, 제주도, 완도 등지의 남해안에서 쉽게 볼 수 있다.

수컷은 화려한 파란색과 갈색의 몸 색깔을 지녀 바닷가에서 쉽게 눈에 띕니다. 특히 바닷가에서 먹이로 '갯강구'를 가장 좋아합니다.

▲ 수컷

▲ 암컷

틈새 정보!!

새를 관찰할 때 유의할 점

새를 관찰할 때 둥지를 트는 시기에는 둥지 가까이에 접근을 하지 않는 것이 좋습니다. 사람을 피해 어미 새가 달아나면 알이 식어 버려 알의 보금자리인 소중한 둥지가 무덤이 될 수 있기 때문입니다. 또, 둥지 바로 옆에서 사진을 찍게 되면 둥지가 훼손되거나 부화가 되지 못할 수도 있습니다.

이렇게 사람들의 단순한 호기심이나 욕심 때문에 소중한 생명을 잃을 수 있으므로 새를 관찰하거나 둥지를 볼 때에는 쌍안경이나 망원경으로 멀리서 아주 조심스럽게 보아야 합니다.

▲ 새를 관찰할 때에는 쌍안경이나 망원경으로 조심스럽게 본다.

먼바다에서 사는 새

바다제비, 바다쇠오리, 지느러미발도요 등은 육지에서 가장 먼 제주도, 흑산도, 울릉도에서 살아갑니다. 과거에는 이러한 새들이 많이 살았지만 지금은 낚시꾼이나 섬 주변 관광객들로 인해 거의 사라지고 있습니다. 먼바다에서 주로 볼 수 있는 슴새는 사람이 살지 않는 제주도 사수도에 매년 천여 마리가 찾아오고 있습니다.

슴새

슴새목 슴새과

학명 *Calonectris leucomelas* **영명** Streaked Shearwater

▲ 몸 전체가 흑갈색이다.

형태 몸길이 약 48㎝. 몸 전체가 흑갈색이다. 날개 밑과 배는 흰색이고, 얼굴 앞부분도 흰색이다. 콧구멍은 하나이다. 부리는 회색, 다리는 분홍색이다.

생태 여름 철새. 낮에는 먼바다에서 무리를 지어 생활한다. 번식기에는 무인도의 땅굴 속 나무 뿌리 사이에 수평으로 구멍을 파서 둥지를 틀고 1개의 알을 낳는다. 알을 품는 기간은 51~54일, 새끼를 기르는 기간은 70~90일이다.

먹이 물고기(멸치 등), 오징어

분포 동남아시아에서 번식하고, 오스트레일리아에서 겨울을 난다. 우리나라 먼바다의 무인도에서 번식하며, 제주도의 사수도에 천여 마리가 살고 있다.

▲ 새끼 새

이야기 마당

세계적으로 많은 수가 있지만, 주로 어망에 걸려 죽거나, 번식기 동안 고양이나 쥐들에 의해 포식을 당합니다. 【천연기념물 제332호(전라남도 신안 칠발도 바닷새류 번식지), 천연기념물 제333호(제주도 사수도 바닷새류 번식지), 천연기념물 제341호(전라남도 신안 구굴도 바닷새류 번식지)】

▶ 먹이를 찾는 무리

틈새 정보!!

냄새로 자신의 둥지를 구별하는 슴새

슴새는 바위 틈 속에서 알을 낳고 새끼를 기릅니다. 우리나라에서는 완도 앞 바다의 사수도 상록수림에 약 천여 마리의 슴새가 찾아와 나무 뿌리 밑 깊은 구멍에 둥지를 틀고 삽니다. 슴새는 바닷가로 기어나와 헤엄쳐 다니다가 오전 10시경 섬 주변에서 사라졌다가 해가 지고 깜깜한 어둠이 시작할 때 다시 섬에 있는 둥지로 돌아옵니다. 사수도에는 슴새 둥지가 수천 개나 되는데, 어떻게 깜깜한 밤에 자신의 둥지를 찾아갈까요? 연구에 따르면, 낮에 활동을 하는 슴새들은 둥지 모양이나 둥지 주변의 환경을 보고 둥지를 찾으며, 밤에 활동하는 슴새들은 둥지와 새끼에서 나는 독한 비린내를 맡고 둥지를 찾는다고 합니다. 실제로 슴새 부모 새의 코를 막고 둥지를 찾게 하였더니, 밤에 활동을 하는 슴새들은 자신의 둥지를 잘 찾지 못하였다고 합니다. 따라서 먼바다에서 먹이 활동을 하고 해가 진 후 둥지에 있는 새끼에게 돌아오는 슴새 부모 새들은 둥지에서 나는 냄새로 자신의 둥지를 구별하는 것을 알 수 있습니다.

▲ 냄새를 맡으며 둥지를 찾고 있는 슴새

바다제비 승새목 바다제비과

학명 *Hydrobates monorhis* **영명** Swinhoe's Storm-Petrel

형태 몸길이 18~21㎝. 몸 전체가 흑갈색이며, '제비'와 생김새가 비슷하다. 콧구멍은 하나이며, 부리와 다리는 검은색이다. 암수 구별이 어렵다.

생태 여름 철새. 바다 가운데의 작은 섬에서 무리를 지어 산다. 무인도의 경사진 땅에 수평으로 구멍을 파거나 갈라진 바위 틈에 둥지를 틀고 1개의 알을 낳는다. 암수가 함께 알을 품어 새끼를 기른다.

먹이 플랑크톤

분포 한국, 중국, 일본, 러시아, 북한 등지에서 번식하고, 인도 북부 해안에서 겨울을 난다. 우리나라에서는 전라남도 신안군 칠발도에서 번식한다.

▲ 둥지를 지키는 어미 새

▲ 구멍을 파 만든 둥지

이야기마당

먼바다에서 갈매기류와 같은 천적을 피하기 위해서 번식기 동안 철저히 야행성으로 생활합니다. 고래가 먹고 남은 찌꺼기를 좋아하고, 물 위에서 걸어다니는 것같이 비행합니다. **【천연기념물 제332호(전라남도 신안 칠발도 바닷새류 번식지), 천연기념물 제341호(전라남도 신안 구굴도 바닷새류 번식지)】**

출현기

군함조 얼가니새목 군함조과

학명 *Fregata ariel* **영명** Lesser Frigatebird

형태 몸길이 80~105cm. 몸 전체가 검은색이며, 푸른색과 자주색의 금속 광택이 있다. 비행 시 날개는 가늘고 길게 기역 자로 보이며, 꼬리는 '제비' 꼬리와 같이 길게 두 갈래로 나누어져 있다. 번식기에 수컷의 목에 큰 빨간 주머니가 드러나는 것이 특징이다.

생태 미조. 열대 · 아열대 지방의 바다에서 산다. 번식기에는 외딴섬의 나무 위에 접시형 둥지를 틀고 1개의 알을 낳는다. 알을 낳는 기간은 42~49일이며, 암수가 함께 새끼를 키운다.

먹이 어류, 오징어

분포 태평양, 인도양, 대서양 등지에 분포하고, 오스트레일리아에서 대다수가 번식한다. 우리나라에는 길을 잃은 군함조들이 이른 봄 남해안 또는 서해안의 '괭이갈매기' 번식지에 찾아와 짧은 기간 머물기도 한다.

▲ 괭이갈매기(왼쪽)에게 쫓기는 군함조(오른쪽)

이야기마당

가벼운 뼈대 구조와 날렵한 날개를 가지고 있어 비행에 매우 적합합니다. 물에서 수영을 하거나 육상에서 걷는 모습은 거의 찾아볼 수 없습니다.

노랑부리백로 사다새목 백로과

학명 *Egretta eulophotes* **영명** Chinese Egret

▲ 먹이를 찾고 있다.(여름깃)

▲ 알

▲ 새끼 새

형태 몸길이 약 60㎝. '쇠백로'와 생김새가 비슷하다. 몸 전체가 흰색이다. 번식기에는 머리에 긴 깃털들이 있다. 부리는 노란색이며, 다리는 검은색, 발가락은 노란색이다.

생태 여름 철새. 섬 주변이나 육지의 바닷가 갯벌, 해안 습지에서 산다. 주로 외딴섬에서 번식하고, 낮은 나무나 덤불에 나뭇가지를 모아 접시형 둥지를 틀고 약 3개의 알을 낳는다.

먹이 어류, 갑각류, 연체동물류

분포 한국, 중국 동부에서 번식하고, 중국 남동부, 타이완, 필리핀, 인도네시아에서 겨울을 난다. 우리나라에서는 서해안 무인도에서 번식한다.

이야기마당

갯벌이 사라지고 물고기가 부족해짐에 따라 새의 수가 급격히 감소하고 있습니다. **【천연기념물 제361호, 천연기념물 제360호(인천 옹진 신도 노랑부리갈매기·괭이갈매기 번식지), 천연기념물 제389호(전라남도 영광 칠산도 괭이갈매기·노랑부리백로·저어새 번식지), 멸종위기야생생물 Ⅰ급】**

지느러미발도요 물떼새목 도요과

학명 *Phalaropus lobatus* **영명** Red-necked Phalarope

▲ 여름깃
◀ 겨울깃

형태 몸길이 18~20㎝. 여름깃은 몸 전체가 갈색을 띠고, 머리 위는 검은색, 날개는 황갈색을 띤다. 짧은 부리와 다리는 노란색이다. 겨울깃은 회색빛을 띤다. 암컷이 수컷에 비해 크고 화려하다.

생태 나그네새. 먼바다, 호숫가, 바닷가 등에서 산다. 번식기에는 바닷가나 호숫가 습지에 죽은 풀을 모아 접시형 둥지를 틀고 3~4개의 알을 낳는다. 알을 품는 기간은 약 17일, 새끼를 기르는 기간은 약 20일이다.

먹이 곤충류, 소형 무척추동물, 올챙이류, 동물성 플랑크톤, 식물의 씨앗

분포 유라시아 북부, 북아메리카, 북극에 걸쳐 번식하고, 아시아 남동부, 남아메리카에서 겨울을 난다. 우리나라의 울릉도, 제주도, 추자도 등의 먼바다에서 볼 수 있다.

이야기마당

암컷은 짝짓기 후 알만 낳고 수컷을 떠나므로, 수컷 혼자 알을 품고 새끼를 키웁니다.

바다쇠오리

물떼새목 바다오리과

학명 *Synthliboramphus antiquus* **영명** Ancient Murrelet

형태 몸길이 25~26㎝. 머리 · 날개 · 등은 검은색이고, 뒷머리 · 목 · 가슴은 흰색이다. 물 위에 떠 있을 때 등 위에 흰 가로줄이 보인다. 눈 뒤에서 목 뒤로 굵은 검은 줄이 나 있는 것이 특징이다. 부리 끝은 흰색이다.

생태 텃새/겨울 철새. 먼바다의 무인도 주변에서 무리를 지어 산다. 번식기에는 나무 밑에 굴을 파거나, 죽은 고목 밑, 풀 숲 사이에 접시형 둥지를 틀고 1~2개의 알을 낳는다. 알을 깨고 나온 새끼들은 3일 이내로 부모 새를 따라 바다로 나간다.

먹이 어류, 갑각류, 연체동물류

분포 중국 서부 해안, 러시아의 태평양 해안, 알래스카 남부 해안에 걸쳐 번식한다. 우리나라에서는 동해와 서해의 무인도에서 번식하고, 남해안에서 흔히 겨울을 난다.

▲ 먹이를 찾고 있다.

알을 품은 어미 새 ▶

이야기마당

멸치를 매우 좋아합니다. 사람에 의해 무인도의 번식지로 들어온 포유류 등의 포식자 때문에 번식에 실패하는 경우가 늘고 있습니다.

작은바다오리

물떼새목 바다오리과 

학명 *Aethia pusilla* **영명** Least Auklet

형태 몸길이 13~15㎝. 흰색의 목과 배를 제외한 몸 전체가 검은색이다. 짧은 부리 끝은 붉은색이다. 여름깃은 겨울깃에 비해 배 부분에 검은 점들이 있다. 암수 구별이 어렵다.

생태 미조. 먼바다의 무인도 주변에서 무리를 지어 생활한다. 번식기에는 절벽이나 바위틈에 다른 새들과 무리를 지어 접시형 둥지를 틀고 약 1개의 알을 낳는다. 알을 품는 기간은 약 30일이며, 암수가 함께 알을 품고 새끼를 키운다.

먹이 어류, 동물성 플랑크톤

분포 알래스카 열도와 시베리아에서 번식하고, 얼음이 얼지 않는 경계선까지 남하하여 겨울을 난다. 겨울에 우리나라 동해안에서 드물게 볼 수 있다.

▲ 성조(박제)

이야기마당

물속에서 '펭귄'과 같이 날면서 수영을 하여 먹이를 잡는답니다.

새 학습관

새의 내부 기관

1) 새의 골격

새들은 비행을 위해 가벼운 골격계를 가지고 있다. 가벼운 골격은 단단하고, 많은 근육들과 순환계, 호흡계와 잘 협력하여 높은 대사율을 가지고 원활한 산소 공급을 하여 비행하기에 잘 적응되어 있다. 새들의 골격이 다른 동물과 다른 점은 미단골과 같이 여러 뼈들이 융합되어 하나의 골격을 이루고, 부리를 가진 대신 턱뼈나 이빨이 없는 것이다. 이러한 특징은 비행을 위해 골격을 가볍게 만드는 데 도움을 준다. 또한, 몸을 가볍게 하기 위해 많은 뼈들은 속이 비어 있으며, 강도를 높이기 위해 뼈 속은 그물망 같은 지주들이 받쳐 주고 있다. 하지만 잠수를 잘하는 새들은 속이 빈 골격이 부족하고, 다른 척추동물과 달리 목뼈가 많아 유연한 목을 가지고 있다.

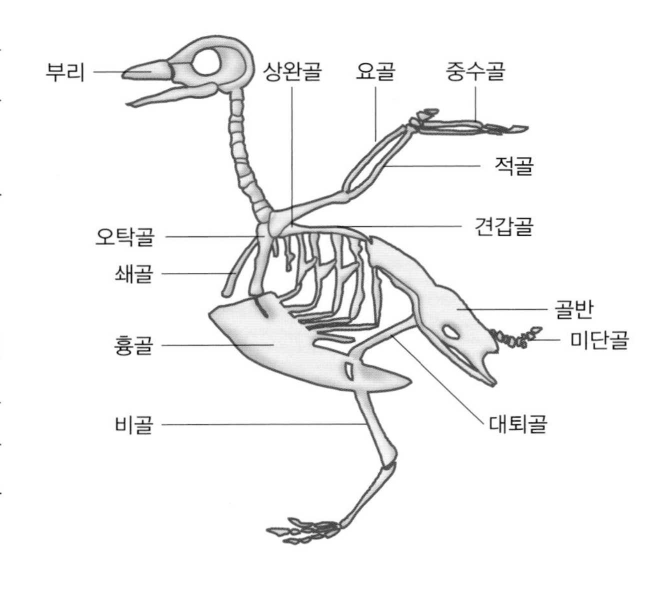

2) 새의 소화 기관

먼저 소낭의 기능은 일시적인 음식물의 저장이다. 특히 비둘기 종류는 새끼를 키울 때 소낭에서 소낭유를 토해서 새끼에게 먹이는데, 이것의 60%는 단백질, 35%는 지방이며, 나머지는 탄수화물을 포함하고 있다. 또한, 항체와 항산화 방지 물질 등이 들어 있어 새끼의 면역력을 증진시키는 데 중요한 역할을 한다. 전위는 사람의 위와 비슷하게 단백질 분해 효소를 분비하여 소화시키는 역할을 한다. 사낭(모래주머니)은 이가 없는 새의 음식물을 잘게 부수는 역할을 한다. 소장은 대부분의 음식물을 소화하고 흡수하는 역할을 한다. 대장은 다른 동물들에 비해 그 길이가 짧으며, 비행을 위해 소량의 수분만 흡수하고 배설물을 저장하지 않고 바로 배설한다.

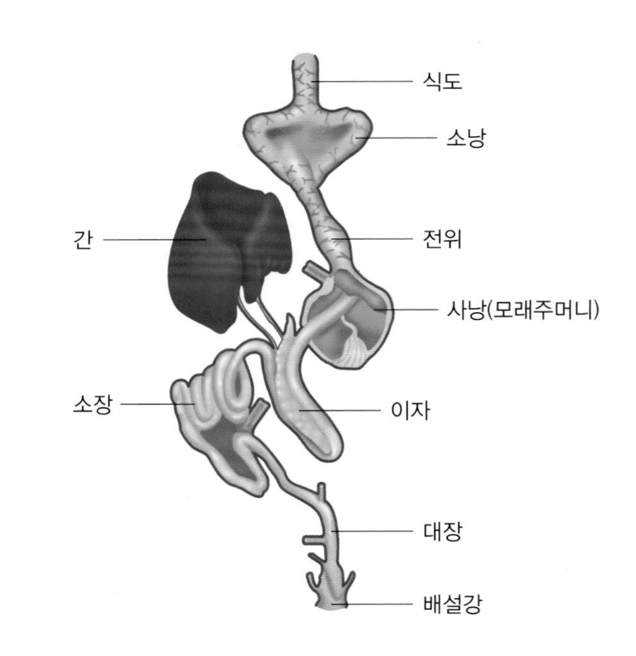

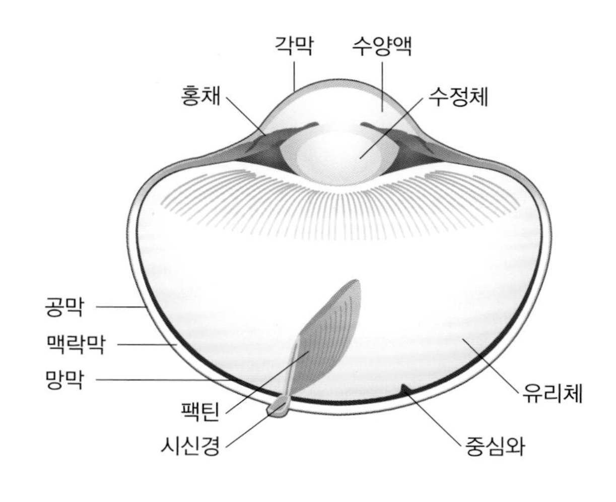

3) 새의 감각 기관

❶ 새 눈의 구조와 역할

새의 눈은 여러 각도에서 잘 발달되어 있다. 특히 물새는 하늘을 날 때와 물속에서 수영할 때 모두 적합한 수정체를 가지고 있다. 또한, 새는 인간이 볼 수 없는 자외선 대의 파장을 볼 수 있는데, 번식 깃털에서 반사되는 자외선에 따라 배우자를 선택하기도 하고, 쥐의 배설물에서 반사되는 자외선을 따라 사냥하기도 한다. 새는 눈을 깜박거리지 않고, 대신 외부 막이 있기 때문에 항상 촉촉하다. 대부분의 새는 눈을 움직이지 못하고, 고개를 돌려 주위를 본다. 따라서 눈이 옆으로 위치한 새는 주위를 살피는 데 유리하고, 눈이 앞으로 위치한 새는 쌍안경과 같이 정확한 형상을 볼 수 있다.

❷ 새 귀의 구조와 역할

새는 포유동물과 달리 외부의 귓바퀴가 발달되지 않았으며, 깃털로 덮여 있다. 외부에서 수집된 소리는 고막에서 진동되며, 그 진동은 와우축이 내이로 전달한다. 포유류는 세 개의 와우축을 가지지만 새는 하나만 가진다. 세반고리반은 청각과 관련이 없고, 위치와 움직임에 대한 정보를 전달한다.

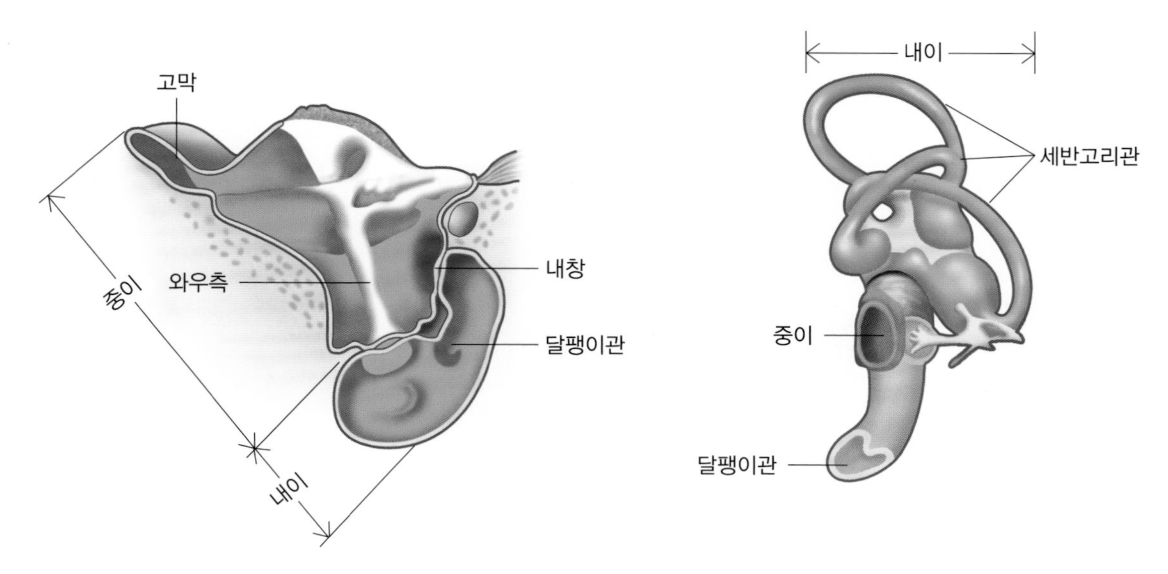

새의 부리

새의 부리는 먹이를 먹거나 사냥할 때, 깃털을 다듬을 때, 싸움을 할 때, 구애를 할 때, 새끼에게 먹이를 먹일 때 사용되는 외부 골격에 속하는 구조이다. 부리는 종류에 따라서 크기, 모양, 색깔 등이 다양하다. 부리는 위, 아래 부리로 나뉘며, 윗 부리에는 호흡을 위해 주로 두 개의 콧구멍이 있다.

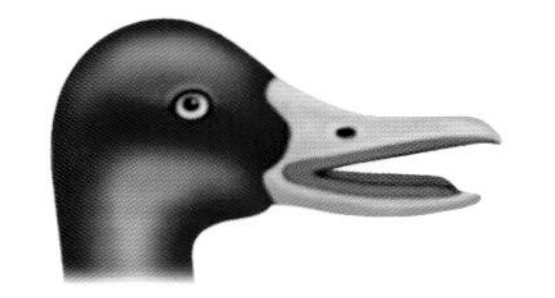

오리

호수에서 생활하며, 주로 수초들을 먹는다.

갈매기

해안가와 갯벌에서 생활하며, 죽은 동물이나 소형 동물을 주워 먹는다.

독수리

숲 주변에서 생활하며, 날카로운 부리로 작은 동물을 사냥하여 생활한다.

솔잣새

침엽수림에서 생활하며, 어긋난 부리로 딱딱한 견과류를 까서 먹는다.

쏙독새

숲 속에서 생활하는 야행성 새로, 주로 곤충류를 잡아 먹는다.

뒷부리장다리물떼새

해안가의 얕은 습지에서 생활하며, 물 속의 작은 생물을 먹는다.

딱따구리

숲 속에서 생활하며, 딱딱한 부리로 나무 표면을 쪼아 속에 있는 곤충을 먹는다.

앵무새

열대 지방의 숲에서 생활하며, 열매를 주로 먹는다.

플라밍고

호수나 강 하구에서 생활하며, 부리로 물을 걸러 물 속의 곤충류를 먹는다.

키위

뉴질랜드 숲에서 생활하며, 콧구멍이 부리 끝에 있어 냄새를 맡아 먹이를 찾는다.

저어새

강 하구나 해안가에서 생활하며, 얕은 물에서 부리를 저어 가면서 물고기를 잡는다.

펠리칸

해안가에서 날면서 수면의 물고기를 뜰채와 같은 부리로 뜨면서 잡는다.

새의 발

대부분의 새들은 발 전체로 걷지 않고 발가락을 주로 사용하여 걷는다. 새의 발은 각각의 생활형에 잘 적응되어 모양이 다양하며, 발과 다리는 단단한 골반 구조에 붙어 있다.

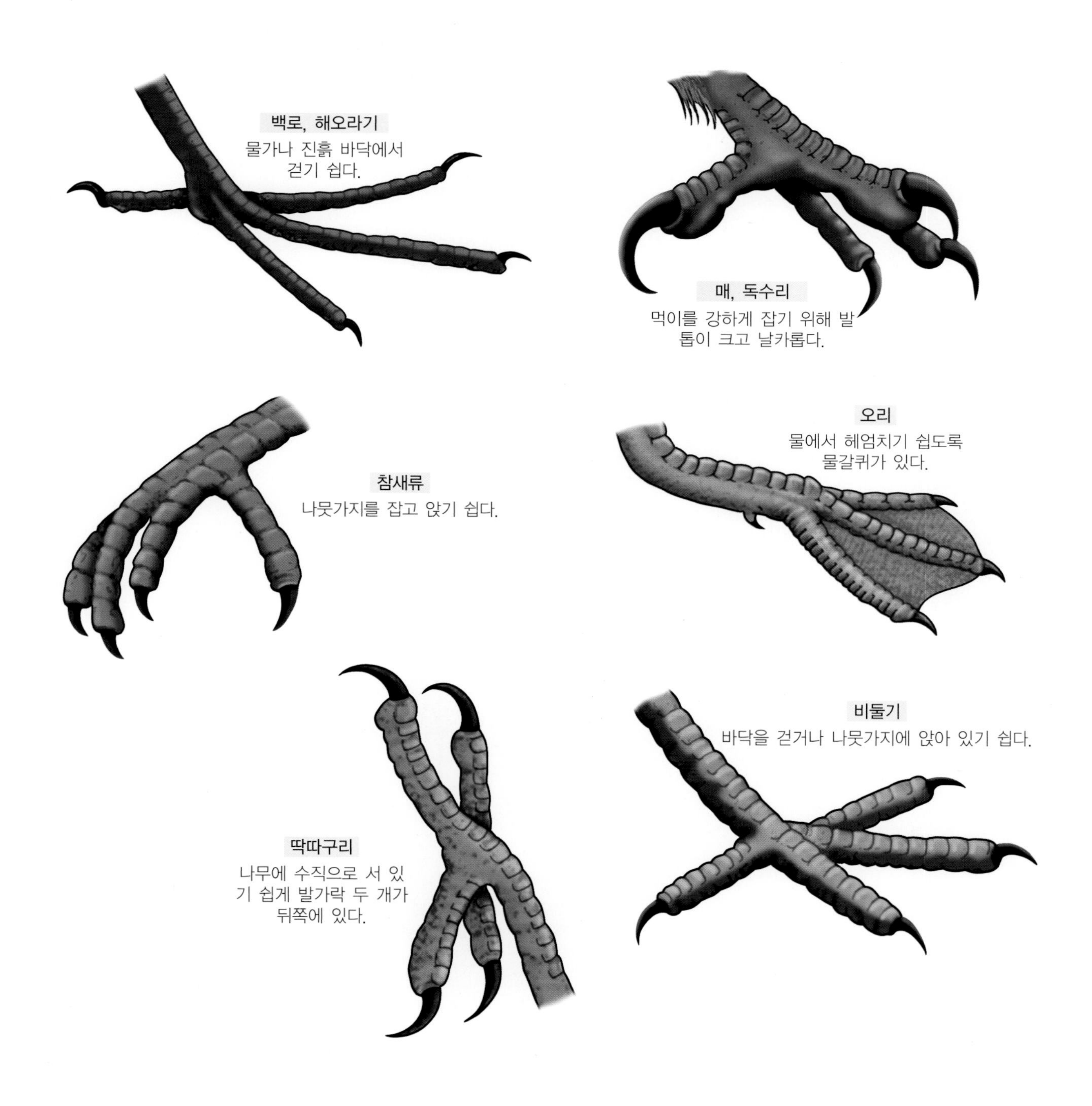

새의 깃털

1) 원시 새의 깃털

육식성이며 두 발로 걷는 몇몇 공룡들은 깃털을 가지고 있어 체온을 유지하는 데 큰 도움이 되었다. 또한, 비행하고, 뛰어다니며, 높은 곳에서 뛰어내릴 때도 깃털이 많은 도움이 되었다고 한다. 1987년 중국에서 발견된 한 화석(학명: *Sinornis santensis*)은 원시적인 공룡의 특징을 가지고 있기도 했지만, 현재의 새들이 가진 깃털을 가지고 있어 비행에도 문제가 없었다고 한다.

2) 깃털의 기능

일반적으로 새의 깃털은 자연에서 생활하는 데 매우 다양한 역할을 하며, 몸 전체의 깃털은 뼈보다 2~3배 정도 무겁다. 깃털은 새의 높은 체온을 유지하는 보온 역할을 하며, 하늘을 날 수 있게 해 준다. 또한, 아름다운 깃털을 이용하여 번식기 동안 배우자를 유혹하며, 포식자가 나타났을 때 깃털이 보호색을 띠어 몸을 감출 수 있게 해 준다. 새들은 이러한 유용한 깃털을 항상 소중히 관리하며, 일 년에 최소한 한 번의 털갈이로 새로운 깃털을 가지게 된다.

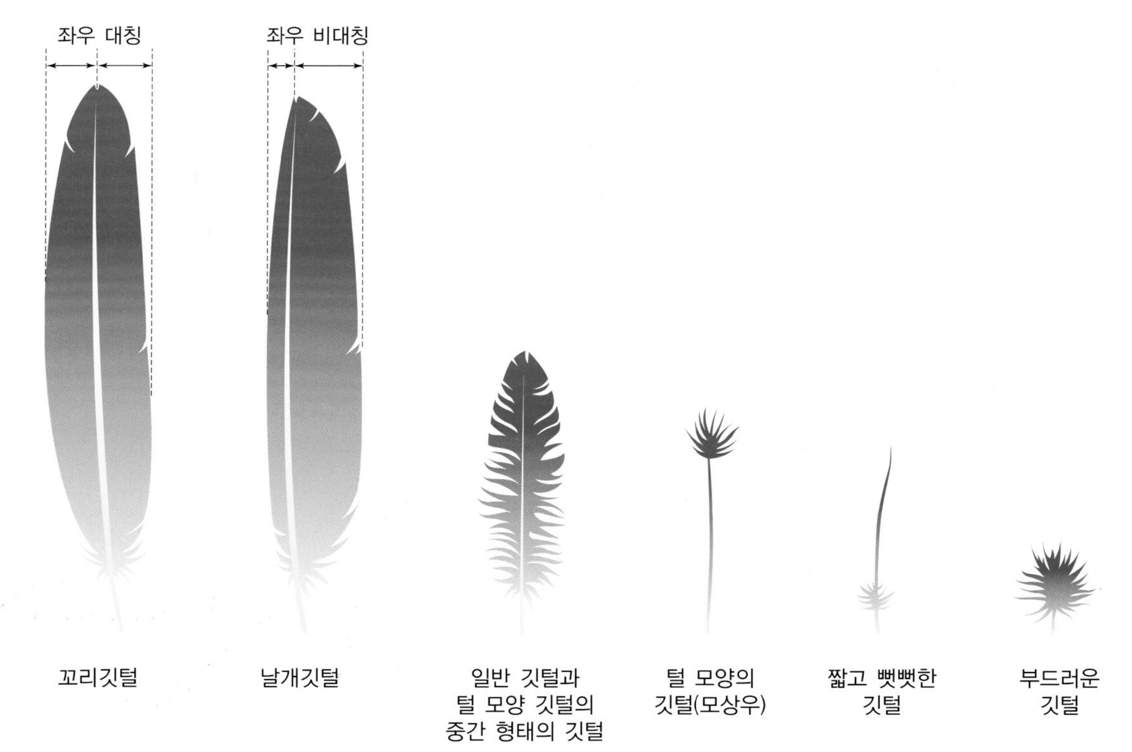

[다양한 새의 깃털]

새의 분류 계급

생물학적인 분류 체계에서 모든 새들은 조류강(Aves)에 속하며, 그 아래로 목(order), 과(family), 속(genus), 종(species)으로 나뉜다. 만약 한 종이 지역적으로 다른 형태, 생태, 행동, 유전 정보 등이 다를 때 서로 다른 아종(subspecies)으로 나뉠 수 있다.

목(order)
참새목(Passeriformes)
–약 5,000종 포함

과(family)
솔새과(Phylloscopidae)
–총 66종 포함

속(genus)
솔새속(*Phylloscopus*)
–총 55종 포함

종(species)
산솔새(*Phylloscopus coronatus*)

[산솔새의 분류 계급]

예)

❶ 검은머리갈매기(Saunders' s gull)는 넓게는 물떼새목(Charadriiformes), 갈매기과(Laridae), 갈매기아과(Larinae)에 속하며, 좁게는 갈매기속(*Larus*)의 한 종이다. 최근 이 종은 계통분류학적으로 갈매기속에서 분리되어 검은머리갈매기속(*Saundersilarus*)의 한 종이 되었다.

국명 : 검은머리갈매기
분류 : 물떼새목/갈매기과/갈매기아과
학명 : *Larus saundersi* (또는 *Saundersilarus saundersi*)
영명 : Saunders's Gull (또는 Chinese Black-headed Gull)

❷ 대백로[Great Egret(Eurasian)]와 중대백로[Great Egret(Australasian)]는 넓게는 사다새목(Pelecaniformes), 백로과(Ardeidae), 백로아과(Ardeinae)에 속하며, 좁게는 백로속(*Ardea*)의 한 종이다. 우리나라에서 이 종은 대백로와 중대백로의 두 아종이 관찰된다.

국명 : 대백로
분류 : 사다새목/백로과/백로아과
학명 : *Ardea alba alba*
영명 : Great Egret (Eurasian)

국명 : 중대백로
분류 : 사다새목/백로과/백로아과
학명 : *Ardea alba modesta*
영명 : Great Egret (Australasion)

새의 조상

새는 약 1억 5천만 년 전 중생대에 작고 두 발로 걷는 파충류에서 진화하였다. 이를 뒷받침하는 증거는 새와 파충류가 비슷한 몸의 구조(두개골에서 후두부의 돌기, 귀의 중앙에 하나의 뼈, 핵이 있는 적혈구)를 가지고 있다는 것이다.

또한, 1861년 독일에서 발견된 가장 오래된 새의 화석인 시조새(*Archaeopteryx lithographica*)의 화석도 이를 뒷받침해 준다. 현재까지 12개의 시조새 화석이 발견되었으며, 진화된 좌우 비대칭의 비행 깃털을 가지고 있었다. 시조새는 새와 파충류의 중간 형태로, 크기가 까마귀와 비슷하고, 깃털을 가지고 있었으며, 두 발로 걸어 다녔는데, 파충류와 같이 발가락과 발톱이 나무나 암벽을 기어오르기에 적합하게 생겼다. 또 나무 위에서 살던 파충류가 나무와 나무 사이를 날아다니며 생활하는 동안 날개가 생겨 지금의 깃털을 가진 새로 진화하였다는 설도 있으며, 뒷다리로 뛰어다닌 파충류가 몸을 뒤덮고 있는 비늘이 변하여 깃털이 되었다는 설도 있다.

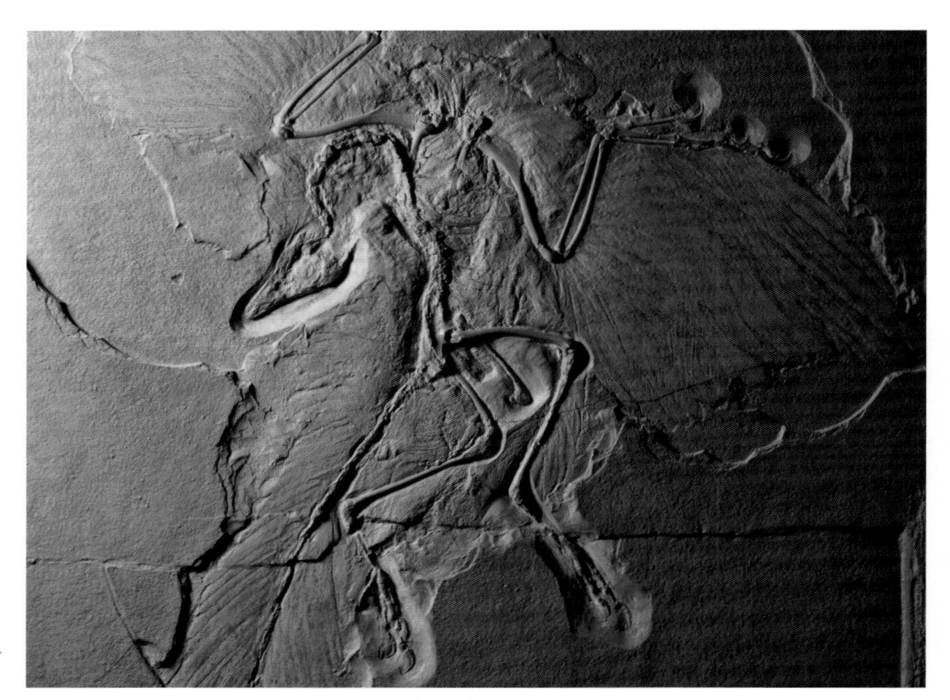
시조새의 화석

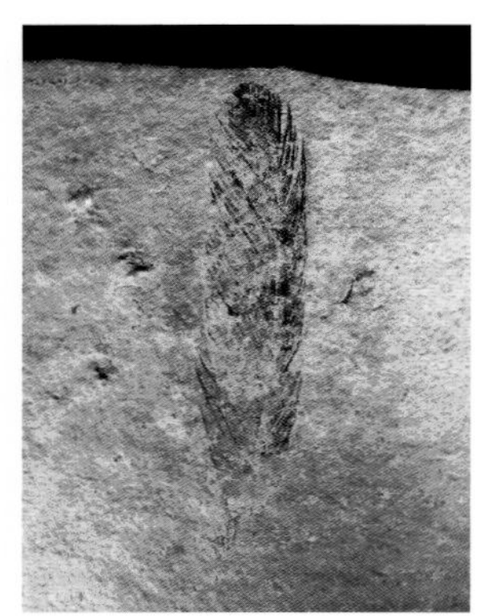
시조새의 비행 깃털

새의 체온 조절

새의 체온은 40~42℃로 다른 동물들에 비해 매우 높다. 새는 물질대사 속도가 빠르기 때문에 먹이를 빨리 많이 먹고 소화시켜 에너지를 얻은 후 몸에서 노폐물을 배출시켜 체온을 유지한다. 이밖에도 체온 유지를 위한 많은 특징을 가지고 있다.

1) 역순환 교환기를 통한 체온 조절

갈매기가 겨울에 찬물이나 얼음 위에 서 있을 수 있는 것은 다리에 가지고 있는 역순환 교환기 때문이다. 역순환 교환기는 새의 몸에서 내려오는 동맥의 흐르는 따뜻한 피가 다리에서 올라오는 정맥의 흐르는 차가운 피의 온도를 올려 주어 몸 안의 체온을 항상 따뜻하게 유지시켜 준다.

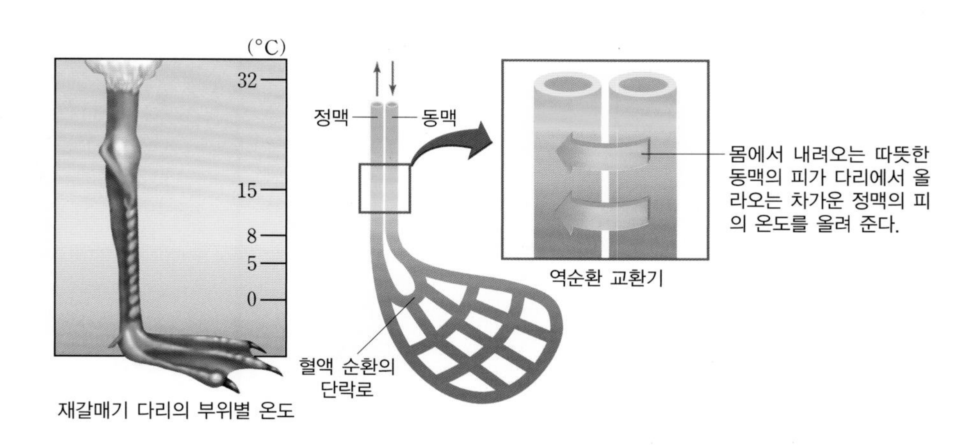

[새 다리의 역순환 교환기]

2) 체온 조절을 위한 여러 가지 행동

새들은 기온이 급격히 내려가면 물질대사율을 높여 체온이 떨어지는 것을 막는다. 예를 들어, 그늘이 없는 장소에서 주로 생활하는 갈매기들은 밝은색의 깃털을 가지고 있어 빛을 반사시켜 열을 덜 받을 뿐 아니라, 햇빛을 피해 몸을 반대 방향으로 돌리기도 하고, 열에 민감한 부리, 다리, 발을 햇빛으로부터 가리기도 한다.

반대로, 기온이 급격히 올라가면 새들은 땀샘이 없기 때문에 물을 찾아 체온을 식히거나 호흡 기관을 통해 헐떡거리며 몸 안의 열기를 발산한다. 민물가마우지와 가마우지는 먹이를 잡기 위해 잠수한 후에 날개를 펴고 젖은 깃털을 말리기도 하지만, 추운 날씨에 날개를 펴고 체온을 높이기 위해 일광욕을 하기도 한다.

부리를 감추고 있는 민물도요

날개를 말리며 일광욕하는 가마우지

새의 노래

새의 목에는 '울대' 라는 특수한 구조가 있어 여러 가지 소리를 만들 수 있으며, 나무가 많은 숲이나 먼 거리에서도 서로 의사소통을 할 수 있다.

새의 노래는 부모 새로부터 일부 유전되기도 하고, 부모 새나 이웃 새들의 노랫소리가 학습되기도 한다. 특히 수컷의 유창하고 아름다운 노랫소리는 암컷을 유혹하는 데 사용되고, 암컷은 수컷의 노랫소리를 평가하여 배우자로 삼는다. 또한, 먹이나 배우자를 위해 다른 수컷과 경쟁하는 데 유용한 도구가 되기도 한다.

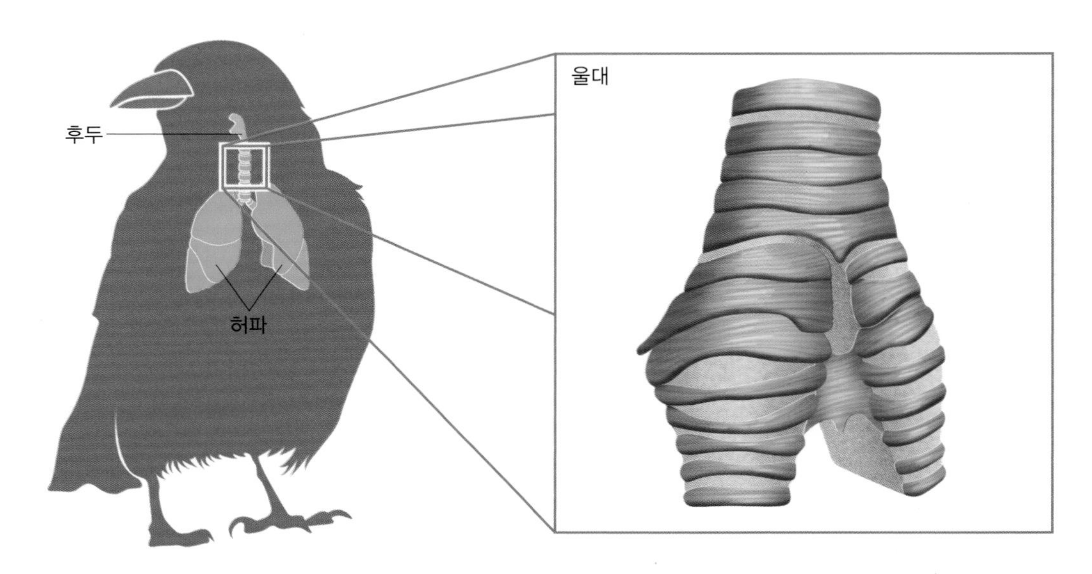

새들의 노랫소리가 만들어지는 울대의 위치와 그 생김새

노래하는 휘파람새

새의 목욕법

새들은 고여 있는 물 웅덩이에서 물을 마셔 탈수를 방지하고, 깃털을 위생적으로 관리하기 위해 몸을 씻으며, 온도가 높을 경우 차가운 물속에서 목욕을 하여 체온을 낮추기도 한다. 목욕을 할 때에는 배를 물에 약간 담그고, 날개를 물속에서 퍼덕이며, 머리를 물속에 넣었다 뺐다 한다.

집에서 새를 기를 때에는 깨끗한 마실 물과 목욕물을 준비하는 것이 중요하다. 이러한 목욕물은 먹이통 옆에 설치하면 가장 효과적이다. 공원이나 정원에 찾아오는 새를 위해 물은 가두어 놓으면 많은 새들을 유인할 수 있다.

새를 위해 인공적으로 욕조를 설치 및 관리하기 위해서 몇 가지 중요한 것이 있다. 첫째, 새가 물에 빠지지 않고 앉을 수 있는 장소와 물 높이를 낮게 맞춘다. 둘째, 포식자가 없고 사람들의 눈에 잘 띄지 않는 안전하고, 풀숲에 가려진 어두운 장소를 선택한다. 새들이 목욕 후에는 깃털이 물에 젖어 비행 능력이 떨어지기 때문이다. 셋째, 설치된 인공 욕조는 주기적으로 조류나 이끼가 끼지 않게 관리를 해 준다. 새들이 목욕도 하지만 물을 마시기 때문이다.

날개를 퍼덕이며 목욕하는 쇠박새

목욕하는 노랑턱멧새 수컷

목욕하는 붉은머리오목눈이 무리

새의 나는 법

1) 비행 형태

❶ 활공 비행

독수리와 솔개와 같은 새들은 바람을 타며 행글라이더와 같이 활공 비행을 한다. 햇볕에 의해 뜨거워진 지면이나 수면의 공기가 위로 올라가게 되면, 새는 원을 돌며 이러한 상승 기류를 타고 올라갔다가 다시 바람을 타고 내려오며 다른 곳으로 이동한다.

독수리의 활공 비행

❷ 정지 비행

물총새, 제비갈매기와 같은 새들은 빠른 날갯짓과 방향의 조작으로 이륙과 착륙은 물론, 짧은 거리를 이동하거나 공중에서 정지해 있을 수 있다. 이는 헬리콥터의 비행 기술에 비유할 수 있다. 헬리콥터가 공중에서 정지해 있기 위해 회전하는 프로펠러는 지면과 수평을 이루며, 몸체의 무게와 균형을 맞춘다. 황조롱이 역시 지면에 있는 쥐를 잡기 위해 몸을 비스듬히 세우고 빠르게 날갯짓을 앞뒤로 하여 공중에서 정지한다. 여기서 다시 앞으로 날기 위해서는 몸을 앞으로 기울이고 날갯짓을 위아래로 한다.

쇠제비갈매기의 정지 비행

❸ 간헐적 비행

직박구리는 활공과 날갯짓의 혼합으로 간헐적 비행을 한다. 비행 시 활공과 날갯짓을 반복적으로 하기 때문에 멀리서 보면 올라갔다 내려갔다 하는 곡선을 이루며 난다.

직박구리의 간헐적 비행

2) 날개의 종류

새들의 비행 능력은 날개의 형태와 매우 밀접한 관계가 있다.

말똥가리, 솔개, 검독수리 등의 대형 맹금류는 바람을 잘 타며 행글라이더와 같이 날고, 먹이를 찾을 수 있는 비행에 적합하게 날개가 넓고 그 끝이 갈라져 있다.

일반적인 새들은 착륙과 이륙이 용이하고, 방향을 쉽게 바꾸기에 적합한 짧고 둥그런 날개를 가지고 있다.

매나 황조롱이와 같은 소형 맹금류는 빠르고 효과적인 비행을 위해 날렵하게 생긴 날개를 가지고 있다.

슴새와 같이 높은 하늘에서 나는 새는 길이가 길고 너비가 좁은 형태의 날개를 가지고 있다.

계절의 변화에 따른 새의 생활

계절별로 변화하는 낮의 길이와 자연 환경의 변화에 적응할 수 있도록 새의 뇌와 호르몬도 변화한다. 일 년 중 먹이가 풍부한 시기에는 둥지를 틀어 새끼를 키우며, 털갈이를 한다. 하지만 번식과 털갈이는 모두 에너지 소모가 많은 과정이기 때문에 번식과 털갈이를 같은 기간에는 하지 않는다. 겨울에는 춥고 먹이가 부족하므로 이에 따른 환경에 적응하여 살아간다.

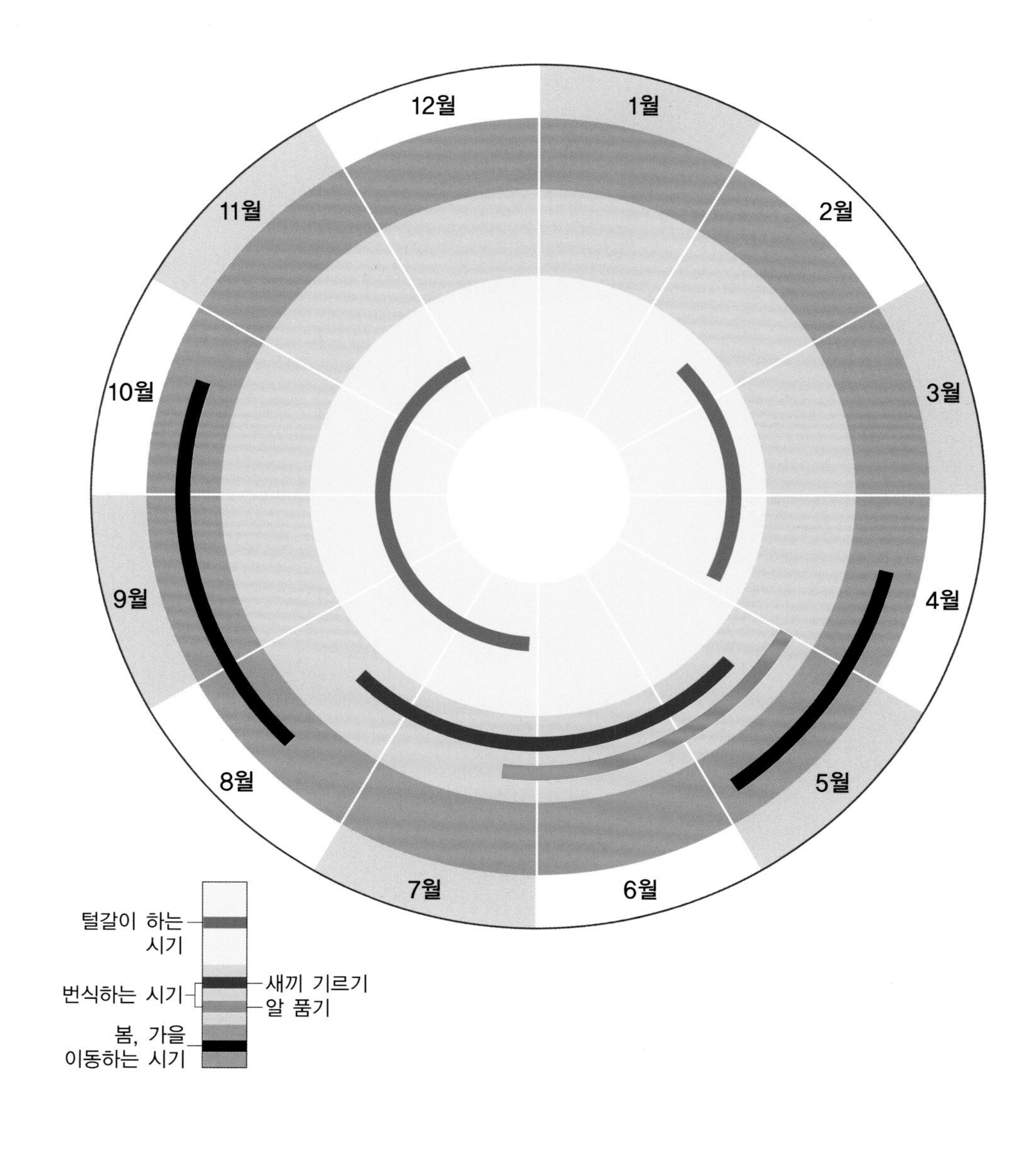

[일반적인 새들의 연중 스케줄]

새의 짝짓기

일반적으로 번식기가 되면 수컷은 아름다운 깃털과 아름다운 노랫소리로 암컷을 유혹한다. 암컷은 여러 수컷들 중 함께 새끼를 양육할 우수한 수컷을 선택한다. 암컷은 수컷을 선택하는 데 매우 신중하고 많은 시간과 에너지를 들이는데, 그 이유는 많은 수의 정자를 생산하여 번식할 수 있는 기회가 많은 수컷에 비해 암컷은 적은 수의 난자를 생산하여 번식할 수 있는 기회가 적기 때문이다. 또한, 짝짓기 이후에도 대부분의 암컷이 수컷의 도움 없이 둥지를 짓고 알을 품어야 하는데, 알을 품는 동안 둥지를 위협하는 포식자로부터 알과 새끼를 보호해야 하기 때문이다. 이러한 이유로 봄이 되면 암컷은 우수한 수컷을 선택하기 위해 시간을 많이 소비한다.

이러한 배우자 선택 과정 후 암컷과 수컷은 짝짓기 행동을 한다. 짝짓기를 하기 전에는 서로 둥지에 들락거리는 횟수가 많아지고 수컷이 암컷에게 다가가서 구애 행동을 한다. 암수의 짝짓기는 짧게 끝나기 때문에 오래 관찰해야 볼 수 있고, 짝짓기 후 며칠 안에 알을 낳게 되며 알이 모아지면 알 품기를 시작한다.

번식기에 청둥오리 암컷(오른쪽)은 황갈색을 띠지만, 수컷(왼쪽)은 화려한 깃털을 가진다.

멧비둘기의 짝짓기

새의 둥지

새는 낳은 알을 품고, 부화 후 새끼를 키울 장소인 둥지가 필요하다. 둥지의 형태는 접시형, 사발형 등 다양하며, 흙이나 나뭇가지 등을 이용하여 짓는다. 둥지는 포식자로부터 안전한 장소를 제공하고, 알을 품는 기간 동안 일정한 온도와 습도를 조절해 주며, 알과 새끼가 안전히 머물 수 있는 공간을 제공한다. 특히 나무 구멍 속의 둥지는 온도의 변화에 덜 민감하고, 포식자로부터 안전하다.

바닥 위의 접시형 둥지(검은머리갈매기)

덤불 속의 사발형 둥지(긴꼬리딱새)

나무 구멍 둥지(까막딱따구리)

물 위의 둥지(뿔논병아리)

둥지를 짓고 있는 어미 새(논병아리)

새의 새끼 기르기

1) 성장 발달에 따른 새끼 새의 종류

백로, 매, 딱따구리, 올빼미, 참새 등의 만숙성 새끼 새는 알을 깨고 나왔을 때 털도 없고 눈도 감고 있으며, 둥지에서 부모의 도움 없이는 성장할 수 없다. 반면, 닭, 오리, 기러기, 논병아리 등의 조숙성 새끼 새는 스스로 알을 깨고 나온 후 바로 어미 새와 함께 둥지를 떠나 생활한다.

만숙성 새끼 새(붉은머리오목눈이)

조숙성 새끼 새(원앙)

2) 새끼 기르기

새끼를 기르는 일은 많은 시간과 에너지를 소비한다. 따라서 새끼를 기르는 노력은 부모 새가 미래에 번식할 수 있는 기회를 줄이게 된다. 또한, 새끼를 기르는 일은 다른 새들과 짝짓기를 할 기회까지도 제한한다.

한 부모 새가 새끼를 기르지 못할 경우에는 암수가 함께 새끼를 키우며, 일부일처제의 짝짓기 형태(한 수컷과 한 암컷)를 보인다. 하지만 한 부모 새가 새끼를 키울 수 있다면, 일처다부제(한 암컷과 여러 수컷들)나 일부다처제(한 수컷과 여러 암컷들)의 짝짓기 형태를 보인다.

북아메리카에 서식하는 플로리다어치(학명: *Aphelocoma coerulescens,* 영명: Florida Scrub Jay)의 어린 새는 다음 해 부모 새와 함께 생활하며 새로 태어난 형제들 키우는 것을 돕기도 하는데, 이것을 협력 번식이라고 한다. 뻐꾸기와 같은 새들은 둥지를 틀지 않고 다른 새의 둥지에 알을 낳아 맡겨 대신 자신의 새끼들을 키우도록 하는데, 이것을 기생성 탁란이라고 한다.

뻐꾸기 새끼 새를 기르는 붉은머리오목눈이 어미 새

보호해야 할 새들

세계적으로 모든 새 종의 약 10%가 현재 멸종 위기에 처해 있다. 우리나라에서는 문화재청과 환경부에서 보호되어야 할 새들과 서식지를 지정, 보호하고 있다.

1) 천연기념물 새와 서식지

문화재청에 의해 천연기념물로 지정된 새는 총 46종으로, 종과 서식지 · 번식지 · 도래지의 생물학적 가치가 있고, 민족의 역사성을 확인시켜 주는 역사적 · 문화적 · 과학적 가치가 있는 새 종이다. 또한, 관련 번식지와 월동지를 포함한 서식지 총 26 지역을 지정하고 있다.

◆ 천연기념물로 지정된 새

종명	천연기념물(호)	종명	천연기념물(호)	종명	천연기념물(호)	종명	천연기념물(호)
개구리매	323-3	먹황새	200	칡부엉이	324-5	개리	325-1
붉은배새매	323-2	크낙새	197	검독수리	243-2	뿔쇠오리	450
큰고니	201-2	검은머리물떼새	326	새매	323-4	큰소쩍새	324-7
검은목두루미	451	소쩍새	324-6	팔색조	204	고니	201-1
솔부엉이	324-3	호사도요	449	까막딱따구리	242	쇠부엉이	324-4
호사비오리	448	노랑부리백로	361	수리부엉이	324-2	혹고니	201-3
노랑부리저어새	205-2	알락개구리매	323-5	황새	199	느시(들칠면조)	206
올빼미	324-1	황조롱이	323-8	독수리	243-1	원앙	327
흑기러기	325-2	두견이	447	재두루미	203	흑두루미	228
두루미	202	잿빛개구리매	323-6	흑비둘기	215	따오기	198
저어새	205-1	흰꼬리수리	243-4	뜸부기	446	참매	323-1
매	323-7	참수리	243-3				

◆ 천연기념물로 지정된 새 서식지

천연기념물(호)	서식지 명칭	천연기념물(호)	서식지 명칭	천연기념물(호)	서식지 명칭
11	광릉 크낙새 서식지	237	울릉 사동 흑비둘기 서식지	389	영광 칠산도 괭이갈매기·노랑부리백로 · 저어새 번식지
13	진천 노원리 왜가리 번식지	245	철원 철새 도래지	394	해남 우항리 공룡·익룡·새발자국 화석 산지
101	진도 고니류 도래지	248	횡성 압곡리 백로와 왜가리 번식지	395	진주 가진리 새발자국과 공룡발자국 화석 산지
179	낙동강 하류 철새 도래지	250	한강 하류 재두루미 도래지	411	고성 덕명리 공룡과 새발자국 화석 산지
209	여주 신접리 백로와 왜가리 번식지	265	연산 화악리의 오계	419	강화 갯벌 및 저어새 번식지
211	무안 용월리 백로와 왜가리 번식지	332	신안 칠발도 바닷새류 번식지		
222	함안 용산리 함안층 새발자국 화석 산지	333	제주 사수도 바닷새류 번식지		
227	거제 연안 아비 도래지	334	태안 난도 괭이갈매기 번식지		
229	양양 포매리 백로와 왜가리 번식지	335	통영 홍도 괭이갈매기 번식지		
233	거제 학동리 동백나무 숲 및 팔색조 번식지	341	신안 구굴도 바닷새류 번식지		
		360	옹진 신도 노랑부리백로와 괭이갈매기 번식지		

2) 멸종위기야생생물 Ⅰ급과 Ⅱ급 새

환경부는 멸종 위기에 처한 새들을 멸종위기야생생물 Ⅰ급과 Ⅱ급으로 나누어 보호 및 관리하고 있다. 멸종위기야생생물 Ⅰ급으로 지정된 새는 총 14종으로, 자연적 또는 인위적 위협 요인으로 개체 수가 크게 줄어들어 멸종 위기에 처한 야생 생물을 지칭한다. 멸종위기야생생물 Ⅱ급으로 지정된 새는 총 49종으로, 자연적 또는 인위적 위협 요인으로 개체 수가 크게 줄어들고 있어, 현재의 위협 요인이 제거되거나 완화되지 않을 경우 가까운 장래에 멸종 위기에 처할 우려가 있는 야생 생물을 지칭한다. '멸종위기 야생생물 보전 종합 계획(2018~2027)' 에서는 저어새, 황새, 따오기, 양비둘기(낭비둘기) 4종을 우선 복원 대상종으로 선정하여 서식지 보전 중심의 종 복원을 추진하고 있다.

◆ 멸종위기야생생물로 지정된 새

종명	멸종위기 야생생물(급)	종명	멸종위기 야생생물(급)	종명	멸종위기 야생생물(급)	종명	멸종위기 야생생물(급)
검독수리	Ⅰ	검은머리물떼새	Ⅱ	붉은배새매	Ⅱ	잿빛개구리매	Ⅱ
넓적부리도요	Ⅰ	검은머리촉새	Ⅱ	붉은어깨도요	Ⅱ	조롱이	Ⅱ
노랑부리백로	Ⅰ	검은목두루미	Ⅱ	붉은해오라기	Ⅱ	참매	Ⅱ
두루미	Ⅰ	고니	Ⅱ	뿔쇠오리	Ⅱ	큰고니	Ⅱ
매	Ⅰ	고대갈매기	Ⅱ	뿔종다리	Ⅱ	큰기러기	Ⅱ
먹황새	Ⅰ	긴꼬리딱새	Ⅱ	새매	Ⅱ	큰덤불해오라기	Ⅱ
저어새	Ⅰ	긴점박이올빼미	Ⅱ	새호리기	Ⅱ	큰말똥가리	Ⅱ
참수리	Ⅰ	까막딱따구리	Ⅱ	섬개개비	Ⅱ	팔색조	Ⅱ
청다리도요사촌	Ⅰ	노랑부리저어새	Ⅱ	솔개	Ⅱ	항라머리검독수리	Ⅱ
크낙새	Ⅰ	느시	Ⅱ	쇠검은머리쑥새	Ⅱ	흑기러기	Ⅱ
호사비오리	Ⅰ	독수리	Ⅱ	수리부엉이	Ⅱ	흑두루미	Ⅱ
혹고니	Ⅰ	따오기	Ⅱ	알락개구리매	Ⅱ	흑비둘기	Ⅱ
황새	Ⅰ	뜸부기	Ⅱ	알락꼬리마도요	Ⅱ	흰목물떼새	Ⅱ
흰꼬리수리	Ⅰ	무당새	Ⅱ	양비둘기	Ⅱ	흰이마기러기	Ⅱ
개리	Ⅱ	물수리	Ⅱ	올빼미	Ⅱ	흰죽지수리	Ⅱ
검은머리갈매기	Ⅱ	벌매	Ⅱ	재두루미	Ⅱ		

황새
(천연기념물 제199호, 멸종위기야생생물 Ⅰ급)

새 기르기

애완용으로 기르는 새에는 앵무새, 십자매, 금화조, 잉꼬 등 많은 종류가 있다. 새를 기를 때에는 기르고자 하는 목적에 맞는 새를 선택하는 것이 중요하다. 금화조는 십자매보다 작고 깃털 색이 아름다워 집에서 키우기 좋은 새 중에 하나이다. 금화조는 보통 금화조, 백금화조, 고대금화조 등의 세 가지가 있다. 금화조 수컷은 암컷에 비해 뺨에 갈색을 띠고, 가슴에 검은 가로줄이 있어 쉽게 구분된다.

여기에서는 금화조를 기르는 방법을 간단하게 소개해 보기로 한다.

새장 꾸미기

금화조는 경계심과 겁이 많기 때문에 조용한 곳에 새장을 두고, 둥지를 달아 주어 잠자리와 숨을 장소를 제공해 준다.

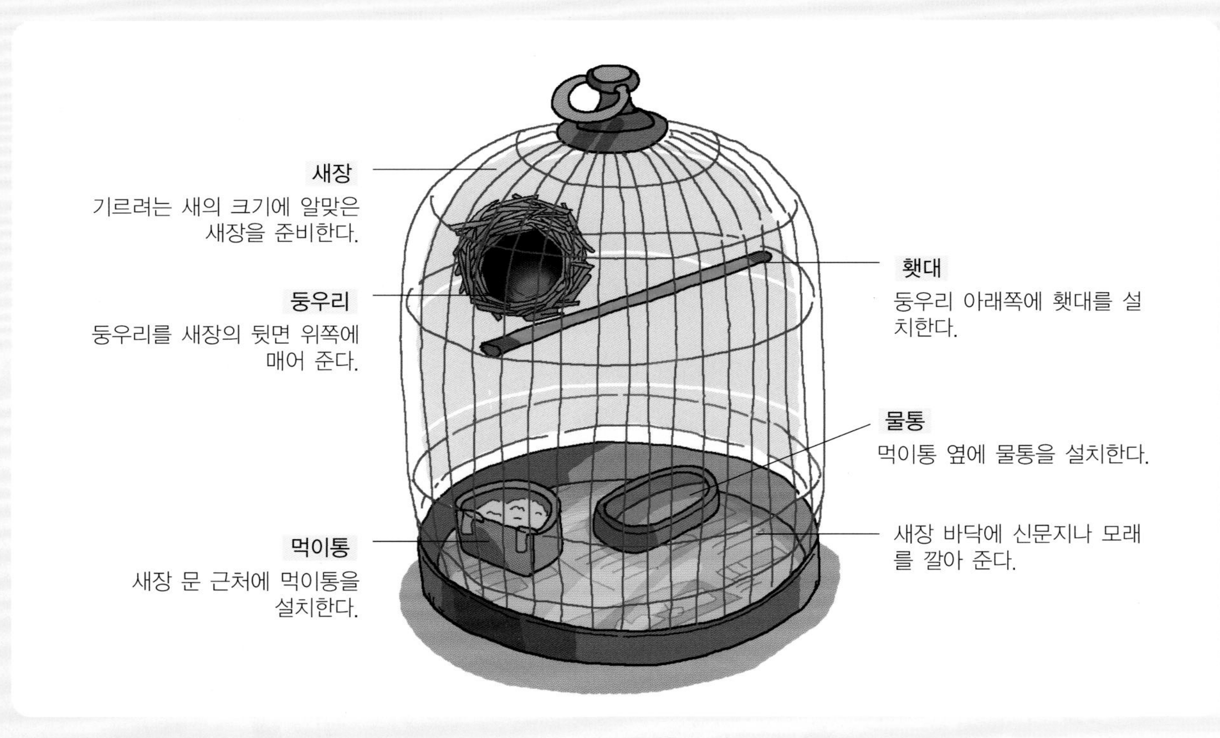

새장 청소하기

새장은 신선한 공기가 잘 통하는 곳에 설치하고, 바닥의 신문지는 3~4일에 한 번씩 갈아 준다. 금화조는 크기가 작고 성격이 급한 새이므로, 새장을 청소할 때 놀라지 않게 하는 것이 중요하다.

먹이 주기

금화조는 활동량이 많은 새이기 때문에 먹이가 떨어지지 않도록 항상 먹이를 충분히 주어야 한다. 먹이는 일반적으로 여러 곡식들을 혼합한 배합 사료를 먹인다. 먹이통은 밖에서 입김으로 불어 껍질을 자주 제거하고, 부족한 먹이를 보충해 준다.

물 주기

매일 아침에 물통을 씻고, 신선한 물로 갈아준다. 마실 물과 목욕물을 따로 담아 마실 물을 항상 깨끗하게 유지한다.

번식하기

번식하기 위해서는 나무로 만들어진 새집이나 작은 구멍이 있는 짚이나 대나무로 짜인 바구니를 넣어 주고, 암컷의 발정을 위해 좁쌀과 계란을 먹이에 섞는다. 금화조는 한 번에 5~7개의 알을 낳고, 14~16일 후에 알을 깨고 나온 새끼는 약 3주 후에 둥지에서 나온다. 알을 품는 기간에는 조용한 장소로 새장을 옮긴다.

새 관찰하기

새는 예민하며 사람들을 경계하기 때문에 가까이 관찰하기가 어렵다. 특히 새들이 알을 품고 새끼를 기르는 번식기에는 더욱 예민해지므로 조심하여 관찰하여야 한다. 새를 관찰할 때 풀이나 나무를 훼손하면 새들의 보금자리와 먹이가 사라지므로 새가 사는 주변 환경을 보호하도록 한다.

1) 새를 관찰할 때 필요한 준비물

새를 관찰할 때에는 새들이 놀라지 않도록 밝고 화려한 색의 옷은 피하고, 바람이 많이 불거나 비가 올 때를 대비하여 추위를 막을 수 있는 두꺼운 옷이나 우비를 준비한다. 그 외 새 도감, 쌍안경, 망원경, 위장 텐트, 망원 렌즈와 카메라, 집음기 등의 준비물이 필요하다.

망원 렌즈와 카메라
새들의 모습이나 구별이 어려운 새들을 카메라로 찍어 관찰한다.

쌍안경
주로 가까운 거리에서 새를 관찰할 때 사용하며, 숲 속이나 움직임이 빠른 작은 새를 관찰하기에 좋다.

새 도감
새를 관찰하고 구별하기 위해 새 도감을 준비한다.

위장 텐트
사람들에게 민감한 새들은 위장 텐트에 숨어서 쉽게 관찰할 수 있다.

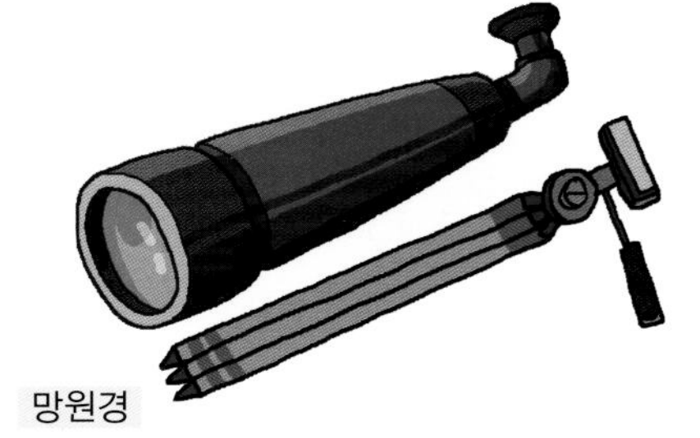

망원경
먼 거리에서만 관찰할 수 있는 물새들은 망원경을 삼각대에 설치하여 관찰한다.

2) 육안으로 새를 관찰하는 방법

새를 관찰할 때에는 새들을 쉽게 구별할 수 있는 몸의 특징을 유심히 관찰하도록 한다. 외형, 부리의 생김새, 나는 모습 등을 자세히 살펴보고 기록해 둠으로써 새들을 구별할 수 있다.

❶ 외형 관찰하기

박새는 머리 · 턱이 검은색, 뺨은 흰색, 배는 흰색 바탕에 검은 줄이 있다. 쇠박새는 머리가 검은색이며, 턱 밑에 작은 검은 점이 있다. 진박새는 머리 · 턱이 검은색, 뺨은 흰색이며, 머리깃을 세운 모습을 보인다.

박새

쇠박새

진박새

❷ 부리의 생김새 관찰하기

세가락도요의 부리는 뾰족하고, 넓적부리도요의 부리는 주걱 모양이다.

세가락도요

넓적부리도요

❸ 몸의 아랫면 관찰하기

오색딱따구리는 배가 흰색이며, 큰오색딱따구리의 배에 점이 있다.

오색딱따구리

큰오색딱따구리

❹ 나는 모습 관찰하기

비행 시 황새와 저어새는 목을 펴고 날고, 왜가리(백로류)는 목을 S자로 접고 난다.

황새

저어새

왜가리

3) 인공 먹이대와 인공 둥지를 이용하여 새를 관찰하는 방법

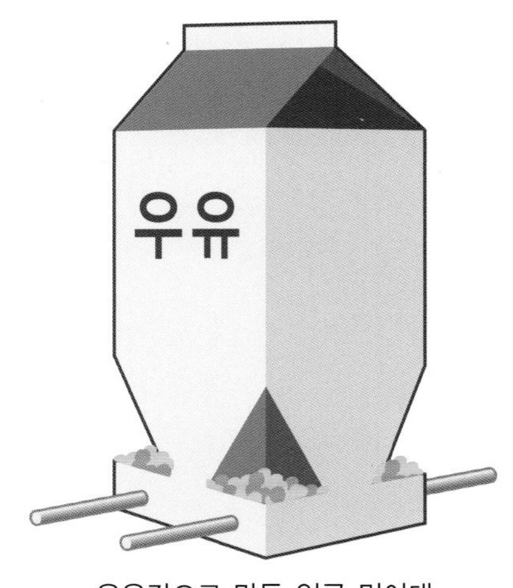

우유갑으로 만든 인공 먹이대

❶ 인공 먹이대를 설치하여 새를 관찰하는 방법

집 앞의 정원이나 공원에 인공 먹이대를 설치하여 새들을 유인할 수 있으며, 쌍안경으로 가까이 관찰할 수 있다. 특히 먹이가 부족한 겨울, 이른 봄, 그리고 늦은 가을에 많은 산새들이 인공 먹이대를 찾아온다. 먹이는 주로 곡류나 견과류 등을 제공하고, 부족할 때마다 자주 보충해 주어 먹이가 썩는 것을 방지한다.

❷ 인공 둥지를 달아 새들의 번식 행동을 관찰하는 방법

집 앞의 정원이나 공원에 습기에 강한 나무 재질과 화학 성분이 없는 접착제 또는 목재용 못을 사용하여 인공 새 둥지를 만들고, 새를 관찰한다. 원하는 새의 크기에 따라 출입구의 지름을 정하는데, 지름 2.8cm의 출입구는 박새, 쇠박새, 진박새 등에 적당하고, 지름 3.2cm의 출입구는 참새, 동고비, 쇠딱따구리에게 적당하며, 지름 5cm의 출입구는 비둘기, 찌르레기, 오색딱따구리, 청딱따구리 등에게 적합하다. 출입구가 너무 크면 까치나 어치가 와서 알이나 새끼를 잡아먹을 수 있다. 나무나 벽에 설치 시 높이는 사람의 손이 닿지 않고, 고양이와 같은 포식자가 오르지 못하게 한다. 둥지 출입구는 되도록 직사광선을 피하게 하는 남동향이나 북향이 좋다. 둥지를 나무에 고정할 때 나무의 성장에 피해를 주지 않도록 하며, 철사 줄을 이용하여 고정한다.

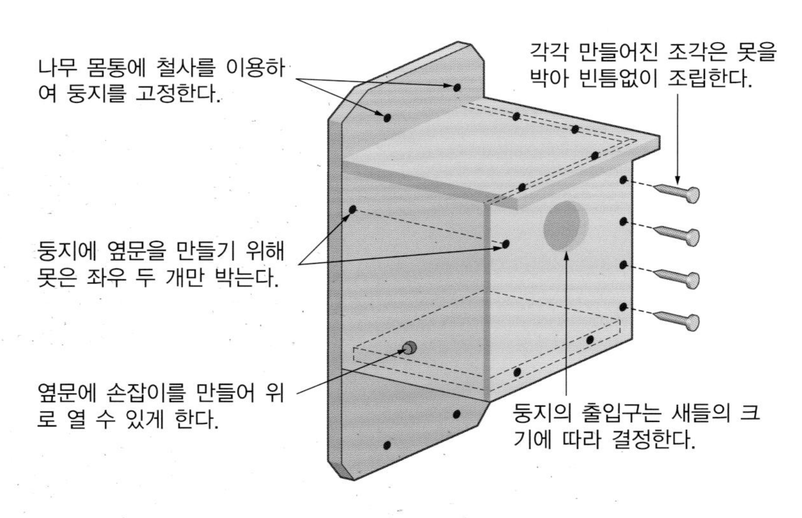

[인공 둥지를 만드는 방법]

인공 둥지

인공 둥지에서 알을 품고 있는 박새

박새 인공 둥지를 관찰하는 모습

용어 풀이

각인(imprinting) 어린 동물이 경험을 통해 특정 정보를 빠르게 습득하는 학습 형태. 기러기 새끼들이 부화 후 빠르게 움직이는 처음 보는 사물을 어미로 인식하고 따르는 현상을 보고 발견한 이론

개체군(population) 한 장소에서 사는 한 종의 개체들의 집합

겨울깃(winter plumage) 주로 번식 후기에 완전한 깃털갈이로 얻은 깃털 형태. 번식과 관련이 없는 비번식깃이며, 암컷 깃과 비슷한 형태를 띠는 경우가 많음.

겨울 철새(winter visitor) 종 또는 개체군에서 번식지와 월동지가 구분되어 있고, 봄·가을에 이동을 거쳐 우리나라에서 겨울을 나는 새

경계음(호출 소리 ; call note) 지저귐(song)보다 일반적으로 짧고 간단한 새 소리로, 주로 새끼의 구걸, 새들 간의 경계와 접촉의 기능

공기주머니(air sacs) 새의 폐에서 몸의 다른 부위로 연결된 얇고 투명한 주머니

공중 정지(hovering) 지속적인 날갯짓으로 공중에서 정지된 상태를 유지하는 비행. 조류는 공중 정지 비행을 하기 위해 몸을 최대한 수직으로 세우는데, 풍속과 중력에 따라 날갯짓을 적절히 조절하며, 에너지 소모가 많은 비행

공진화(coevolution) 한 종 이상이 서로 상호 작용과 함께 진화하는 과정. 공진화는 투쟁(battle) 또는 군비 확장(arms race)으로 나타나기도 함. 예로, 포식자와 피식자, 식물과 꽃가루 매개자, 숙주와 기생자의 상호 작용 등을 포함함.

과(family) 상위 분류 단위인 목(order)과 하위 분류 단위인 속(genus)에 있는 분류 단위

구애 표현(courtship display) 한 종에서 암수가 짝짓기를 하거나 관계를 유지하기 위해 나타나는 동시적인 행동

군집(community) 한 서식지에서 서로 상호 작용을 하는 여러 종들의 집합체

깃가지(barb) 깃털에서 깃대를 중심으로 양쪽으로 가지처럼 뻗어 나온 깃털의 일부. 깃가지가 모여 깃판(vane)을 형성

깃대(rachis) 깃털에서 깃대를 중심으로 깃가지(barb)가 양쪽으로 뻗어 나와 깃판(vane)을 이룸.

깃판(vane) 깃털에서 깃대(rachis)를 중심으로 양쪽으로 형성된 평평한 표면. 깃판은 여러 개의 깃가지(barb)로 얽혀 형성됨.

나그네새(passage migrant) 종 또는 개체군에서 번식지와 월동지가 구분되어 있고, 봄·가을에 이동할 때 우리나라에서 잠시 머무르는 새

난치(egg tooth) 부화 시 알 껍데기를 깨기 위한 새끼의 윗부리 끝에 짧고 뾰족한 석회질화된 구조. 난치는 부화 후 며칠이 지나면 부리에 흡수되어 사라짐.

둥지(nest) 조류에서 산란한 알을 품고 부화한 새끼를 키우기 위해 만들어진 구조물. 정교한 주머니 모양에서 나무 구멍, 맨 땅의 움푹 패인 공간까지 다양함.

만숙성(altricial) 부화 직후 털이 거의 없거나 솜털이 조금 있는 상태로, 부모의 도움이 필요한 새끼 새

먹이사슬(food chain) 생태계에서 생명체 간의 먹고 먹히는 관계의 배열. 대부분의 먹이사슬은 생산자, 소비자, 분해자로 구성

명금류(songbird, oscine) 참새목(Passeriformes)의 한 집단으로, 복잡한 후두를 가지고 있어 다른 집단의 조류에 비해 복잡하고 정교한 지저귐을 생산할 수 있는 집단

미조(길 잃은 새 ; vagrant) 주요 서식지나 이동 경로 상으로는 우리나라에서 관찰되기 어려운데, 태풍, 이상 기류, 이동 중 우리나라에서 관찰되는 길을 잃은 유조들

배(embryo) 암컷이나 알 속에서 발생하는 어린 동물

배설강(cloaca) 새의 소화, 배설, 생식계의 최종 개구. 대장으로부터 배설물, 신장으로부터 요산(uric acid), 생식 기관으로부터 알과 정자 등이 통과함.

번식기(breeding season) 일 년 중 특정 종이 번식하는 시기로, 둥지를 짓고, 알을 낳고, 새끼를 기르는 과정을 포함함.

부리(beak, bill) 새의 위턱과 아래턱을 연결하는 외부 막 조직

부리 끝 기관(bill tip organ) 오리, 기러기, 도요 등의 부리 끝의 감각 세포들의 집합으로, 먹이를 찾을 때 접촉성 자극에 반응함.

부척(tarsus) 조류의 다리에서 발의 윗부분으로, 발가락과 뒤꿈치 사이

부화(hatching) 알로부터의 출현. 한배 산란의 부화는 동시적이거나 비동시적일 수 있음.

포란(incubation) 알이 부화할 때까지 배(embryo)의 발달을 위해 일정한 온도로 알을 유지하는 과정. 조류, 악어, 구렁이, 알을 낳는 포유류(오리너구리)만 알을 품음. 조류에서 무덤새(megapods)는 부모 새가 알을 품지 않고, 부모 새가 만든 무덤 속에 알을 낳고 지열이나 발효열을 이용하여 알을 부화함. 외부의 온도가 높을 시 부모 새는 알을 식히기 위해 그늘을 만들어 주거나 모래 속에 묻으며, 물을 적시기도 함.

북소리(drumming) 딱따구리의 부리로 속이 빈 나무 표면을 두드려 내는 반복적인 소리

비행 지저귐(flight song) 비행하며 노래하는 행동. 주로 초지나 툰드라와 같이 앉아서 노래할 수 있는 공간이 부족한 조류에서 나타남. 예로, 초원에서 번식하는 종다리의 비행 지저귐이 있음.

사발형 둥지(cup nest) 알을 안전하게 부화시키기 위해 마른 풀이나 나뭇가지를 엮어 사발 형태로 만든 둥지

새끼 기르기(brooding) 부모 새가 햇볕, 비, 또는 포식자로부터 새끼를 보호하기 위해 새끼를 날개나 배로 품어 주는 행동

색소 결핍자(complete albino) 깃털, 눈, 피부 등에 색소 결핍의 형태를 가지는 개체

생태계(ecosystem) 특정 지역의 생물과 무생물의 집합. 분해, 토양 침식, 물과 영양분의 순환까지 포함함.

생태학(ecology) 생명체와 그 환경과의 관계를 연구하는 분야

서식지(habitat) 생명체가 사는 빛, 온도, 습기와 같은 물리적인 환경

성적이형(sexual dimorphism) 특정 종에서 크기나 형태에서 암컷과 수컷 간 다른 특성을 가지는 현상

성조(adult) 성숙하여 깃털갈이를 해도 깃 색에 큰 변화가 일어나지 않는 상태의 새로, 대부분 번식이 가능한 성숙한 새

속(genus) 상위 분류 단위인 과(family)와 하위 분류 단위인 종(species)에 있는 분류 단위

수염(bristles) 외곽 깃털(contour feathers)이 특성화된 수염과 같은 깃털로, 깃대(rachis)가 강하고 깃가지(barbs)가 부족한 형태의 깃털

시조새(*Archaeopteryx*) 동양의 동물 지리 구역에서 1억 5천만 년 전에 서식하던 깃털이 있는 파충류

아종(subspecies, race) 한 종에서 특정 지역에 서식하고, 형태적으로 차이가 나는 소집단. 한 종에서 아종들은 서로 교잡이 가능함.

어린 새(유조 ; juvenile) 알을 깨고 나와 솜털을 벗고, 첫 번째 깃털이 완성된 후부터 첫 깃털갈이를 하기 전까지 단계의 새

어미 새(parent) 번식이 가능한 성조로, 번식기에 둥지를 짓고, 알을 품으며, 새끼를 기르는 양육의 전 단계를 전담하고 있는 암컷과 수컷 새

여름깃(summer plumage) 겨울 혹은 이른 봄에 깃털갈이를 하여 얻어진 깃털 상태. 초여름에 번식을 하기 위해 장식한 상태라서 대부분 겨울깃보다 화려함.

여름 철새(summer visitor) 종 또는 개체군에서 번식지와 월동지가 구분되어 있고, 봄·가을에 이동을 거쳐 여름에 우리나라에서 번식하는 새

역순환 교환기(countercurrent exchange system) 액체나 가스의 두 흐름이 서로 접촉하여 서로 반대로 흐르는 장치. 열에너지 또는 물질이 수동적으로 고온에서 저온으로 또는 고농도에서 저농도로 흐름. 조류의 예로, 갈매기나 오리류의 다리에 있는 역순환 교환기는 추운 환경에서 몸 안의 따뜻한 피가 다리의 미세한 모세혈관으로 내려가면서 다리에서 올라오는 차가운 피와 섞여 몸 안의 체온을 유지시킴.

역성적이형(reverse sexual size dimorphism) 특정 종에서 수컷보다 암컷의 몸집이 더 큰 현상. 상대적으로 작은 수컷 또는 큰 암컷은 경쟁, 먹이 사냥, 짝짓기 등에 유리할 수 있음. 매류, 지르러미발도요류, 도둑갈매기류, 스쿠아류, 군함조류, 부비새류가 해당됨.

외온성의(ectothermic) 체온을 유지하기 위해 외부의 열을 이용하는 동물. 냉혈동물이나 조류의 어린 새끼를 포함.

위장(camouflage) 천적으로부터 자신을 숨기기 위한 특별한 구조나 색깔

의태 행동(imitation behavior) 동물행동학에서 한 개체가 다른 개체나 환경을 모방하는 행동. 이러한 의태 행동은 다른 개체들과의 공동 생활에서 습득되는데, 예를 들면, 물떼새류 어미 새가 알과 새끼를 둥지 포식자로부터 보호하기 위해 다친 척하며 포식자를 둥지 밖으로 유인하는 행동을 들 수 있음.

이동(migration) 한 장소에서 다른 장소로의 주기적 이동으로, 일반적으로 번식지나 월동지를 계절적으로 여행함.

이소(fledging) 비행 능력이 부족하더라도 새끼가 둥지를 떠나는 과정. 특정 조류에서는 비행 깃털과 비행 능력을 완전히 획득한 직후를 표현. 부화 직후 둥지를 바로 떠나는 조숙성 조류에서 거의 사용되지 않음.

적응(adaptation) 다른 개체들에 비해 상대적으로 개체의 적합성을 증가시키는 일반적인 형질

재도입(reintroduction) 다른 장소나 인공 번식 프로그램 하에 사는 개체들을 인간에 의해 새로운 지역에 정착시키는 일련의 과정

접시형 둥지(open-cup nest) 구멍 둥지와 달리 풀이나 나뭇가지를 엮어 접시 모양으로 만든 둥지 형태

조숙성(precocial) 솜털이 있고, 눈을 뜨고 있는 부화 직후 새끼의 상태. 조숙성의 새끼는 부화 직후 걸어다니거나 수영을 하고 혼자 먹이를 구할 수 있음.

종(species) 상위 분류 단위인 속(genus)의 하위 분류 단위. 같은 종의 개체들은 독특한 특성을 공유하고, 서로 이종교배(interbreeding)가 가능하며, 다른 종의 개체들과 교배가 불가능함. 특정 종의 학명은 속명(첫 자만 대문자)과 종명(모두 소문자)을 이탤릭 체로 표현함.

지저귐(song) 텃세권을 방어하거나 암컷을 유인하기 위해 노출된 횃대에 앉아 크게 노래하는 행동을 말함. 주로 명금류(songbird, oscine)의 지저귐을 표현. 명금류가 아닌 다른 집단의 조류의 복잡한 음성을 표현하기도 함.

진화(evolution) 개체 간의 유전적 변이를 유도하는 자연 선택에 의해 세대 간 종 또는 개체군의 특성이 변화하며 축적되는 일련의 과정

탁란(brood parasitism) 둥지를 짓지 않고 다른 새의 둥지에 알을 낳아 맡겨 대신 새끼들을 키우도록 함.

털갈이(molting) 주기적 또는 계절적으로 깃털이 빠지고 새로 성장하는 과정

텃새(resident) 특정 지역에 일 년 내내 사는 새

텃세권(**세력권** ; territory) 개체의 생존과 번식을 위해 방어

하는 자원이나 장소

포란반 (육반 ; brood patch) 알을 품는 새의 가슴과 배에 깃털이 빠지고 많은 혈액이 흘러 약간 부어 오른 부위. 부모새의 체온이 알로 원활히 전달될 수 있도록 하기 위해 일시적으로 형성된 피부 부위

포식자(predator) 자연적으로 다른 동물이나 둥지의 알 또는 새끼를 잡아먹고 사는 동물

항온성(homeothermic) 외부 온도의 변화와 독립적으로 체온을 일정하게 유지하는 동물의 성질

활동연주기(circannual rhythm) 생물에서 일 년을 주기로 발생하는 일련의 행동, 성장, 생리적 활동의 주기. 활동일주기(circadian rhythms)와 유사하게, 일정한 환경 변화에 따라 내부 생체 시계(biological clock)에 의해 조절. 동물에서 이동(migration), 털갈이(molting), 탈피(shedding), 동면(hibernation) 등을 포함함.

활동일주기(circadian rhythm) 생물에서 일일 동안 나타나는 행동 또는 생리적·규칙적 활동으로, 주로 온도와 먹이 생산과 같은 일정한 환경 변화에 따라 내부 생체 시계(biological clock)에 의해 조절

찾아보기

ㄷ

ㅁ

ㅂ

ㅅ

ㅇ

ㅈ

ㅊ

ㅋ

ㅍ

ㅎ

글 · 사진

윤무부 | 1941년 경상남도 거제도에서 태어나 경희대학교 생물학과를 졸업하고, 같은 대학교 대학원에서 석사 학위를 받았으며, 한국교원대학교 생물교육과에서 박사 학위를 받았습니다. 30년 동안 경희대학교 생물학과 교수로 새를 연구하였으며, 현재까지도 조류학자로 새를 관찰하고 보호하기 위해 활동하고 있습니다. 펴낸 책으로 "한국의 새", "교학 미니가이드-새", "한국의 천연기념물", "최신 한국 조류명집", "한국의 철새", "한국의 텃새", "새박사 새를 잡다" 등이 있습니다.

윤종민 | 1974년 서울에서 태어나 경희대학교 생물학과를 졸업하고, 미국 미시간대학교에서 석사 학위를 받았으며, 미국 콜로라도주립대학교에서 동물학 박사 학위를 받았습니다. 한국교원대학교 황새생태연구원에서 책임연구원으로, 황새의 복원 생태, 검은머리갈매기와 박새류의 행동 생태에 관한 연구를 진행하였습니다. 현재 국립생태원 멸종위기종복원센터 책임연구원으로 근무하고 있습니다. 펴낸 책으로 "한국의 새", "교학 미니가이드-새", "새박사 새를 잡다" 등이 있습니다.

정정심 | 1973년 남해에서 태어나 동아대학교 생물학과를 졸업하고, 한국교원대학교 생물교육학과 대학원에서 석사 학위를 받았습니다. 현재 학성여자고등학교 선생님이며, 2020년 올해의 과학 교사로 수상하였습니다. 펴낸 책으로 "EBS 파이널 실전모의고사 생물 Ⅰ · Ⅱ", "EBS 탐스런 생명과학 Ⅰ"이 있습니다.

김병수 | 1980년 부산에서 태어나 부산대학교 생물교육과를 졸업하고, 한국교원대학교 생물교육과 석사 과정을 졸업하였습니다. 현재 부산광역시 서부교육지원청 장학사입니다.

하미라 | 1983년 김해에서 태어나 부산대학교 생물교육과를 졸업하고, 한국교원대학교 석사 과정 중입니다. 현재 수원시 효원고등학교 선생님입니다.

마을 근처에서 사는 새
멧비둘기
까치
참새
찌르레기
까마귀
제비
왜가리
검은댕기해오라기
쇠백로
청둥오리
중대백로
알락할미새
상록수림에서 사는 새
긴꼬리딱
흰배지빠귀
흑비둘기
동박새